알짜북 세탁 기능사

세탁기능사시험연구회 엮음

| CBT 안내 |

　한국산업인력공단에서 시행하는 국가기술자격검정 기능사 필기시험이 CBT 방식으로 달라졌습니다. CBT란 컴퓨터 기반 시험(Computer-Based Testing)의 약자로, 종이 시험지 없이 컴퓨터상에서 시험을 본다는 의미입니다. CBT 시험은 답안이 제출된 뒤 현장에서 바로 본인의 점수와 합격 여부를 확인할 수 있습니다.

　Q-net에서 안내하는 CBT 시험 진행 절차는 다음과 같습니다.

➡ 신분 확인

　시험 시작 전 수험자에게 배정된 좌석에 앉아 있으면 신분 확인 절차가 진행됩니다. 시험장 감독위원이 컴퓨터에 나온 수험자 정보와 신분증이 일치하는지를 확인하는 단계입니다.

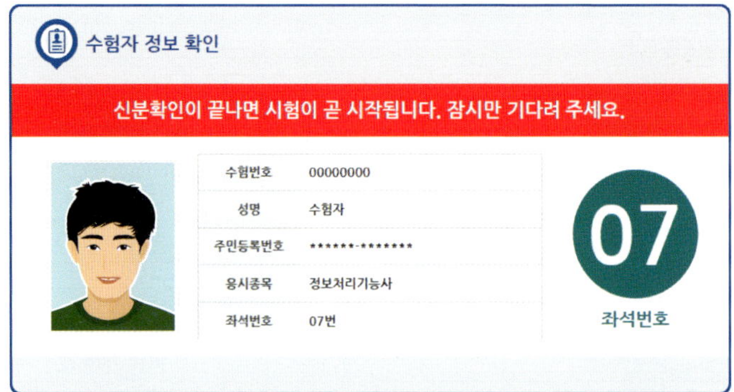

➡ 시험 준비

1. 안내사항

　시험 안내사항을 확인합니다. 확인을 다하신 후 아래의 [다음] 버튼을 클릭합니다.

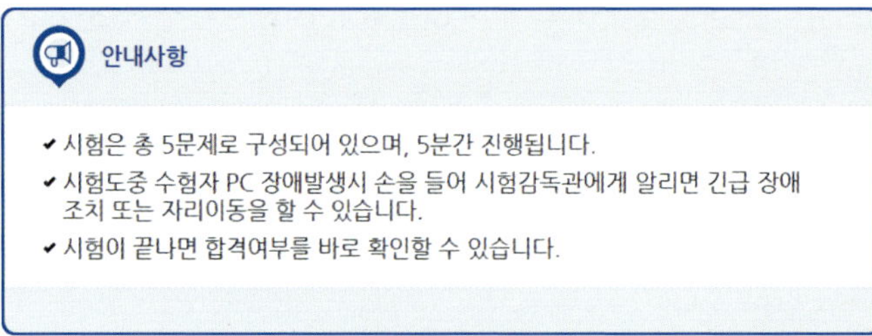

2. 유의사항

　시험 유의사항을 확인합니다. **다음 유의사항 보기 ▶** 버튼을 클릭하여 유의사항 3쪽을 모두 확인합니다.

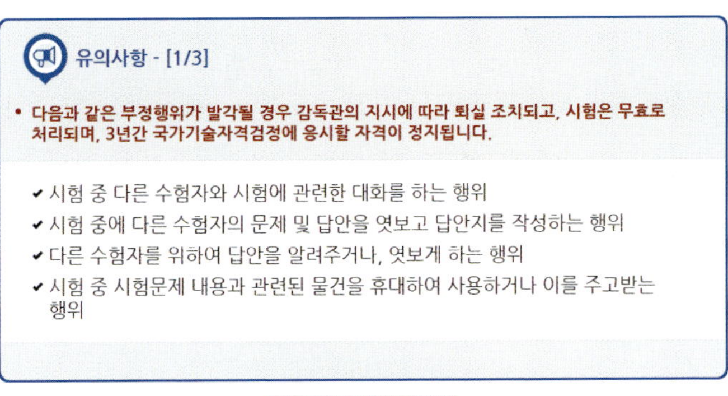

3. 메뉴 설명

문제풀이 메뉴 설명을 확인하고 기능을 숙지합니다. 각 메뉴에 관한 모든 설명을 확인하신 후 아래의 [다음] 버튼을 클릭해 주세요.

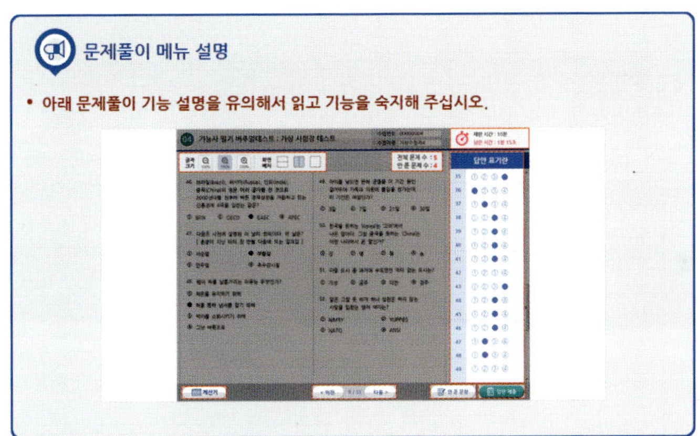

4. 문제풀이

자격검정 CBT 문제풀이 연습 버튼을 클릭하여 실제 시험과 동일한 방식의 문제풀이 연습을 준비합니다.

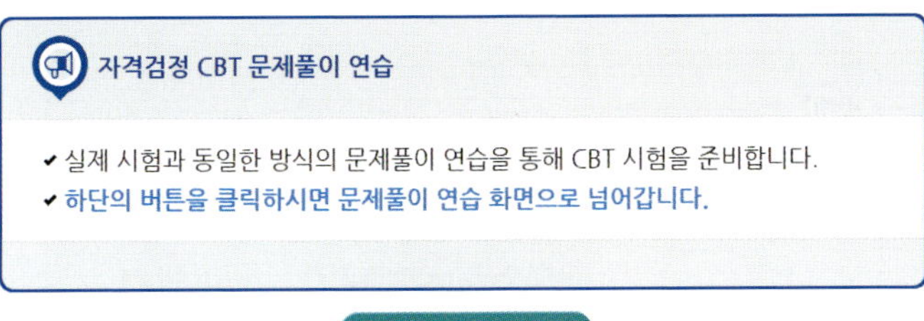

※ 조금 복잡한 자격검정 CBT 프로그램 사용법을 충분히 배웠습니다. [확인] 버튼을 클릭하세요.

5. 시험 준비 완료

시험 안내사항 및 문제풀이 연습까지 모두 마친 수험자는 시험 준비 완료 버튼을 클릭한 후 잠시 대기 합니다.

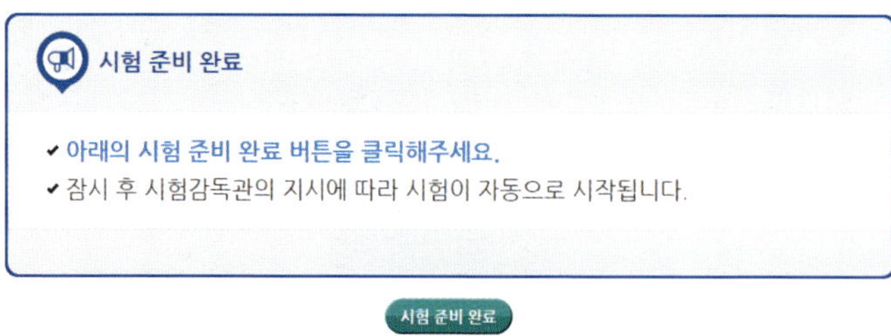

시험 시작

문제를 꼼꼼히 읽어보신 후 답안을 작성하시기 바랍니다. 시험을 다 보신 후 답안 제출 버튼을 클릭하세요.

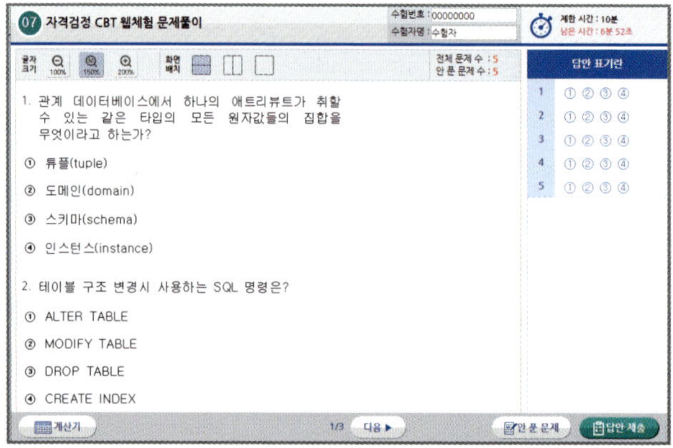

시험 종료

본인의 득점 및 합격 여부를 확인할 수 있습니다.

알짜북 세탁기능사는

자격증 취득에 필요한 알짜 이론과 문제들을 짜임새 있게 구성함으로써
수험자가 시험의 출제 경향을 한눈에 파악하고 실전에 대비할 수 있도록 하였다.

핵심 체크 ◉

시험에 출제되는 핵심 내용을 학습하고 이어서
관련 문제를 풀어 확인해볼 수 있게 하였다.

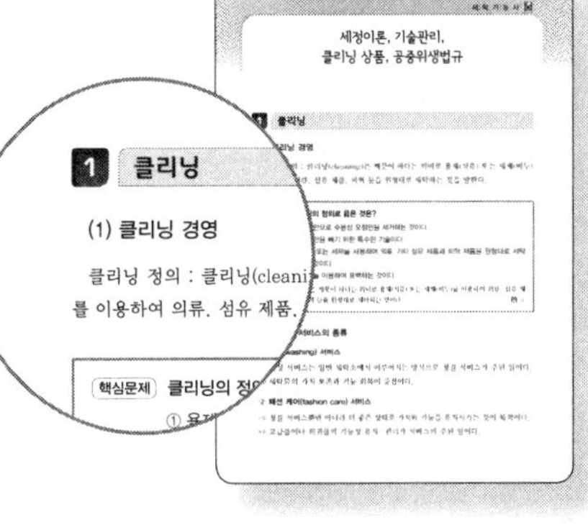

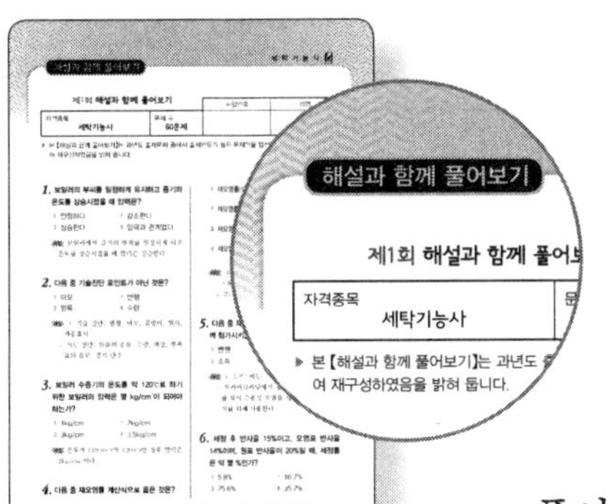

◉ 해설과 함께 풀어보기

지금까지 출제된 과년도 문제를 자세한 해설과 함께
풀어봄으로써 내용을 복습할 수 있게 하였다.

모의고사 ◉

과년도 문제 중에서 높은 출제빈도를
보이는 엄선된 문제들로 실전에 충분히
대비할 수 있게 하였다.

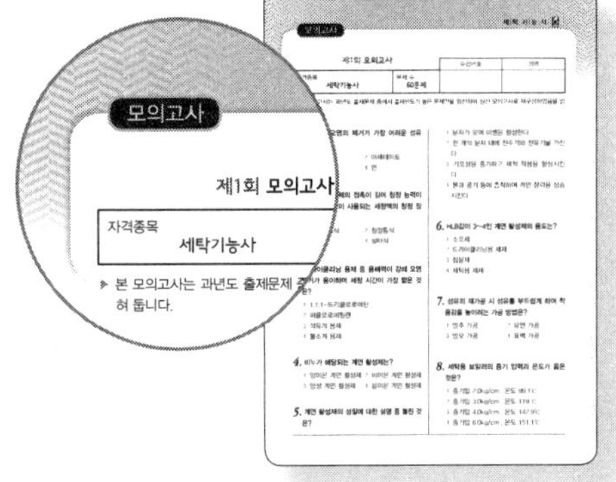

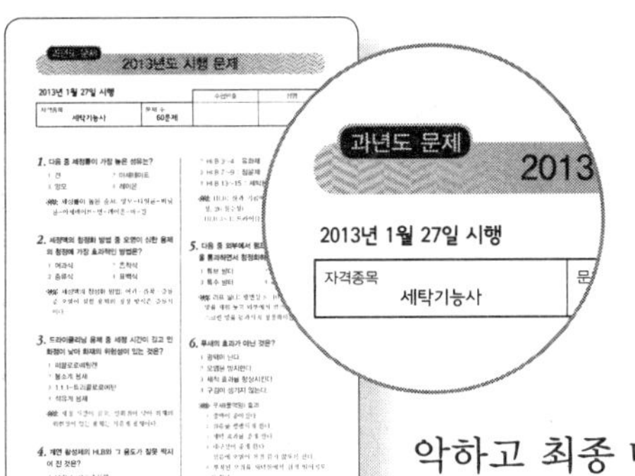

◉ 과년도 문제

최근에 출제된 기출 문제를 통해 출제 경향을 파
악하고 최종 마무리할 수 있게 하였다.

|세|탁|기|능|사|

직무 분야	경비 · 청소	중직무분야	경비 · 청소	자격 종목	세탁기능사	적용 기간	2017.1.1 ~ 2021.12.31
○직무내용 : 고객이 의뢰한 의복 등 세탁 대상품에 부착된 오염 물질을 제거하기 위해 용제와 세제를 사용하여 기계나 기구를 조작하고 세탁물을 청결히 한 후 여러 가지 가공처리와 다림질하여 의복에 기능성을 부여하고 물론 가치를 원상태에 가깝게 회복시켜 주는 업무를 수행하는 직무							
필기검정방법		객관식		문제 수	60	시험시간	60

필기 과목명	문제 수	주요 항목	세부 항목
세정이론, 기술관리, 클리닝 대상품, 공중위생법규	60	1. 클리닝	1. 클리닝 경영 2. 서비스 3. 클리닝 효과 4. 클리닝 공정
		2. 피복의 오염	1. 오염의 분류 2. 오염의 이론 3. 재오염 4. 탈색 및 변색
		3. 비누 및 계면 활성제	1. 비누의 특성과 작용 2. 계면 활성제
		4. 클리닝 용제 및 세정기	1. 클리닝 용제 2. 세정액의 청정화 방법 3. 청정 장치의 종류 및 기능
		5. 재가공	1. 방충 가공 2. 표백 3. 기타 가공
		6. 보일러	1. 보일러의 개요 2. 보일러의 구조와 장치
		7. 세탁과 환경	1. 세탁과 환경
		8. 의복과 세탁	1. 의복 2. 세탁 사고물 3. 세탁용수 4. 세탁 기초

필기 과목명	문제 수	주요 항목	세부 항목
세정이론, 기술관리, 클리닝 대상품, 공중위생법규	60	9. 세탁 종류	1. 손세탁 2. 기계세탁 3. 드라이클리닝 4. 세탁기계 5. 세탁 기술 6. 세탁 방법
		10. 얼룩빼기	1. 얼룩빼기 장치 2. 얼룩빼기 방법 3. 산화 및 황변
		11. 마무리 작업 및 안전	1. 다림질 기구 2. 마무리의 조건 3. 마무리 기계의 종류 4. 마무리 기계의 작동 방법 5. 안전
		12. 보관	1. 작업장 환경
		13. 섬유의 분류	1. 천연 섬유 2. 재생 및 반합성 섬유 3. 합성 섬유
		14. 섬유의 성질	1. 식물성 섬유 2. 동물성 섬유 3. 재생 및 반합성 섬유 4. 합성 섬유 5. 기타
		15. 실의 성질	1. 실의 종류와 특성
		16. 직물의 조직과 구조	1. 기본 조직 2. 직물의 구조 3. 편성물
		17. 직물의 염색	1. 염료 2. 염색 방법 3. 후처리 및 염색 견뢰도
		18. 품질 표시 및 부자재	1. 품질 표시 2. 의류의 부자재
		19. 공중위생법규	1. 세탁에 관한 사항

| 해설과 함께 풀어보기 |

| 모의고사 |

| 과년도 문제 |

세정이론, 기술관리, 클리닝 대상품, 공중위생법규

세정이론, 기술관리, 클리닝 대상품, 공중위생법규

1 클리닝

(1) 클리닝 경영

클리닝 정의 : 클리닝(cleaning)은 깨끗이 하다는 의미로 용제(석유) 또는 세제(비누)를 이용하여 의류, 섬유 제품, 피혁 등을 원형대로 세탁하는 것을 말한다.

[핵심문제] **클리닝의 정의로 옳은 것은?**

① 용제만으로 수용성 오점만을 제거하는 것이다.

② 얼룩만을 빼기 위한 특수한 기술이다.

③ 용제 또는 세제를 사용하여 의류, 기타 섬유 제품과 피혁 제품을 원형대로 세탁하는 것이다.

④ 세제를 이용하여 표백하는 것이다.

[해설] 클리닝은 깨끗이 하다는 의미로 용제(석유) 또는 세제(비누)를 이용하여 의류, 섬유 제품, 피혁 등을 원형대로 세탁하는 것이다. **[답]** ③

---

(2) 클리닝 서비스의 종류

① 워싱(washing) 서비스

㈎ 워싱 서비스는 일반 세탁소에서 이루어지는 방식으로 청결 서비스가 주된 일이다.

㈏ 세탁물의 가치 보존과 기능 회복이 중점이다.

② 패션 케어(fashion care) 서비스

㈎ 청결 서비스뿐만 아니라 더 좋은 상태로 가치와 기능을 유지시키는 것이 목적이다.

㈏ 고급품이나 희귀품의 기능성 유지 · 관리가 서비스의 주된 일이다.

> (핵심문제) 워싱 서비스(washing service)의 가장 기본적인 사항에 해당되는 것은?
>
> ① 청결 서비스 ② 보전 서비스
>
> ③ 패션성 제공 ④ 기능성 부여 답 ①

> (핵심문제) 패션 케어 서비스의 설명으로 가장 옳은 것은?
>
> ① 세탁 영업에서 일반적으로 행하고 있는 클리닝이다.
>
> ② 의류나 섬유 제품의 소재를 청결하게만 하는 것이다.
>
> ③ 고급품이나 희귀품의 가치와 기능을 유지·관리시키는 서비스이다.
>
> ④ 의류를 중심으로 한 대상품의 가치 보전과 기능 회복이 중요한 포인트이다.
>
> (해설) ①, ②, ④ 항은 워싱 서비스, ③은 패션 케어 서비스이다. 답 ③

(3) 클리닝 효과

① **일반 효과** : 세탁물을 세척(클리닝)함으로써 얻을 수 있는 효과

㈎ 위생 수준 유지(청결 유지)

㈏ 내구성 유지(오랜 기간 유지)

㈐ 패션 유지(멋짐을 유지)를 할 수 있다.

② **기술적 효과** : 섬유에 묻은 오점을 제거할 때의 기술적인 효과

㈎ 안전하고

㈏ **빠르고**

㈐ 경제적이어야 한다.

> (핵심문제) 클리닝의 효과를 일반적인 효과와 기술적인 효과로 구분할 때 일반적인 효과가 아닌 것은?
>
> ① 오점 제거로 위생 수준 유지
>
> ② 의류에 번질 우려가 있는 오점 제거
>
> ③ 세탁물의 내구성 유지
>
> ④ 고급 의류의 패션성 유지
>
> (해설) 오점 제거는 클리닝 효과 중에서 기술적 효과에 해당한다. 답 ②

2 피복의 오염

(1) 오염의 분류

① 유용성 오점

㈎ 기름을 주성분으로 이루어진 것으로 동식물성 유나 광물성 유가 있다.

㈏ 물에 녹지 않으나 유기 용제(시너, 솔벤트)에는 녹는다.

㈐ 구두약, 양초, 왁스, 페인트, 그리스, 볼펜, 유성매직, 립스틱, 매니큐어 등이 있다.

② 수용성 오점

㈎ 물에 녹는 물질로 인해서 생긴 오점이다.

㈏ 물에 잘 녹는 편이나 오래되면 변질된다.

㈐ 간장, 겨자, 땀, 술, 배설물, 커피, 케첩, 와인, 혈액(피), 우유 등이 있다.

③ 불용성 오점(고체 오점)

㈎ 물 또는 유기 용제에 녹지 않는다.

㈏ 매연, 점토, 흙, 시멘트, 석고, 유기성 먼지 등이 있다.

[핵심문제] **유용성 오점에 대한 설명으로 옳은 것은?**

① 매연, 점토 등 유기성의 먼지 등을 말한다.

② 유기 용제에 녹으나 물에는 녹지 않는다.

③ 물에 용해된 물질에 의하여 생긴 오점이다.

④ 유기 용제와 물에 녹지 않는다.

[해설] ①과 ④는 불용성 오점, ③은 수용성 오점이다.   답 ②

[핵심문제] **오점의 분류 중 혈액, 술, 우유 등이 해당하는 것은?**

① 수용성 오점

② 유용성 오점

③ 불용성 오점

④ 고체 오점

[해설] 혈액, 술, 우유 등은 수용성 오점이다.   답 ①

(2) 오염의 이론

① 오염의 부착 상태

㉮ 단순 부착(기계적 부착) : 섬유와 오점 간의 마찰, 물리적 작용에 의한 부착이다.

㉯ 화학 결합에 의한 부착 : 섬유 표면에 오염이 부착된 후 섬유와 오점 간에 결합이 화학 결합하여 부착된 것으로 오염 제거가 어렵다.

㉰ 정전기에 의한 부착 : 오염 입자와 섬유가 서로 다른 대전성(+, −로 나타나는 정전기 성질)을 띠고 있을 때 오염 입자가 섬유에 부착된 것이다.

㉱ 분자 간 인력에 의한 부착 : 오염 물질의 분자와 섬유 분자 간의 인력에 의해서 부착된 것이며, 강한 분자 간의 인력으로 인하여 쉽게 제거되지 않는다.

㉲ 유지 결합에 의한 부착 : 오염에 입자가 기름의 엷은 막을 통해서 섬유에 부착된 것이다.

(핵심문제) **피복의 오염 부착 상태에 대한 설명 중 틀린 것은?**

① 화학 결합에 의한 부착 – 섬유 표면에 오염이 부착된 후 섬유와 오점 간에 결합이 화학 결합하여 부착된 것이다.

② 정전기에 의한 부착 – 오염 입자와 섬유가 서로 다른 대전성(+, −로 나타나는 정전기 성질)을 띠고 있을 때 오염 입자가 섬유에 부착된 것이다.

③ 분자 간 인력에 의한 부착 – 오염 물질의 분자와 섬유 분자 간의 인력에 의해서 부착된 것이며, 강한 분자 간의 인력으로 인하여 쉽게 제거되지 않는다.

④ 유지 결합에 의한 부착 – 오염에 입자가 물의 엷은 막을 통해서 섬유에 부착된 것이다.

(해설) 오염 부착 중 오염 입자가 물의 엷은 막이 아니라 기름의 엷은 막에 의해서 부착되는 것이 유지 결합에 의한 부착이다.　　　　　　　답 ④

---

② 오염 부착 순서

오염 부착이 잘 되는 순서(빨리 더러워지는 섬유의 순서)

레이온 → 마 → 아세테이트 → 면 → 비닐론 → 견(실크) → 나일론 → 양모

③ **세탁률(세정률)** $= \dfrac{\text{세탁 후 오염포 반사율} - \text{세탁 전 오염포 반사율}}{\text{원포 반사율} - \text{세탁 전 오염포 반사율}} \times 100\%$

여기서, 원포 반사율 : 처음 상태의 섬유의 반사율

세탁 전 오염포 반사율 : 세탁 이전의 오염 상태의 반사율

세탁 후 오염포 반사율 : 세탁한 이후의 섬유의 반사율

핵심문제 **섬유에 오염 부착이 잘 되는 섬유의 순서대로 나열한 것은?**

① 양모 → 나일론 → 레이온 → 아세테이트 → 마 → 견

② 양모 → 아세테이트 → 레이온 → 나일론 → 마 → 견

③ 레이온 → 마 → 아세테이트 → 견 → 나일론 → 양모

④ 레이온 → 견 → 아세테이트 → 마 → 나일론 → 양모

답 ③

핵심문제 **다음의 표면 반사율로 계산된 세척률은?**

- 원포의 표면 반사율 : 80%
- 세탁 전 오염포의 표면 반사율 : 30%
- 세탁 후 오염포의 표면 반사율 : 60%

① 20% ② 50%

③ 60% ④ 167%

해설 $세정률 = \dfrac{세탁\ 후\ 오염포\ 반사율 - 세탁\ 전\ 오염포\ 반사율}{원포\ 반사율 - 세탁\ 전\ 오염포\ 반사율} \times 100\%$

$= \dfrac{60-30}{80-30} \times 100\% = 60\%$

답 ③

---

(3) 재오염

세탁 과정 중에서 흩어진 오염이 의류에 다시 부착되는 것

① 재오염의 원인

㈎ 부착 : 더러운 용제의 경우 용제가 증발하여도 오염이 섬유에 부착되는 것

㈏ 흡착

- 정전기 : 섬유가 용제와 마찰에 의해서 오점이 다시 흡착되는 경우로 합성 섬유(나일론 등)나 모섬유에서 많이 발생한다.
- 점착 : 수지와 같은 섬유가 용제에 의해 연화되어 표면에 흡착되는 현상
- 물에 적심 : 물에 젖은 의류에 용제 속의 수용성 오염이 흡착되는 현상

㈐ 염착 : 용제 속의 염료가 섬유에 흡착되는 것

② 재오염률(%)=$\dfrac{\text{원포 반사율}-\text{세정 후 반사율}}{\text{원포 반사율}}\times100\%$

여기서, 원포 반사율 : 처음 상태의 섬유의 반사율

세정 후 반사율 : 세탁한 후의 섬유의 반사율

(핵심문제) **재오염의 원인에 대한 설명으로 틀린 것은?**

① 흡착에 의한 재오염에는 정전기에 의한 것이 있다.

② 세정 과정에서 용제 중에 분산된 더러움은 의류에 다시 부착되지 않는다.

③ 용제의 수분이 과다하면 재오염이 발생한다.

④ 물에 젖은 의류는 수분 과다로 수용성 더러움이 흡착된다.

(해설) ① 세정 과정 중 용제 중에 분산된 더러움은 의류에 다시 부착될 수 있다.

② 흡착에는 정전기 점착, 물의 적심이 있다.

③ 물에 젖은 의류는 용제 속의 수용성 오점이 부착된다.   답 ②

(핵심문제) **다음 중 재오염의 원인이 아닌 것은?**

① 탈수   ② 부착

③ 흡착   ④ 염착

(해설) 재오염의 원인

① 부착 ② 흡착(정전기, 점착, 물에 적심) ③ 염착   답 ①

(핵심문제) **다음 중 흡착에 의한 재오염이 아닌 것은?**

① 정전기   ② 점착

③ 물에 적심   ④ 인공 피혁   답 ④

(핵심문제) **재오염에 대한 설명 중 틀린 것은?**

① 의류가 세정 과정에서 용제 중에 분산된 더러움이 의류에 다시 부착되는 것이다.

② 용제의 청정화가 불충분하므로 건조 후에도 섬유에 더러움이 붙어 있는 것이다.

③ 물에 젖은 섬유는 드라이클리닝 용제 속에서 부분적으로 얼룩이 생길 수 있다.

④ 재오염된 세탁물은 소프(soap)를 사용하여도 복원할 수 없다.

(해설) 재오염된 세탁물은 소프(비누)를 사용하여 세척하면 복원할 수 있다.   답 ④

(핵심문제) 용제의 재오염을 측정한 결과 원포 반사율이 45, 세정 후 반사율이 43.5일 때 재오염률은?

① 3.03%   ② 3.33%

③ 2.25%   ④ 3.92%

(해설) 재오염률(%) $= \dfrac{\text{원포 반사율} - \text{세정 후 반사율}}{\text{원포 반사율}} \times 100$

$= \dfrac{45 - 43.5}{45} \times 100 = 3.33\%$

답 ②

(핵심문제) 다음 중 재오염률 계산식으로 옳은 것은?

① 재오염률(%) $= \dfrac{\text{원포 반사율} - \text{세정 후 반사율}}{\text{원포 반사율}} \times 100\%$

② 재오염률(%) $= \dfrac{\text{세정 후 반사율} - \text{원포 반사율}}{\text{원포 반사율}} \times 100\%$

③ 재오염률(%) $= \dfrac{\text{세정 후 반사율} - \text{원포 반사율}}{\text{세정 후 반사율}} \times 100\%$

④ 재오염률(%) $= \dfrac{\text{원포 반사율} - \text{세정 후 반사율}}{\text{세정 후 반사율}} \times 100\%$

(해설) ① 재오염률(%) $= \dfrac{\text{원포 반사율} - \text{세정 후 반사율}}{\text{원포 반사율}} \times 100$

② 3% 이내 : 양호, 5% 이상 : 불량

답 ①

(핵심문제) 재오염률이 양호한 기준은?

① 1% 이내   ② 2% 이내

③ 3% 이내   ④ 5% 이내

(해설) 재오염이 3% 이내는 양호, 5% 이상은 불량이다.

답 ③

---

3 비누 및 계면 활성제

(1) 비누의 특성과 작용

지방(폐식용유) + 수산화 나트륨(잿물) = 지방산 나트륨염

① 비누의 특성

비누는 기름과 잿물을 섞어 고형화시켜 만든 것으로, 사용하고 나면 유리 지방산이 생성되고, 물은 알칼리 성분으로 남게 된다.

┃ 비누의 장·단점 ┃

장 점	단 점
① 세탁 효과가 좋은 편이다.	① 가수 분해 되어 유리 지방산이 생성되고, 물에는 알칼리 성분이 남는다.
② 거품이 잘 생기고 헹구면 거품이 잘 사라진다.	② 산성 용액 및 바닷물에서는 사용할 수 없다.
③ 세탁한 직물의 촉감이 좋고, 피부를 거칠게 하지 않는다.	③ 경수를 사용하면 금속 화합물과 반응하여 침전물이 생긴다.
④ 합성 세제보다 환경 오염이 적다.	④ 알칼리 성분이 있어야만 세탁 효과를 얻을 수 있다.

핵심문제 **비누의 특성 중 장점이 아닌 것은?**

① 산성 용액에서도 사용할 수 있다.

② 세탁한 직물의 촉감이 양호하다.

③ 합성 세제보다 환경을 적게 오염시킨다.

④ 거품이 잘 생기고 헹굴 때에는 거품이 사라진다.

해설 비누는 알칼리 성분이다. 산성 용액에서 사용하면 알칼리와 중화되므로 세탁 효과를 얻을 수 없다. **답** ①

핵심문제 **비누의 특성 중 장점에 해당되는 것은?**

① 가수 분해 되어 유리 지방산을 생성한다.

② 세탁 시 센물을 사용하면 반응하여 침전물이 없어진다.

③ 거품이 잘 생기고 헹굴 때에는 거품이 사라진다.

④ 산성 용액에서 사용할 수 있다.

해설 비누는 사용 시 거품이 잘 생기고 헹굴 때에는 거품이 사라지는 장점이 있다. **답** ③

> **[핵심문제]** **비누의 단점이 아닌 것은?**
>
> ① 가수 분해 되어 유리 지방산을 생성한다.
>
> ② 산성 용액에서는 사용할 수 없다.
>
> ③ 합성 세제보다 환경 오염이 적다.
>
> ④ 알칼리성을 첨가해야만 세탁 효과가 좋다.
>
> **[해설]** 비누가 합성 세제보다 환경 오염이 적은 것은 단점이 아니라 장점이다. **답** ③

② 합성 세제의 특성

(개) 빨리 녹고 헹구기가 쉽다.

(내) 산, 알칼리, 바닷물에도 사용이 가능하다.

(대) 금속 화합물이 많은 센물에서도 사용이 가능하다.

(래) 거품이 잘 생기며 침투력이 우수하다.

(매) 값이 싸고 원료 제한이 없다.

> **[핵심문제]** **합성 세제의 특성 중 틀린 것은?**
>
> ① 세탁 시 센물을 사용해도 무방하다.
>
> ② 산성 또는 알칼리성에도 사용이 가능하다.
>
> ③ 용해가 빠르고 헹구기가 쉽다.
>
> ④ 단열성이 높은 장치에 사용한다.
>
> **[해설]** 단열성이 높은 장치가 필요한 것은 불소계 용제이다. **답** ④

(2) 계면 활성제

① 계면 활성제의 종류

(개) 음이온계 계면 활성제 : 세제로 사용되는 대부분의 것

(내) 양이온계 계면 활성제 : 세척력이 적어 유연제, 대전 방지제, 발수제 등으로 사용

(대) 비이온계 계면 활성제 : 이온이 발생하지 않는 것

(래) 양성이온계 계면 활성제 : 양이온과 음이온이 동시 존재

> (핵심문제) **계면 활성제의 종류 중 비누, 알킬술폰산나트륨과 같이 세제로 사용하는 것은?**
>
> ① 비음이온계 계면 활성제 ② 양성계 계면 활성제
>
> ③ 양이온계 계면 활성제 ④ 음이온계 계면 활성제
>
> (해설) 음이온계 계면 활성제 : 세제로 사용되는 대부분의 것 　　　　　　답 ④

> (핵심문제) **세척력이 적어 세제로는 사용하지 않으나 섬유의 유연제, 대전 방지제, 발수제 등에 사용하는 계면 활성제는?**
>
> ① 음이온 계면 활성제 ② 양이온 계면 활성제
>
> ③ 양성계 계면 활성제 ④ 비이온계 계면 활성제
>
> (해설) 양이온 계면 활성제 : 유연제, 대전 방지제, 발수제 등 　　　　　　답 ②

② 계면 활성제의 성질

㈎ 분자의 구조 : 친수기(물과 친화성), 친유기(소수성 ; 기름과 친화성)로 구성되어 있다.

㈏ 계면 활성제의 작용

- 물의 표면 장력은 크나 계면 활성제를 첨가하면 표면 장력이 저하된다.
- 계면 활성제가 물의 표면에서는 친유기 부분이 물의 표면으로 나오고 물속으로 친수기가 위치한다.
- 계면 활성제가 물속에서는 친유기(소수성) 부분이 안쪽으로 모이는 미셀(micelle) 이 형성된다(보호에서 미셀이 형성된다).
- 순서 : 습윤 → 침투 → 흡착 → 분산 → 보호(유화 · 현탁)

> (핵심문제) **다음 중 계면 활성제의 성질이 아닌 것은?**
>
> ① 한 개의 분자 내에 친수기와 친유기를 가진다.
>
> ② 분자가 모여 미셀(micelle)을 형성한다.
>
> ③ 직물의 습윤 효과를 향상시킨다.
>
> ④ 물과 공기 등에 흡착하여 계면 장력을 향상시킨다.
>
> (해설) 계면 활성제는 물과 공기 등에 흡착하여 계면 장력을 저하시킨다. 　　　　답 ④

③ 세제의 종류 및 내용

[PH 농도에 의한 세제의 분류]

PH(수소이온 농도)													
1	2	3	4	5	6	7	8	9	10	11	12	13	14
산성						중성							알칼리성

㈎ 약알칼리성 세제(중질 세제) : PH(수소이온 농도) 10~11 정도
- 센물에서도 사용할 수 있다.
- 면, 마, 합성 섬유 등 알칼리에 잘 견디는 섬유에 적당하다.

㈏ 중성 세제(경질 세제) : PH(수소이온 농도) 7(6~8) 정도
- 알칼리에 약한 견, 양모, 아세테이트 등의 섬유 세탁에 적합하다.
- 세탁 효과는 약알칼리성 세제보다 떨어진다.

㈐ 다목적 세제 : PH(수소이온 농도) 9.5~9.7 정도
- 약알칼리성 세제는 세탁력은 좋으나 알칼리에 약한 견, 양모, 아세테이트에는 적합하지 않으므로 pH를 약간 낮추어 거의 모든 종류의 섬유에 사용할 수 있도록 한 것
- 세척력은 다소 떨어진다.

[핵심문제] **양모, 견, 아세테이트 등의 섬유에 알맞게 수용액을 중성이 되게 만든 세제는?**

　① 약알칼리성 세제
　② 저포성 세제
　③ 경질 세제
　④ 농축 세제

[해설] ① 약알칼리성 세제 (중질 세제 : PH 10~11)
- 센물에도 세탁 가능
- 면, 마, 합성 섬유

② 중성 세제 (경질 세제 : PH 6~8)
- 알칼리성 세제에 약한 섬유에 적합
- 양모, 견, 아세테이트

답 ③

(핵심문제) **약알칼리성 세제에 대한 설명으로 틀린 것은?**

① 세탁 효과를 높인다.

② 센물에도 세탁이 잘 된다.

③ 경질 세제라고 한다.

④ 면, 마, 합성 섬유 등에 적당하다.

(해설) ① 약알칼리성 세제(중질 세제)

• PH 농도는 10~11이다.

• 세탁 효과를 높인다.

• 센물(경수)에서도 세탁이 잘 된다.

• 알칼리 세제에 잘 견디는 면, 마, 합성 섬유 또는 오염이 많이 된 세탁물에 적당하다.

② 경질 세제는 중성 세제이다.

답 ③

---

④ 계면 활성제의 용도 구분(HLB)

HLB값이 낮을수록 친유성 용제이고 높을수록 친수성 세제이다.

HLB값(0~20)	물과 기름에 대한 친화성
0	친유성
1~3	소포제(유해한 기름 제거)
3~4	드라이클리닝
4~8	유화제(기름 속의 물 분산)
7~9	친유성
8~18	유화제(물속의 기름 분산)
13~15	세탁용 세제
15~18	가용화
20	친수성

(핵심문제) **HLB값이 3~4인 계면 활성제의 용도는?**

① 소포제

② 드라이클리닝용 세제

③ 침윤제

④ 세탁용 세제

(해설) HLB값이 3~4는 드라이클리닝 용제이다.

답 ②

4 클리닝 용제 및 세정기

(1) 클리닝 용제

① 용제의 종류 및 특성

구 분		용제의 비중	연소성	독성	세정 시간	기 타
석유계 용제	석유 (탄화 수소계)	비중이 작은 편이어서 섬세한 의류(한복, 양모)에 적합하다.	가연성	약한 편이다.	20~30분으로 길다.	① 가연성이므로 방폭 설비를 설치해야 한다. ② 기계 부식에 안전하다.
합성 용제	퍼클로로에틸렌 (염소계)	비중이 커서 섬세한 의류에 적합하지 않다.	불연성	독성이 강하다.	7분 정도로 짧다.	① 기계 부식의 원인이 된다. ② 상압으로 증류할 수 있다.
	불소계	비중이 작은 편이어서 섬세한 의류에 적합하다.	불연성	독성이 약하다.	세정 시간은 5분 정도로 짧다.	① 오염 제거가 불충분하다(용해력이 약하다). ② 대기 환경(오존층)을 파괴시킨다.
	1.1.1 트리클로로에탄	비중이 커서 섬세한 의류에는 적합하지 않다.	불연성	독성이 가장 강하다.	세정 시간이 가장 짧다 (3~5분).	① 용제 관리가 다소 쉽다. ② 증류가 용이하다.

핵심문제 **불소계 용제의 특성이 아닌 것은?**

① 불연성이다.

② 독성이 강하다.

③ 용해력이 약해 오염 제거가 불충분하다.

④ 비점이 낮아 저온 건조가 되면 섬세한 의류에 적합하다.

해설 불소계 용제는 대기 환경을 파괴하나 독성은 약한 편이다.　　　目 ②

(핵심문제) **퍼클로로에틸렌 용제에 대한 설명 중 틀린 것은?**

① 용해력 비중이 크므로 세정 시간이 짧다.

② 상압으로 증류할 수 있다.

③ 독성이 약하고 기계의 부식에 안전하다.

④ 불연성이므로 화재에 대한 위험은 없다.

(해설) 퍼클로로에틸렌은 독성이 강하고 기계에 대한 부식의 우려가 있다.　　답 ③

(핵심문제) **석유계 용제의 장점이 아닌 것은?**

① 세정 시간이 짧다.

② 기계 부식에 안전하다.

③ 독성이 약하고 값이 싸다.

④ 섬세한 의류에 적합하다.

(해설) 석유계 용제는 세정 시간(20~30분)이 길다.　　답 ①

(핵심문제) **다음 용제의 가장 적합한 세정 시간을 옳게 나열한 것은?**

① 석유계 용제 : 7초 이내, 퍼클로로에틸렌 : 20~30초

② 석유계 용제 : 20~30초, 퍼클로로에틸렌 : 7초 이내

③ 석유계 용제 : 7분 이내, 퍼클로로에틸렌 : 20~30분

④ 석유계 용제 : 20~30분, 퍼클로로에틸렌 : 7분 이내

(해설) 세정 시간(세탁 시간)

① 석유계 용제 : 20~30분

② 퍼클로로에틸렌 : 7분

③ 트리클로로에틸렌 : 3~5분　　답 ④

② 드라이클리닝 용제의 구비 조건

㈎ 세척 시 세탁물 의류에 손상을 주어서는 안 된다.

㈏ 인화점이 높아야 하고 불에 연소되지 않아야 한다(인화성이 없어야 한다).

㈐ 건조가 쉬워야 하고 세탁 후 나쁜 냄새가 없어야 한다.

㈑ 증류나 흡착에 의한 정제가 쉬워야 하며, 정제 시 분해되지 않아야 한다.

㈒ 표면 장력이 작아야 하고 비중은 다소 커야 한다.

㈃ 기계를 부식시키지 않아야 하고 인체에 독성이 없어야 한다.

㈄ 값이 저렴하고 공급이 안정적이어야 한다.

㈅ 환경 오염이 생기지 않아야 한다.

[핵심문제] **드라이클리닝 용제의 조건 중 틀린 것은?**

① 표면 장력이 작을 것

② 인화성이 없거나 적을 것

③ 비중이 낮을 것

④ 건조가 쉽고 나쁜 냄새가 남지 않을 것

[해설] 드라이클리닝의 용제는 비중이 다소 커야 세척력이 있다.　답 ③

[핵심문제] **다음 중 용제의 구비 조건이 아닌 것은?**

① 증류나 흡착에 의한 정제가 쉽고 분해가 될 것

② 세탁 시 피복을 손상시키지 않을 것

③ 기계를 부식시키지 않고 인체에 독성이 없을 것

④ 건조가 쉽고 세탁 후 냄새가 없을 것

[해설] 용제는 증류나 흡착에 의한 정제가 쉬워야 하고 용제가 분해되어서는 안 된다.　답 ①

[핵심문제] **드라이클리닝 용제의 조건으로 거리가 먼 것은?**

① 기계의 부식성이나 독성이 적을 것

② 인화점이 낮고 가연성일 것

③ 의류품을 상하게 하지 않을 것

④ 건조가 쉽고 냄새가 남지 않을 것

[해설] 용제의 인화점이 낮아서 가연성이 있으면 화재의 위험성이 있다.　답 ②

---

③ 용제 사용을 위한 관리 목적 3가지

㈎ 세정 효과를 높일 수 있도록 관리해야 한다.

㈏ 재오염이 되지 않도록 관리해야 한다.

㈐ 물품(의류)을 상하지 않도록 관리해야 한다.

> (핵심문제) **용제 관리의 목적이 아닌 것은?**
> ① 직물의 습윤 효과를 향상시킨다.　② 물품을 상하지 않게 한다.
> ③ 재오염을 방지한다.　④ 세정 효과를 높인다.
> (해설) 직물의 습윤 효과는 용제 관리와 관계가 없다.　답 ①

(2) 세정액의 청정화

용제를 재사용하기 위해 용제 속의 더러운 오염을 제거하여 깨끗한 용제로 만드는 것

① 여과 방법 : 용제 속의 오염을 스크린(망)으로 걸러 내는 것
② 흡착 방법 : 용제 속의 오염을 흡착제로 흡착시키는 것
③ 증류 방법 : 용제를 증류시켜 오염을 찌꺼기로 남게 하는 방식

> (핵심문제) **정액의 청정화 방법에 해당되지 않는 것은?**
> ① 여과　② 흡착　③ 증류　④ 흡수
> (해설) 청정화 방법 3가지 : 여과, 흡착, 증류　답 ④

(3) 청정 장치의 종류 및 기능

① 필터식

㉮ 리프 필터(스크린 필터) : 평면상 스크린 망을 8~10매씩 나란히 세워 외부에서 펌프의 압력으로 스크린 망을 통과시켜 오염을 제거하는 방식이다.
㉯ 튜브 필터 : 가는 철망을 튜브 형태로 짜서 천장에 매달은 구조이다.
㉰ 스프링 필터 : 코일형으로 생긴 스프링 안에 규조토가 부착되어 있다.

② 청정통식

㉮ 여과지와 흡착제가 구분되어 있다.
㉯ 여과지와 흡착제가 별도로 설치되어 있어 여과면적은 넓어진다.

③ 카트리지식

㉮ 주름 여과지 속에 흡착제가 있다.

㈏ 여과지 안에 흡착제가 있어 용제와 흡착제의 접촉 시간이 충분하여 청정 능력이 높다.

㈐ 가장 많이 사용되고 있다.

④ **증류식** : 오염이 심한 용제의 청정에 사용된다.

[핵심문제] **세정액의 청정화 방법 중 오염이 심한 용제의 청정에 가장 효과적인 것은?**

① 여과 방법　　　　　　　② 증류 방법

③ 표백 방법　　　　　　　④ 흡착 방법

[해설] 오염이 심한 용제의 청정 방법은 증류 방식이다.　　　　　**답** ②

[핵심문제] **세정액의 청정 장치에 대한 분류의 설명으로 옳은 것은?**

① 카트리지식 : 쇠망에 여과제 층을 부착시키는 장치이다.

② 청정통식 : 튜브 필터에 열을 통과시키는 장치이다.

③ 필터식 : 겉쪽에는 주름여과지가 있고 속에는 흡착제가 채워져 있다.

④ 증류식 : 오염이 심한 용제 청정에 적합하다.

[해설] ① 카트리지식 : 여과지 안에 흡착제가 채워져 있는 방식으로 가장 많이 사용된다.

② 청정통식 : 여과지와 흡착제가 따로 설치되어 있다.

③ 필터식 : 리프 필터, 튜브 필터, 스프링 필터가 있다.　　　　　**답** ④

---

(4) 청정제의 종류 및 특징

① 여과제

규조토 : 입자에 미세한 구멍이 많아 여과력은 크나 흡착력은 없다.

② 흡착제

탈색력이 뛰어난 청정제	탈산력과 탈취력이 뛰어난 청정제
산성 백토(탈색)	알루미나 겔
실리카 겔(탈색 · 탈수)	경질토
활성 백토(탈색 · 탈수)	
활성 탄소(탈색 · 탈취)	

③ 탈산 · 탈취제의 역할

동물성 섬유(양모, 견)는 단백질과 지방으로 구성되어 있고, 섬유의 지방과 오점에서 생기는 지방이 시간 흐름에 따라 공기와 접촉하여 지방산으로 변하면서 악취를 풍기게 된다. 지방산과 악취를 제거하기 위해 탈산 · 탈취제인 알루미나 겔, 경질 점토를 사용한다.

[핵심문제] 흡착제이면서 탈색력이 뛰어난 청정제에 해당되지 않는 것은?

① 활성 탄소   ② 규조토
③ 실리카 겔   ④ 산성 백토

[해설] ① 흡착제이면서 탈색력이 강한 청정제 : 활성 탄소, 활성 백토, 실리카 겔, 산성 백토
② 규조토는 흡착력이 없는 여과제이다.   답 ②

[핵심문제] 다음 청정제 중 탈색, 탈취 효과가 가장 좋은 것은?

① 실리카 겔   ② 산성 백토
③ 활성 탄소   ④ 규조토

[해설] ① 실리카 겔 : 탈색, 탈수   ② 산성 백토 : 탈색
③ 활성 탄소 : 탈색, 탈취   ④ 활성 백토 : 탈색, 탈수   답 ③

---

5 재가공

재가공이란 세탁한 후 의복으로서의 효과를 향상시키거나 새로운 기능을 주기 위해 의복에 처리하는 작업을 말한다.

(1) 방충 가공

섬유가 해충에 의해 손상되는 것을 막기 위한 가공이다.

① 해충류

㉮ 동물성 섬유(양모, 견, 모피) : 옷좀나방, 털좀나방, 애수시렁이, 알수시렁이
㉯ 식물성 섬유(면, 마) : 바퀴벌레, 귀뚜라미, 좀벌레(의어)

② 방충제

㈎ 가정의약 : 장뇌(증류액 기름 성분), 나프탈렌(방향족 탄화수소), 파라디클로로벤젠 등이 있다.

㈏ 가공제 : 직물에 방충 효과를 영구적으로 주기 위해 아레스린, 가드나 등을 사용한다.

(핵심문제) **다음 중 면직물이나 마직물 같은 셀룰로오스 섬유를 해치는 벌레는?**

① 애수시렁이　　　　　　　　② 옷좀나방
③ 바퀴벌레　　　　　　　　　④ 털좀나방

(해설) 셀룰로오스 섬유를 해치는 벌레의 종류 : 바퀴벌레, 좀벌레(의어), 귀뚜라미　　🔎 ③

(핵심문제) **방충제의 종류 중 방향족 탄화수소 화합물로 살충력은 크지 않으나 벌레가 그 냄새를 기피하게 되어 방충 효과가 있는 것은?**

① 나프탈렌　　　　　　　　　② 실리카 겔
③ 파라핀　　　　　　　　　　④ 장뇌

(해설) 방충제
① 나프탈렌 : 방향족 탄화수소의 화합물로서 방충 효과가 있는 좀약으로 사용된다.
② 장뇌 : 증류액의 기름 성분으로 의약품 또는 좀약으로 사용된다.　　🔎 ①

---

(2) 표백 가공

① 표백 가공 : 섬유에 있는 천연 색소를 분해하여 직물보다 하얗게 만드는 것
② 형광 가공 : 황변된 흰 천을 형광 염료를 사용하여 하얗게 만드는 것

(핵심문제) **직물의 불순물을 알칼리로 제거한 다음 섬유에 남아 있는 천연 색소를 분해하여 직물을 보다 희게 만드는 가공은?**

① 유연 가공　　　　　　　　　② 표백 가공
③ 방수 가공　　　　　　　　　④ 형광 가공

(해설) ① 표백 가공 : 섬유의 색소를 분해하여 직물을 보다 희게 만드는 가공
② 형광 가공 : 황변된 흰 천을 형광 염료를 사용하여 보다 희게 만드는 가공　　🔎 ②

> **핵심문제** 면 y–셔츠나 블라우스를 희게 하고자 할 때 가정에서 형광 증백제를 사용할 수 있는데 그 사용에 대한 설명 중 틀린 것은?
>
> ① 먼저 깨끗이 세탁한다.
> ② 산화 표백제를 사용하여 표백을 하고 충분히 수세를 한다.
> ③ 형광 증백제로 형광 처리를 한다.
> ④ 형광제의 양을 많이 사용할수록 백도는 증가한다.
>
> **해설** 형광 증백제
> ① 무색이나 누런색이지만 자외선을 받으면 파란 자주색의 형광을 내는 염료이다.
> ② 세제에 혼합하여 흰 옷감이 누렇게 된 것을 더욱 희게 만들 때 쓰인다.
> ③ 형광 증백제의 사용량이 일정량을 넘치면 백도는 증가하지 않는다.　　답 ④

(3) 표백제의 구분

① 산화 표백제

㈎ 산화 작용을 이용한 표백제이다.

㈏ 표백 작용이 크므로 주로 식물성 섬유의 표백에 이용되며, 과산화수소는 동물성 섬유(견 · 양모)의 표백제로 사용한다.

② 환원 표백제

㈎ 환원 작용을 이용한 표백제이다.

㈏ 표백 작용이 작으므로 주로 양모 섬유의 표백에 이용한다.

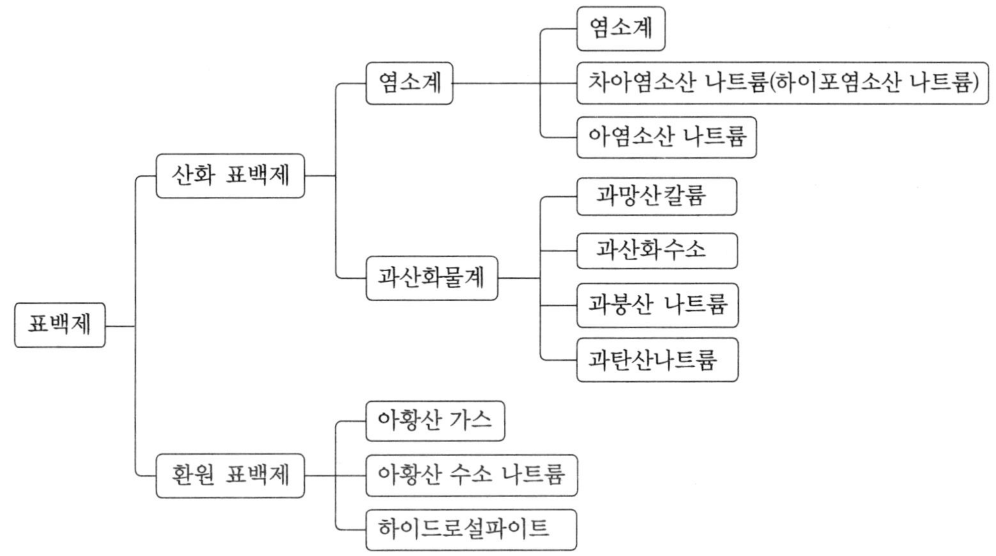

(핵심문제) **다음 중 산화 표백제는?**

① 아황산 수소 나트륨 ② 아황산 가스

③ 과산화수소 ④ 하이드로설파이트

(해설) 환원 표백제 : 아황산 수소 나트륨, 아황산 가스, 하이드로설파이트   답 ③

---

(4) 기타 가공

① 대전 방지

합성 섬유(주로 폴리에스테르) 또는 반합성 섬유에서 마찰에 의한 정전기가 발생하는데 밖으로 빠져나가기가 어려워 오염 물질이 쉽게 달라붙고 신체에 달라붙어 불쾌감을 주기도 한다. 이러한 것을 막는 가공을 대전 방지 가공이라 한다.

(핵심문제) **다음 중 대전 방지 가공을 필요로 하는 섬유는?**

① 양모 ② 폴리에스테르

③ 견 ④ 면

(해설) ② 폴리에스테르 섬유는 정전기 발생이 많으므로 대전 방지 가공을 해야 한다.   답 ②

---

② 방수 가공

㈎ 방수 가공 : 물이 침투되는 것을 막기 위해 섬유에 합성수지(아크릴 수지, 폴리우레탄 수지, 염화비닐 수지 등)를 칠하는 가공

㈏ 발수 가공 : 섬유에 물은 들어오지 않게 하고 공기는 통하게 하는 가공

(핵심문제) **아크릴 수지, 폴리우레탄 수지, 염화비닐 수지 등의 가공제를 사용하는 가공은?**

① 대전 방지 가공 ② 방수 가공

③ 방오 가공 ④ 방축 가공

(해설) 방수 가공 : 물이 침투되는 것을 막기 위해 섬유에 합성수지(아크릴 수지, 폴리우레탄 수지, 염화비닐 수지 등)를 칠한 것   답 ②

③ 푸새 가공(풀먹이기)

㈎ 푸새 가공의 목적

- 옷감을 팽팽하게 한다.
- 내구성을 준다.
- 형태를 유지하게 한다.
- 더러움이 잘 붙지 않게 하며 세탁 시 더러움이 잘 빠지게 한다.
- 광택을 부여한다.

㈏ 풀감의 종류

- 면, 마직물 : 감자, 옥수수 등의 전분(녹말, 콘스타치)을 사용한다.
- 합성 직물 : PVA, CMC, PVAC 등

[핵심문제] 푸새 가공의 효과에 해당하는 것은?

① 천에 남은 알칼리를 중화한다.
② 의류를 살균 소독하는 효과가 있다.
③ 천에 광택을 주고 황변을 방지한다.
④ 내구성을 부여하고 형태를 유지하게 한다.

[해설] ① 푸새 가공(풀먹임) : 천에 전분풀, CMC, PVA 등으로 풀먹임을 하는 것으로 내구성, 광택과 팽팽하게 해 준다.
② 산욕 : • 알칼리 중화
  • 철분 제거
  • 광택 부여와 황변 방지
  • 살균 · 소독
  • 산가용성의 얼룩 제거 **답 ④**

[핵심문제] 푸새 가공에 대한 설명 중 틀린 것은?

① 세탁 후 옷에 풀을 먹이면 부착되는 오점이 용이하게 떨어지지 않는다.
② 세탁 후 옷에 풀을 먹이면 옷감에 힘을 주어 팽팽하게 하고 내구성을 부여한다.
③ 세탁 후 옷에 풀을 먹이면 형태를 유지하게 되고, 세탁 시에는 더러움이 잘 빠지게 된다.
④ 풀감의 종류는 면이나 마직물에는 녹말풀, 합성 직물이나 기타 직물에는 CMC, PVA 풀감이 사용된다.

[해설] 풀먹임을 하면 부착되는 오염이 쉽게 떨어진다. **답 ①**

6 보일러

(1) 보일러의 종류

① **원통형 보일러** : 보일러 본체가 원통으로 된 보일러

㈎ 노통 보일러

㈏ 연관 보일러

㈐ 노통 · 연관 보일러

㈑ 입형(직립형) 보일러

② **수관식 보일러** : 보일러 본체가 수관으로 구성된 보일러

㈎ 자연 순환식

㈏ 강제 순환식

㈐ 관류식

③ **특수 보일러**

㈎ 주철제 섹셔널 폐열 보일러

㈏ 특수 연료 보일러

㈐ 특수 열매체(액체) 보일러

㈑ 간접 가열식 보일러

㈒ 전기보일러

[핵심문제] 보일러의 종류 중 원통 보일러의 형식이 아닌 것은?

① 노통 보일러　　　　　　② 수관 보일러

③ 연관 보일러　　　　　　④ 입식 보일러

해설 원통 보일러 : 입형, 노통, 연관, 노통 · 연관식　　　　답 ②

(2) 보일러의 절대 압력

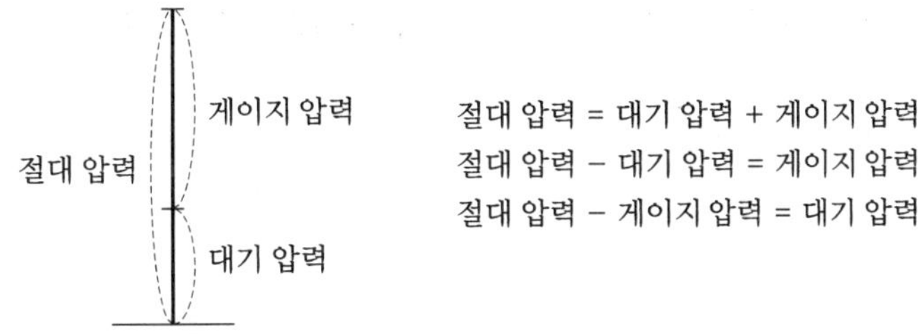

$$절대\ 압력 = 게이지\ 압력 + 1.033mmHg \times \frac{실제\ 대기압력}{표준\ 대기압력}$$

$$= 게이지\ 압력 + 1(대기\ 압력은\ 1에\ 가까우므로\ 대기\ 압력을\ 1로\ 본다.)$$

여기서, 표준 대기압력 : 760mmHg

[핵심문제] **다음 관계식 중 옳은 것은?**

① 절대 압력＝게이지 압력－대기압

② 게이지 압력＝절대 압력－대기압

③ 진공 압력＝게이지 압력＋대기압

④ 대기압＝게이지 압력＋진공 압력

[해설] ① 절대 압력＝게이지 압력＋대기압

② 게이지 압력＝절대 압력－대기압

③ 절대 압력＝게이지 압력＋$1.033mmHg \times \dfrac{실제\ 대기압력}{표준\ 대기압력}$

＝게이지 압력＋1

[답] ②

[핵심문제] **게이지 압력이 6kg/cm^{2}인 보일러의 압력을 절대 압력(kg/cm^2)으로 계산하면 얼마인가?**

① 6　　　　　　　　　　② 7

③ 16　　　　　　　　　　④ 60

[해설] 절대 압력＝게이지 압력＋대기 압력＝6＋1＝7 (여기서, 1 : 대기 압력)

[답] ②

(핵심문제) 보일러의 게이지 압력이 6kg/cm^{2}을 나타내고 있을 때의 절대 압력(kg/cm^2)은? (단, 대기 압력은 750mmHg이고, 절대 압력은 게이지 압력＋1.033mmHg $\times\dfrac{\text{실제 대기압력}}{\text{표준 대기압력}}$이다.)

① 7.033   ② 7.019

③ 7.045   ④ 7.073

(해설) 절대 압력＝게이지 압력＋1.033mmHg$\times\dfrac{\text{실제 대기압력}}{\text{표준 대기압력}}$

$$=6+1.033\times\frac{750}{760}=7.019$$

답 ②

(3) 보일러의 증기 압력과 온도의 관계

증기 압력(kg/cm^2)	온도(℃)
1	99.1
2	119.6
3	132.9
4	142.9
5	151.1
6	158.1

(핵심문제) 세탁용 보일러의 증기 압력과 온도로 옳은 것은?

① 증기압 2.0kg/cm^2, 온도 99.1℃

② 증기압 3.0kg/cm^2, 온도 119.6℃

③ 증기압 4.0kg/cm^2, 온도 142.9℃

④ 증기압 6.0kg/cm^2, 온도 151.1℃

(해설) ① 온도 99.1℃ : 증기압 1.0kg/cm^2

② 온도 119.6℃ : 증기압 2.0kg/cm^2

④ 온도 151.1℃ : 증기압 5.0kg/cm^2

답 ③

(4) 보일러의 고장 현상

① 게이지가 움직이지 않는다.

② 수면계에 수위가 나타나지 않는다.

③ 본체에서 증기나 물이 샌다.

④ 증기(스팀)에서 물이 섞여 나온다.

⑤ 작동 중 불이 꺼진다.

(핵심문제) **보일러의 고장 현상이 아닌 것은?**

① 수면계에 수위가 나타나지 않는다.

② 본체에서 물이 샌다.

③ 증기에 물이 섞여 나오지 않는다.

④ 작동 중 불이 꺼진다.

(해설) 증기에 물이 섞여 있으면 고장의 원인이다.　　　　답 ③

(핵심문제) **보일러의 운전 중 고장 현상이 아닌 것은?**

① 점화 작동 중 수면계에 수위가 나타나지 않는다.

② 스팀에 물이 섞여 나오지 않는다.

③ 본체에서 증기나 물이 샌다.

④ 작동 중 불이 꺼지며 2~3회 운전 시 정상 가동된다.

(해설) 스팀(증기)에 물이 섞여 나오면 고장이다.　　　　답 ②

---

(5) 보일러 펌프의 성능

액심도(10등분) : 3까지 도달하는 시간

- 45초 이내 – 양호

- 45~60초 – 한계

- 60초 이상 – 불량

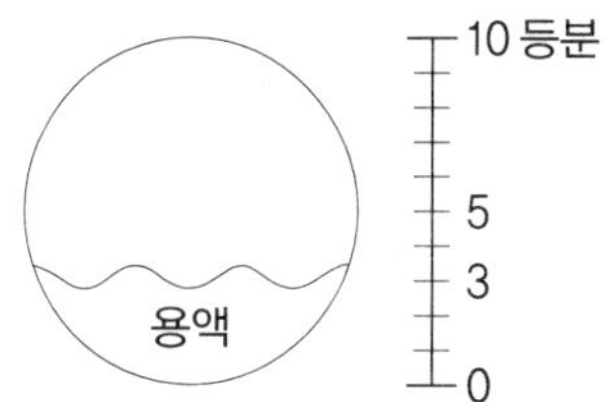

(핵심문제) **용제를 순환시키는 펌프의 능력에서 액심도 3까지 소요되는 양호한 시간은?**

① 1분 30초 이상　　　　② 60초 이상

③ 45~60초 이내　　　　④ 45초 이내

(해설) 펌프의 능력 : 액심도 3까지 도달하는 시간이 45초 이내이면 양호하다.　　　　답 ④

7 의복과 세탁

(1) 세탁용수(물)

① 장점

(가) 수용성 오점에 대하여 용해력이 크다.

(나) 불연성이다.

(다) 값이 싸고 풍부하다.

(라) 비열이 높다.

(마) 무독, 무해하다.

② 단점

(가) 표면 장력이 너무 크다.

(나) 옷이 신축되어 형태가 일그러진다(섬유 변형이 크다).

(다) 철분이 많은 경우 흰 옷이 황변될 수 있다.

[핵심문제] **물의 특성에 대한 설명 중 틀린 것은?**

① 용해성이 우수하다.

② 비열 · 증발열이 크다.

③ 인화성이 없다.

④ 섬유의 변형이 없다.

[해설] ① 비열 : 어떤 물질 1g을 온도 $1℃$ 올리는 데 필요한 열량

② 물은 다른 재료에 비하여 비열, 증발열이 큰 편이다.

③ 물은 섬유의 신축으로 인한 변형이 있다.　　　　　**답 ④**

[핵심문제] **세탁용수로 사용하는 물의 장점이 아닌 것은?**

① 표면 장력이 크다.

② 풍부하고 값이 싸다.

③ 용해성이 우수하다.

④ 비열이 크다.

[해설] 표면 장력이 큰 것은 물의 단점이다.　　　　　**답 ①**

(2) 세탁용수의 구분

① **센물(경수)** : 칼슘(Ca), 마그네슘(Mg), 철(Fe) 등의 금속이 함유되어 있는 물(지하수,
　산속의 물)이다.

㈎ 센물의 금속 성분이 비누와 작용하여 세탁 효과를 저하시킨다.

㈏ 센물을 사용 시 비누의 불용성 물질이 세탁물에 잔존하여 의복의 촉감이 나빠진다.

㈐ 보일러 등에 센물을 사용하면 침전물이 쌓여 보일러의 효율이 떨어진다.

② **단물(연수)** : 세탁용수로 사용되며, 금속 성분이 없는 물(수돗물)이다.

(3) 센물을 단물로 바꾸는 방법

① 센물에 열을 가하여 단물로 바꾸는 법(끓이는 법)

② 알칼리를 첨가하여 중화시키는 방법

③ 이온 교환 수지법 : 나트륨(Na) 이온, 칼슘(Ca) 이온, 마그네슘(Mg) 이온과 교환
　되도록 하는 방식

[핵심문제] **경수를 연수로 바꾸는 방법이 아닌 것은?**

　　① 끓이는 법
　　② 암모니아를 가하는 법
　　③ 이온 교환 수지법
　　④ 알칼리를 가하는 법

[해설] 경수를 연수로 바꾸는 방법 : 끓이는 법, 알칼리 첨가, 이온 교환 수지　　　답 ②

---

(4) 물의 경도

① 물의 경도란 물에 포함되어 있는 칼슘과 마그네슘의 양을 표시하는 단위로, 물속
　에 100만분의 1이 함유되어 있을 때 1ppm이라고 표시한다.

② **경도 표시법** : 우리나라는 독일식을 채택하여 사용하고 있다. 경도 1도는 물 100mL
　속에 탄산 칼슘 1mg을 포함하였을 때이다.

 우리나라에서 가장 많이 사용하는 경도 표시법은?

① 미국 경도

② 영국 경도

③ ppm

④ 프랑스 경도

 경도 : 물에 포함되어 있는 칼슘과 마그네슘의 양을 탄산 칼슘의 ppm으로 환산하여 나타낸 수치

답 ③

---

③ 경도가 높은 경우

㈎ 비누의 세척력을 감소시킨다.

㈏ 보일러의 물때를 생성한다.

㈐ 열전도율이 낮아진다.

㈑ 급수 배관의 부식을 초래한다.

8 세탁의 종류

(1) 손세탁

① **손빨래의 종류** : 흔들어 빨기, 주물러 빨기, 눌러 빨기, 두들겨 빨기, 비벼 빨기, 밟아 빨기, 솔로 빨기, 삶아 빨기

 세탁 효과도 좋고 노력이 적게 들어 청바지 등 두꺼운 옷과 기계세탁에서 상하기 쉬운 세탁물에 적합한 손빨래 방법은?

① 두들겨 빨기

② 흔들어 빨기

③ 솔로 빨기

④ 눌러 빨기

 솔로 빨기는 솔로 세탁물의 표면을 문지르는 방식으로 청바지와 같은 두꺼운 옷과 기계세탁에서 상하기 쉬운 세탁물에 적합한 빨래이다.

답 ③

> (핵심문제) 손빨래 방법 중 세탁 효과는 불량하나 옷감의 손상이 적은 것은?
>
> ① 흔들어 빨기　　　　　　　　② 눌러 빨기
> ③ 주물러 빨기　　　　　　　　④ 두들겨 빨기
>
> (해설) 흔들어 빨기는 세탁물을 물 또는 용액에 담가 빠는 방식으로 세탁 효과는 충분치 못하지만 옷감의 손상이 적다.　　　　　　　　답 ①

(2) 기계세탁

① 론드리

㈎ 가정용 세탁기의 10배 정도 크기의 세탁기로서, 세정 작용이 가장 강하다.

㈏ 워셔(드럼)에 세탁물·온수·세제를 혼합하여 워셔를 회전시켜 세탁하는 방식이다.

㈐ 대상 품목 : 와이셔츠, 작업복, 운동복(트레이닝), 속옷, 블라우스, 타월(수건) 등 직접 피부에 닿는 의류

㈑ 특징

[장점]
- 가정용 세탁기의 세탁 온도보다 론드리의 세탁 온도가 높아 세탁 효과가 좋다.
- 비누, 합성 세제 등의 알칼리 제품을 사용하므로 오점이 잘 빠진다.
- 풀먹임(수지 가공) 또는 표백 가공이 쉽다.
- 워셔가 드럼형(원통형)이어서 섬유의 낙차에 의해 오점이 빠지는 형식이므로 옷이 상하지 않는다.
- 물속에 넣어 헹구는 방식이므로 헹굼의 수량이 적어 절수가 된다.

[단점]
- 알칼리 세제로 고온 세탁을 지속하면 와이셔츠의 형광 염료가 떨어져 나가 백도(百度)가 저하된다.
- 수질오염 방지 시설과 배수 시설이 필요하므로 사용 원가가 높다.
- 워셔로 세탁물을 회전시킨 상태이므로 마무리에 상당한 시간과 기술이 필요하다.

핵심문제 다음 중 론드리에 대한 설명으로 틀린 것은?

① 알칼리제, 비누 등을 사용하여 온수에서 워셔로 세탁하는 가장 세정 작용이 강한 방법이다.

② 론드리 대상품은 직접 살에 닿는 와이셔츠류, 더러움이 비교적 잘 타는 작업복류, 견고한 백색 직물이다.

③ 세탁 온도가 높아 세탁 효과가 좋다.

④ 수질오염 방지 등 배수 시설이 필요 없어 경제적이다.

해설 배수 시설이 필요하여 비경제적이다.　　　　　　　　　　　　　　　답 ④

---

② 가정용 세탁기

㈎ 와류식 세탁기

- 회전판이 세탁물을 회전시켜 세탁하는 방식이다(일명, 통돌이 세탁기).
- 전력 소비가 적고 세탁비가 낮다.
- 물의 소비가 많고 세탁이 균일하지 않다.
- 엉킴으로 인한 옷감의 손상률이 많다.

㈏ 교반봉 세탁기

- 와류식과 비슷하나 세탁조 중앙에 교반봉이 솟아 있다(일명, 봉 세탁기).
- 세탁의 균일성이 있고 엉킴에 의한 옷감의 손상, 물의 소비 전력 등이 적다.

㈐ 드럼식 세탁기

- 세탁물의 투입구가 앞쪽에 있는 구조로, 드럼의 회전 시 세탁물의 낙차에 의해서 세탁하는 방식이다.
- 세탁의 균일성이 있고 엉킴에 의한 옷감의 손상이 적다.
- 물 소비가 적다.
- 건조 장치 등이 있어 편리하다.
- 전력 소비가 많다.

③ 론드리 공정

애벌빨래(예비세탁) → 본빨래(론드리) → 표백 → 헹굼 → 산욕 → 풀먹임 → 탈수 → 건조 → 다림질

㈎ 산욕 : 워셔를 회전시키면서 규불화산소다(산욕제)를 물에 녹여 옷에 닿지 않게

집어넣는다.
- 직물에 남아 있는 알칼리 성분을 중화시킨다.
- 직물의 황변을 방지하고 광택을 준다.
- 직물의 살균 · 소독 효과도 있다.
- 산욕제는 물속의 철분을 녹여 제거하고 산에 의한 얼룩을 제거할 수 있다.

(나) 풀먹임(푸새 가공)
- 전분(녹말) 풀을 끓여서 풀이 되면 사용하고 일반 풀은 녹여 사용한다.
- 화학 섬유(합성 섬유)의 경우에는 전분풀에 CMC나 PVC를 사용하면 부착력이 좋아진다.
- 풀먹임 효과
  1. 섬유를 팽팽하게 하고 광택을 준다.
  2. 섬유의 내구성을 준다.
  3. 세탁 효과를 좋게 한다.
  4. 오점이 섬유에 직접 붙지 않는 효과가 있다.
  5. 부착된 오점은 세탁 시 쉽게 떨어진다.

(핵심문제) **론드리의 세탁공정 순서로 옳은 것은?**

① 애벌빨래 → 본빨래 → 표백 → 헹굼 → 산욕 → 풀먹임 → 탈수 → 건조 → 다림질
② 애벌빨래 → 산욕 → 본빨래 → 건조 → 표백 → 풀먹임 → 탈수 → 헹굼 → 다림질
③ 애벌빨래 → 산욕 → 탈수 → 건조 → 헹굼 → 본빨래 → 표백 → 풀먹임 → 다림질
④ 애벌빨래 → 헹굼 → 산욕 → 표백 → 본빨래 → 탈수 → 풀먹임 → 건조 → 다림질

(해설) 론드리 공정 : 애벌빨래(예비세탁) → 본빨래(론드리) → 표백 → 헹굼 → 산욕 → 풀먹임(푸새) → 탈수 → 건조 → 다림질　　　답 ①

(핵심문제) **의류의 푸새 가공에 사용하는 풀에 해당되지 않는 것은?**

① 전분　　　　　　　　　　② C.M.C
③ L.A.S　　　　　　　　　 ④ P.V.A

(해설) 푸새 가공(풀먹임)
① 면, 마 : 전분풀(감자, 콘스타치), 단백질풀(젤라틴)
② 합성 섬유 : CMC, PVA, PVAC　　　답 ③

(핵심문제) **론드리 공정 중 황변을 방지하면서 의류를 살균, 소독하는 것은?**

① 애벌빨래　　　② 표백　　　③ 풀먹임　　　④ 산욕

(해설) 알칼리를 중화시키고 황변을 방지하며 의류를 살균, 소독하는 것은 산욕이다.　　답 ④

(핵심문제) **산욕 작용의 효과에 대한 설명 중 틀린 것은?**

① 의류를 살균, 소독한다.

② 천에 남은 알칼리를 중화한다.

③ 천에 광택을 주고 황변을 방지한다.

④ 산가용성 얼룩을 철분으로 변화시켜 물속에 침전시킨다.

(해설) 산욕은 산으로 제거되는 산가용성 얼룩을 제거할 수 있다.　　답 ④

(핵심문제) **론드리에 대한 설명 중 틀린 것은 ?**

① 론드리란 알칼리제, 비누 등을 사용하여 온수에서 워셔로 세탁하는 방법이다.

② 론드리의 일반 공정으로 애벌빨래, 본빨래, 표백, 헹굼, 산욕, 풀먹임, 탈수, 건조, 마무리 등이 있다.

③ 론드리의 표백제로는 차아염소산 나트륨, 과붕산 나트륨, 계면 활성제를 사용한다.

④ 산욕처리 과정에 있어 황변의 방지와 살균 처리를 하기 위하여 산욕제로는 규불화 나트륨을 사용한다.

(해설) 론드리의 세척 시 표백제는 차아염소산 나트륨, 과붕산 나트륨이고, 계면 활성제는 론드리의 세척제이다.　　답 ③

---

③ 웨트클리닝(wet cleaning)

㈎ 일반 세탁(론드리 또는 드라이클리닝)으로 세탁되지 않는 의류의 세탁을 웨트클리닝이라 한다.

㈏ 웨트클리닝에는 손빨래, 솔빨래, 기계빨래가 있으며 단시간 내에 끝내야 한다. 기계빨래는 회전이 느린 기계를 사용한다.

㈐ 대상품(론드리나 드라이클리닝을 할 수 없는 제품)

- 합성수지 제품, 합성 고무, 합성 피혁 제품
- 고무를 코팅한 제품

- 수지안료 가공 제품
- 오점이 빠지지 않는 제품
- 염료가 빠질 수 있는 제품

(핵심문제) **웨트클리닝에 대한 설명 중 틀린 것은?**

① 일반적으로 행해지는 세탁 방법으로 불가능한 의류는 웨트클리닝을 해야 한다.

② 세탁 전에 색 빠짐, 형태 변형, 수축성 여부를 조사한다.

③ 장시간 세탁을 해야 세탁 효과가 좋다.

④ 풍부한 경험과 기술을 필요로 하는 고급 세탁방법이다.

(해설) 웨트클리닝은 론드리나 드라이클리닝을 할 수 없는 경우 시행하는 클리닝 방식으로 단시간에 세탁해야 한다. 	답 ③

(핵심문제) **웨트클리닝의 탈수와 건조에 대한 설명 중 틀린 것은?**

① 탈수 시 형의 망가짐에 유의하고 가볍게 원심 탈수한다.

② 늘어날 위험이 있는 것은 둥글게 말아서 말린다.

③ 색 빠짐의 우려가 있는 것은 타월에 싸서 가볍게 손으로 눌러 짠다.

④ 가급적 자연 건조한다.

(해설) 늘어날 위험이 있는 의류는 평편하게 뉘어서 건조시킨다. 	답 ②

---

(3) 드라이클리닝

① **드라이클리닝의 특성** : 한복, 양복 등을 용제(석유 등)로 세탁하는 경우를 말한다.

㈎ 한복, 양복 등의 옷감은 겉감, 안감, 심감 등으로 이루어져 있어 물세탁을 하면 서로 재질이 달라 수축에 의한 변형이 생기므로 드라이클리닝을 한다.

㈏ 양모, 견(실크), 아세테이트 등의 섬유는 물에 의해서 신축 변형 또는 손상이 되며, 마섬유는 특성을 잃게 된다.

(핵심문제) **일반적으로 가장 많이 사용하는 양모직물 양복의 세탁법은?**

① 물세탁　　　　② 론더링　　　　③ 드라이클리닝　　　　④ 웨트클리닝

(해설) 양모, 견, 아세테이트는 드라이클리닝을 한다. 	답 ③

② **드라이클리닝 순서 :** 전처리 → 세정 → 탈액 → 건조

③ **전처리 공정 :** 세정 공정에서 세척이 어려운 오점을 쉽게 제거할 수 있도록 세정에 앞서 처리하는 것

㉮ 브러싱법 : 브러시에 액을 묻혀 세탁물의 얼룩을 두드리거나 문질러 얼룩을 분산시키는 방법(소프 : 물 : 석유계 용제＝1 : 1 : 8)

㉯ 스프레이법 : 얼룩에 스프레이 액을 직접 뿌려 얼룩을 부풀려서 오점을 제거하는 방법

[핵심문제] **드라이클리닝의 전처리 공정에 대한 설명 중 틀린 것은?**

① 브러싱 액을 묻힌 브러시로 얼룩 있는 곳을 두드려 더러움을 분산시키는 법을 브러싱법이라 한다.

② 세정에서 제거하기 어려운 오점을 쉽게 제거하기 위해 세정 전에 처리하는 과정이다.

③ 더러운 곳에 처리액을 뿌려 오점을 부풀리게 하거나 뜨게 한 후 기계에 넣어 오점을 제거하는 방법을 스프레이법이라 한다.

④ 수용성 오점은 전처리를 하지 않은 그대로 넣어도 오점 제거가 된다.

[해설] 드라이클리닝 공정에서 세제가 없이 용제만 사용하는 경우는 수용성 오점은 제거되지 않으므로 사전에 전처리를 한다. **탭 ④**

[핵심문제] **드라이클리닝 시 세탁물의 상해 예방이 아닌 것은?**

① 손상되기 쉬인 세탁물은 반드시 망을 사용한다.

② 용제의 수분을 체크한다.

③ 탈수기 작동 시 덮개 보를 사용한다.

④ 건조기의 온도는 가능한 높은 온도에서 사용한다.

[해설] 드라이클리닝에서 건조 온도는 보통 50~70℃ 정도이나 가급적 낮은 온도로 통풍량을 많게 하여 건조하는 것이 좋다. **탭 ④**

---

④ **세정 공정**

㉮ 차지 시스템 : 수용성 오점을 제거하기 위해 용제에 소프와 물을 첨가하는 방식

㉯ 논 차지 시스템 : 용제만 사용하는 방식

㉰ 배치 시스템 : 용제를 사용할 때마다 새로운 용제를 사용하는 방식

㈜ 배치 차지 시스템 : 새로운 용제를 사용한 후 수용성 오점을 제거하기 위해 소프를 첨가하는 방식

(핵심문제) **드라이클리닝의 세정 공정 중 매회 세정 때마다 세정액을 교체하여 세탁하는 방법은?**

① 차지 시스템(charge system)

② 배치 시스템(batch system)

③ 논 차지 시스템(non-charge system)

④ 배치 차지 시스템(batch charge system)

(해설) 세정 때마다 세정액을 교체하는 방식은 배치 시스템이다.　답 ②

---

(4) 세탁 기계

① 드라이클리닝 기계

㈎ 개방형 세정기(오픈워셔)

- 원통형
- 세정만 가능

㈏ 준밀폐형 세정기(콜드 머신)

- 석유계 용제 사용
- 세정＋탈액

㈐ 밀폐형(핫머신)

- 합성용제 사용(불소, 퍼클로로에틸렌, 트리클로로에탄)
- 세정＋탈액＋건조

(핵심문제) **준밀폐형 세정기(콜드 머신)에 대한 설명으로 옳은 것은?**

① 개방형 세탁기이다.

② 세정만 가능하고 탈액은 되지 않는다.

③ 석유계 용제를 사용하는 자동 기계이며 세정과 탈액이 가능하다.

④ 세정, 탈액, 건조까지 연속적으로 처리되는 기밀 구조로 되어 있다.

(해설) ①에서 개방형 세탁기는 드라이클리닝 중 일반형 론드리와 비슷하다. ②에서 세정만 가능하고 탈액은 원심 탈수기로 탈수한다. ④에서 세정, 탈액, 건조까지 연속적으로 처리되는 기밀 구조는 핫머신(밀폐형 세정기)이다.　답 ③

(핵심문제) **밀폐형 세정기의 특징이 아닌 것은?**

① 안전하고 높은 효율의 용제 회수 시스템이다.

② 세정만 가능하고 탈액은 원심 탈수기를 사용한다.

③ 다양한 안전장치가 있다.

④ 운전 조작이 다양한 컨트롤 시스템이다.

(해설) 세정만 가능한 것은 개방형 세정기이다.   답 ②

9 얼룩 빼기

(1) 물리적 얼룩 빼기

① 기계적

㉮ 얼룩을 솔로 문질러 제거하거나, 칼 또는 주걱으로 긁어내는 방법

㉯ 스포팅 머신 : 얼룩(오점)에 액류를 바르고 공기의 압력과 스팀(증기)을 이용하여 오점을 불어 제거하는 기계

㉰ 제트 스폿 : 총 속의 노즐을 통해 액류를 분사하여 오점을 제거하는 방식

② 분산법 : 얼룩에 용액, 세정액, 유기 용제 등을 뿌려 오염을 분리시킨 후 제거하는 방법

③ 흡착법 : 얼룩 위에 풀을 바르고 천 등으로 오염을 흡착 · 제거하는 방법

(2) 화학적 얼룩 빼기

알칼리, 산, 표백제, 효소(단백질 얼룩을 효소로 제거) 등을 사용하여 얼룩과의 반응으로 얼룩을 제거하는 방식

핵심문제 스포팅 머신(spotting machine)에 대한 설명 중 틀린 것은?

① 공기의 압력과 스팀을 이용하여 오점을 불어서 제거하는 기계이다.

② 색상에 대하여 안정성이 높다.

③ 오점처리 시간을 단축시킨다.

④ 오점은 잘 제거되나 얼룩은 그대로 남는다.

해설 얼룩빼기 기계

① 스포팅 머신 : 오점에 액류를 칠하고 공기의 압력과 스팀으로 얼룩빼기 하는 방식

② 제트 스폿 : 오점에 액류가 들어 있는 총으로 분사

③ 스포팅 머신은 오점도 잘 제거하고 얼룩도 없앤다.　　　　　　　　답 ④

---

(3) 얼룩빼기 도구

① 솔(브러시)

② 주걱

③ 받침판(얼룩 빼기 시 번지는 것을 방지하기 위해 받치는 판)

④ 면봉(두드림 봉)

⑤ 인두(얼룩빼기 촉진을 위해 가열하는 기구)

⑥ 분무기

핵심문제 다음 중 화학적 얼룩빼기 방법이 아닌 것은?

① 효소법　　　　② 흡착법　　　　③ 알칼리법　　　　④ 표백제법

해설 흡착법은 오염 부위에 끈기 있는 풀 등을 바르고 천으로 오염을 흡착하는 방식으로 물리적 제거 방식이다.　　　　　　　　답 ②

핵심문제 얼룩 빼기의 주의점이 아닌 것은?

① 얼룩은 생긴 즉시 제거해야 한다.

② 얼룩이 주위로 번져 나가지 않도록 한다.

③ 얼룩 빼기 시 심한 기계적 힘을 가하지 말아야 한다.

④ 표백제를 사용할 시는 염색물의 탈색 여부를 사후에 시험해 보아야 한다.

해설 표백제를 사용할 시는 염색물의 탈색 여부를 사전에 시험해 보아야 한다.　　　　답 ④

10 마무리 작업 및 안전

(1) 마무리의 조건

① **다림질 3대 요소** : 열(온도), 수분(스팀), 압력

② **기계 마무리 조건** : 열(온도), 수분(스팀), 압력, 진공(공기 흡입)

③ **다림질 온도**

섬 유 명	온 도(℃)
마	180~210
면	180~200
모	130~150
레이온	130~140
견	120~130
합성 섬유, 아세테이트	100~120

핵심문제 다음 중 다림질의 3대 요소가 아닌 것은?

① 시간   ② 수분

③ 압력   ④ 온도

해설 다림질의 3대 요소 : 온도, 압력, 수분   답 ①

핵심문제 다음 중 다리미 온도를 가장 낮게 하여야 하는 섬유는?

① 견   ② 면

③ 폴리프로필렌   ④ 비스코스 레이온

해설 합성 섬유(폴리프로필렌), 아세테이트는 100~120℃이다.   답 ③

핵심문제 다음 섬유 중 다림질 온도를 가장 높게 할 수 있는 것은?

① 식물성 섬유   ② 재생 섬유

③ 동물성 섬유   ④ 반합성 섬유

해설 식물성 섬유(마 180~210℃, 면 180~200℃)는 다림질 온도가 가장 높다.   답 ①

(핵심문제) **다음 중 다림질 작업 시의 주의점으로 틀린 것은?**

① 보일러의 물을 자주 교체하여 다리미에서 녹물이 나오지 않도록 한다.

② 진한 색상의 의복은 섬유 소재에 관계없이 천을 덮고 다린다.

③ 편성물은 인체 프레스기를 사용하면 회복 불가 정도로 늘어진다.

④ 섬유의 적정 온도보다 다리미 온도가 낮으면 황변이 일어날 수 있다.

(해설) 섬유의 적정 온도보다 다리미 온도가 높으면 황변이 일어날 수 있다.　　　답 ④

---

(2) 마무리의 목적

① 실루엣(그림자)의 기능을 복원시킨다(외관을 아름답게 한다).

② 표면의 주름을 편다.

③ 필요한 주름을 만든다.

④ 살균과 소독 효과가 있다.

(핵심문제) **다림질의 목적으로 틀린 것은?**

① 살균과 소독의 효과를 얻는다.

② 의복에 남아 있는 얼룩을 뺀다.

③ 소재의 주름을 펴서 매끈하게 한다.

④ 디자인 실루엣의 기능을 복원시킨다.

(해설) 다림질해서 남은 얼룩을 뺄 수 없다.　　　답 ②

---

(3) 마무리 기계의 종류

① 드라이클리닝 마무리 기계

㈎ 일반 다림질을 기계로 마무리하는 과정이다.

㈏ 종류는 프레스형, 폼머형, 스팀형 등이 있다.

- 만능 프레스 : 모직물의 자동 다림질 기계
- 팬츠토퍼 : 하의(팬츠)의 다림질 자동 마무리 기계
- 스팀박스 : 코트나 상의를 증기를 이용하여 자동 마무리하는 기계
- 인체 프레스기 : 상의나 코트를 자동 다림질 마무리하는 기계

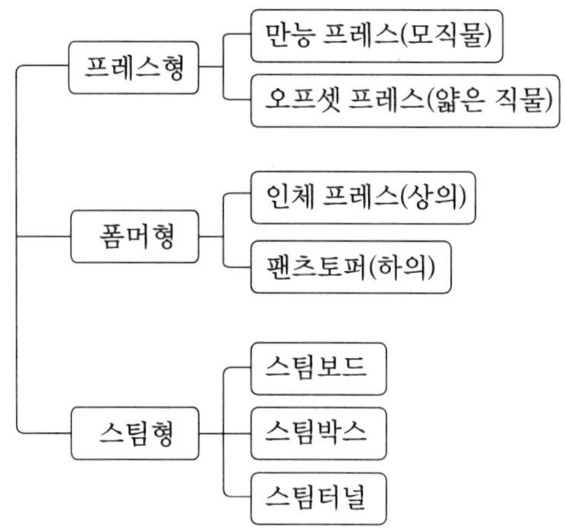

(핵심문제) **다음 중 드라이클리닝 마무리 기계가 아닌 것은?**

① 만능 프레스기 ② 스팀박스

③ 몸통 프레스기 ④ 팬츠토퍼

(해설) 드라이클리닝 마무리 기계
- 만능 프레스 : 모직물의 자동 다림질 기계
- 팬츠토퍼 : 하의(팬츠)의 다림질 자동 마무리 기계
- 스팀박스 : 코트나 상의를 증기를 이용하여 자동 마무리하는 기계
- 인체 프레스기 : 상의나 코트의 자동 다림질 마무리 기계

답 ③

(핵심문제) **드라이클리닝 마무리 기계 중 인체 프레스가 해당하는 형태는?**

① 폼머형 ② 프레스형

③ 스팀형 ④ 시어즈형

(해설) ① 면프레스기
- 캐비닛형(상자형) : 증기로 가열되는 인형 위에 세탁물을 입혀 2개의 인두를 압착시켜 마무리하는 기계
- 시어즈형(가위형) : 상하 판 사이에 외이셔츠 등을 넣어 두고 가위처럼 가압하여 마무리하는 기계

② 폼머형 ┬ 인체 프레스(상의, 코트)
         └ 팬츠토퍼(하의)

답 ①

11 섬유의 분류

(1) 섬유의 종류

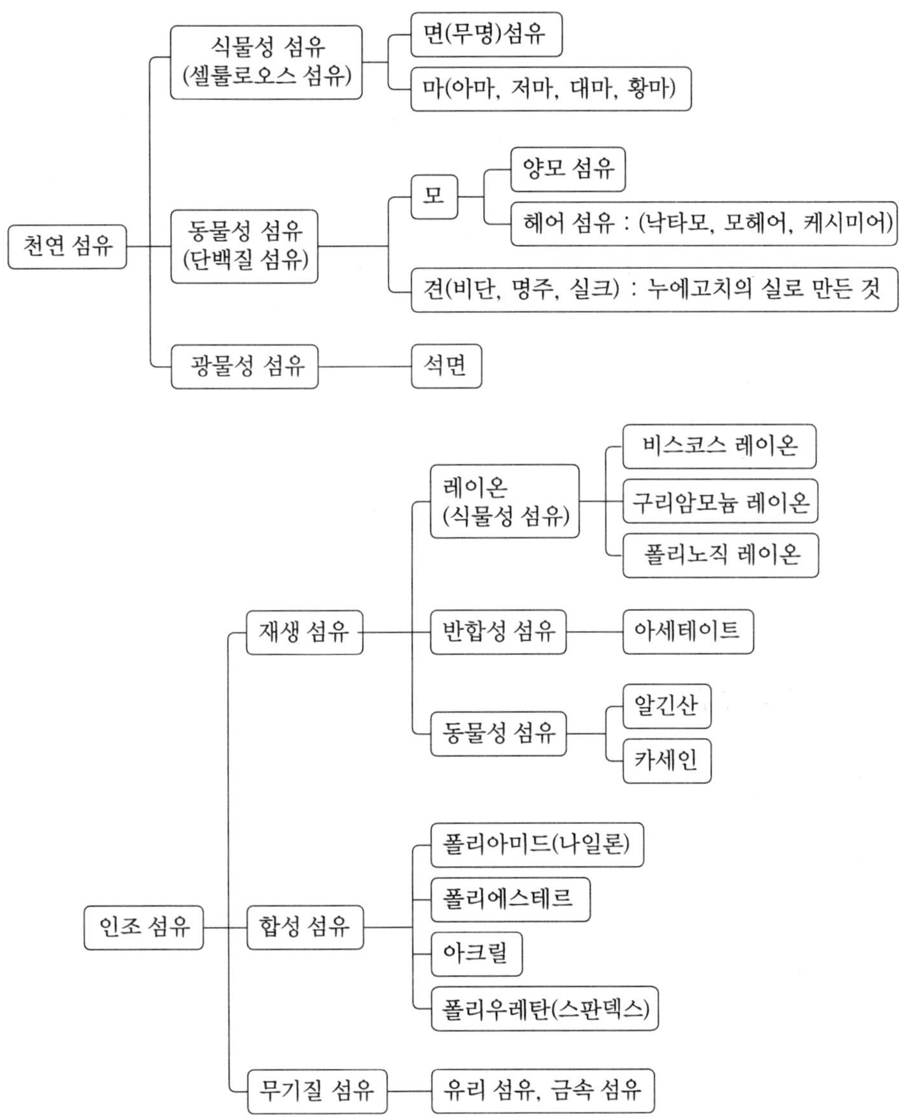

(핵심문제) **다음 중 식물성 섬유가 아닌 것은?**

① 면
② 모시
③ 아마
④ 비스코스 레이온

해설 면(목화솜), 모시(마섬유; 저마), 아마(마섬유)는 식물성 섬유이고, 레이온은 펄프에 화학 섬유로 처리한 재생 섬유이다.　　**답** ④

(핵심문제) **다음 중 인조 섬유에 해당되지 않는 것은?**

① 재생 섬유
② 합성 섬유
③ 무기 섬유
④ 광물성 섬유

해설 광물성 섬유(석면)는 천연 섬유이다.　　**답** ④

---

12 섬유의 성질

(1) 식물성 섬유

① **면섬유(무명)** : 목화솜에서 뽑아 만든 실

㈎ 면의 주성분은 셀룰로오스이다.

㈏ 형태 – 단면 : 평편하고 중앙에 중공(중앙에 비어 있음)이 있다.

　　측면 : 리본 모양의 천연 꼬임이 있다.

㈐ 열에 강한 편이다.

㈑ 산에 약하고 알칼리에 강하다.

㈒ 물에 젖으면 강도와 신도가 증가한다.

㈓ 미국 남부 해안에서 생성되는 해도면이 가장 우수하다.

㈔ 용도 : 일반 옷감, 봉재사, 거즈, 붕대 등

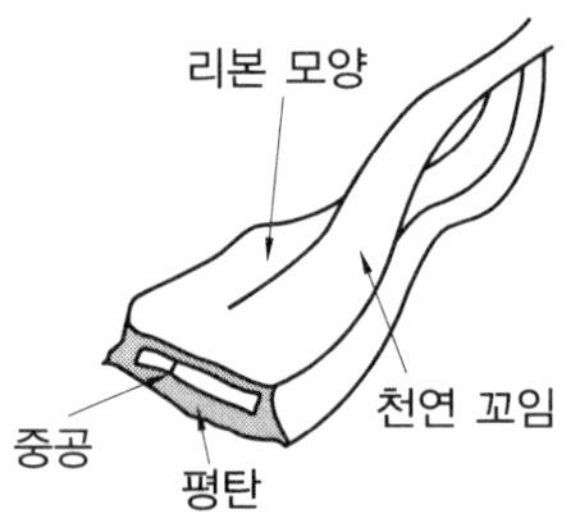

면섬유의 단면

핵심문제 **면섬유의 특성 중 틀린 것은?**

① 현미경으로 보면 측면은 리본 모양이다.

② 수분을 흡수하면 강도가 증가한다.

③ 염색성은 양호하다.

④ 산에는 강하고 알칼리에는 약하다.

해설 면은 산에는 약하고 알칼리에 강하다.　　　　　　　　　　　답 ④

핵심문제 **다음 중 수분을 흡수하면 강도가 증가하는 섬유는?**

① 면

② 아세테이트

③ 비스코스 레이온

④ 나일론

해설 면은 수분을 흡수하면 강도가 증가된다.　　　　　　　　　　　답 ①

핵심문제 **면섬유의 온도별 열에 의한 변화가 틀린 것은?**

① 100℃ 정도에서 수분을 잃게 한다.

② 160℃에서 탈수작용이 일어난다.

③ 250℃에서 분해하기 시작한다.

④ 320℃에서 연소하기 시작한다.

해설 ① 면섬유는 250℃ 온도에서 갈색으로 변한다.
　　　② 면섬유의 온도별 변화 – 100℃ : 수분 상실
　　　　　　　　　　　　　　　　 140℃ : 강신도 저하
　　　　　　　　　　　　　　　　 160℃ : 탈수
　　　　　　　　　　　　　　　　 250℃ : 갈색
　　　　　　　　　　　　　　　　 320℃ : 연소　　　　　답 ③

---

② **마섬유** – 잎 섬유 : 마닐라 마, 사이잘 마

　　　　　　　껍질(인피) 섬유 : 아마(린넨), 대마(삼베), 저마(모시), 황마(안동포)

㈎ 흡수성이 크다.

㈏ 열전도성이 가장 크다(여름에 시원함).

(다) 구김이 잘 생긴다.

(라) 아마 섬유의 구조

- 단면 : 5~6각형의 다각형 구조이면 원통형이다.
- 측면 : 길이 방향으로 가는 줄이 있으면 마디가 있다.

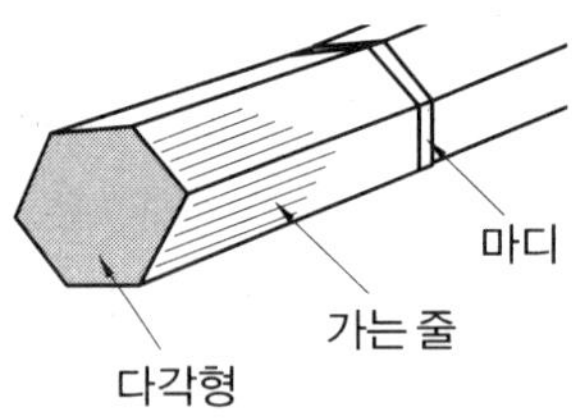

마섬유의 단면

(핵심문제) **마섬유의 특징에 대한 설명 중 틀린 것은?**

① 내열성이 좋다.

② 열전도성이 좋다.

③ 일광에 양호하다.

④ 분자 배향이 잘 되어 있다.

(해설) 마섬유는 면보다 일광에 나쁘다. 내열성이 좋아 다림질 온도가 가장 높다.　　답 ③

(핵심문제) **마섬유의 성질을 면섬유와 비교한 설명으로 옳은 것은?**

① 아마 섬유의 신도는 면섬유보다는 적다.

② 아마 섬유의 길이는 면섬유보다는 짧다.

③ 아마 섬유의 강도는 면섬유보다는 약하다.

④ 아마 섬유의 탄성은 면섬유보다는 크다.

(해설) ① 신도 : 늘어나는 성질

② 탄성 : 원래 상태로 돌아가려는 성질

③ 아마 섬유 신도는 면섬유보다 적다.

④ 아마 섬유의 길이는 면섬유보다 길다.

⑤ 아마 섬유의 강도는 면섬유보다 크다.

⑥ 아마 섬유의 탄성은 면섬유보다 작다.　　답 ①

(핵심문제) **아마 섬유의 성질 중 틀린 것은?**

① 강직하며 열전도성이 좋고 촉감이 차다.

② 리질리언스가 좋지 못하며 구김이 잘 생긴다.

③ 짙은 알칼리 및 강한 표백에 의하여 섬유 속이 단섬유로 해리된다.

④ 염색성은 면섬유와 같으나 염색 속도는 면섬유보다 빠르다.

(해설) ① 염색 속도는 면섬유가 아마 섬유보다 빠르다.

② 리질리언스 : 회복력　　답 ④

(2) 동물성 섬유

① 모섬유(wool fiber) – 양모 섬유

헤어 섬유 : 낙타모, 모헤어, 캐시미어

㈎ 양모의 특성은 단면이 타원형으로서 털심, 안섬유, 겉비늘(스케일)로 구성되어 있다.

㈏ 스케일(겉비늘)과 오그라드는 성질(크림프)이 있어 물에 젖으면 수축된다(축융성이 크다).

㈐ 천연 섬유 중 강도는 가장 약하나 흡수성은 크다.

㈑ 모섬유는 섬유 중 탄성 회복률이 가장 크다.

㈒ 열전도율이 작아 보온성이 좋다.

㈓ 일광에 의해 양모는 황변되면서 강도도 작아진다.

㈔ 양모는 산성, 염기성, 산성매염 염료로 염색을 잘 표현할 수 있다.

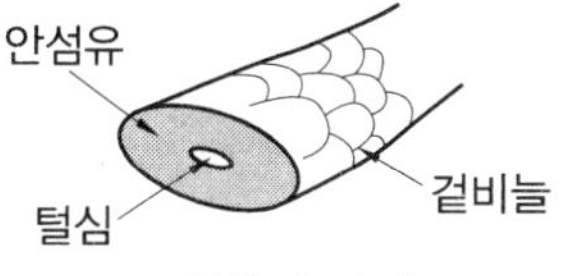

모섬유의 단면

[핵심문제] **양모 섬유에 대한 설명 중 틀린 것은?**

① 탄성 회복률이 우수하다.

② 일광에 의해 황변되면서 강도가 줄어든다.

③ 열전도율이 적어서 보온성이 좋다.

④ 염색이 어려워 좋은 견뢰도를 얻을 수 없다.

[해설] 양모는 염색성이 좋은 편이다.　　　　　　답 ④

---

② 견섬유 – 견(비단, 명주, 실크) : 누에고치에서 뽑아낸 실로서 피브로인(명주 섬유의 주체)이 75~80%이고, 세리신이 20~25% 정도로 구성되어 있다.

㈎ 구조 : 삼각형 구조에 2가닥의 피브로인과 3가닥의 세리신으로 되어 있다.

㈏ 섬유 중 우수한 촉감과 광택이 있다.

㈐ 일광과 표백제에 약하다.

㈑ 세정률이 가장 나쁘다(때가 안 빠진다).

㈒ 견을 태우면 머리카락 타는 냄새가 난다.

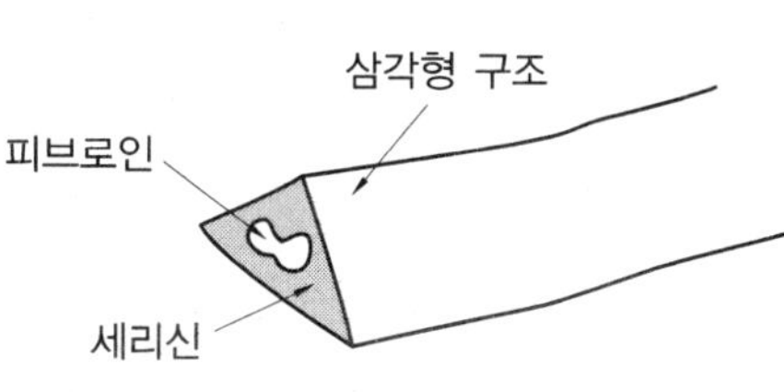

견섬유의 단면

[핵심문제] **견의 특성에 대한 설명으로 옳은 것은?**

① 광택과 촉감은 합성 섬유 다음으로 우수하다.

② 물세탁 시 물은 반드시 경수를 사용하여야 한다.

③ 다른 섬유에 비하여 일광에 강하다.

④ 석유계 드라이클리닝이 가장 안전하다.

[해설] ① 견은 섬세하므로 드라이클리닝할 때 석유계 용제를 사용한다.

② 광택과 촉감은 섬유 중 가장 우수하다.

③ 물세탁 시 연수를 사용한다.

④ 일광에 약한 편이다.

답 ④

[핵심문제] **견섬유에 해당하는 단백질은?**

① 카세인   ② 케라틴

③ 피브로인   ④ 콜라겐

[해설]

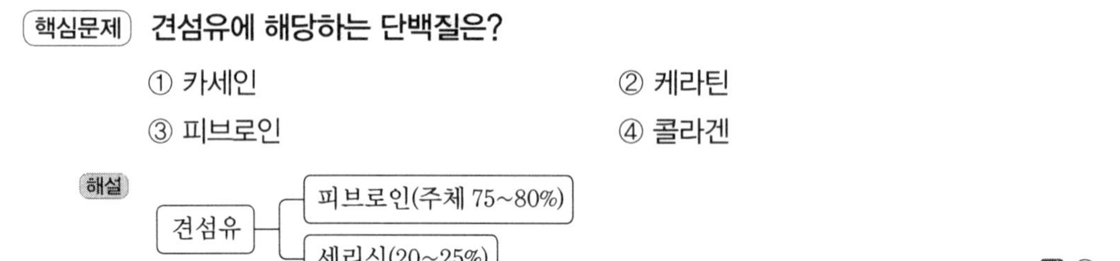

답 ③

---

③ 재생 및 반합성 섬유

㈎ 레이온 : 펄프를 화학 처리한 인조 비단(인조견)이다.

- 안감, 블라우스, 드레스, 란제리 등에 이용된다.
- 주성분은 셀룰로오스이다.
- 정전기가 잘 생기지 않는다.
- 단면은 톱날 모양이다.
- 레이온은 습윤하면 강도가 저하된다.

레이온 섬유의 단면

㈏ 아세테이트(초산 셀룰로이드)

- 펄프 · 코튼린터 · 초산을 화학 처리하여 만든다.
- 레이온은 흡습성이 크면 강도가 저하되는데 이를 보완하기 위해 아세테이트를 만들었다.
- 태우면 식초 냄새가 난다.
- 물의 온도 80℃ 이상에서는 침해가 생긴다.

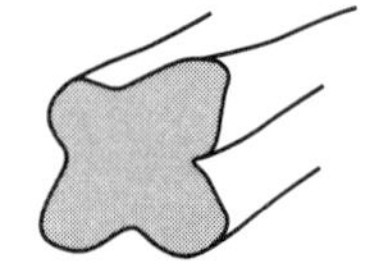

아세테이트 섬유의 단면

• 산 · 알칼리에 약한 편이다.

(핵심문제) **다음 중 수분을 흡수할 때 강도 저하가 가장 심한 섬유는?**

① 양모　　　　　　　　　　② 레이온

③ 나일론　　　　　　　　　④ 아마

(해설) 비스코스 레이온은 수분을 흡수하면 강도 저하가 크다.　　　답 ②

(핵심문제) **아세테이트 섬유에 대한 설명으로 옳은 것은?**

① 세탁 처리 시 85℃ 이상에서 행하여야 한다.

② 물세탁에 의해 손상되기 쉬우므로 드라이클리닝하는 것이 안전하다.

③ 일광에 장시간 노출시켜도 상해가 없다.

④ 산과 알칼리에 처리해도 상해가 없다.

(해설) 아세테이트는 물세탁을 하면 손상이 되므로 드라이클리닝으로 한다.　　　답 ②

---

④ 합성 섬유(3대 합성 섬유 : 나일론, 폴리에스테르, 아크릴)

합성 섬유는 석탄 · 석유 등에서 얻어지는 섬유로, 해충 · 곰팡이에 강하다. 흡습성이 적고, 정전기 발생이 많다.

㈎ 나일론(폴리아미드)

• 최초의 합성 섬유이다.

• 합성 섬유 중 가장 강한 섬유로서 양말, 스타킹 등에 이용된다.

• 국내에서는 나일론 6이 생산되고 있다.

• 내열성과 내일광성이 나쁘다.

• 나일론을 태우면 특이한(아미드) 냄새가 난다.

㈏ 폴리에스테르

• 혼방성이 좋아 합성 섬유 중 혼방으로 가장 많이 사용되고 있다.

• 특징은 산, 알칼리, 표백제에 비교적 안전하며 탄성은 섬유 중 가장 우수하다.

㈐ 아크릴 섬유

• 내일광성이 우수하다.

• 양모보다 가볍고 체적감이 있어 보온성이 있다.

[핵심문제] **합성 섬유에 대한 설명 중 틀린 것은?**

① 해충, 곰팡이에 저항성이 강하다.

② 흡습성이 적다

③ 정전기 발생이 많다.

④ 합성 섬유의 원료는 주로 목재 펄프를 사용한다.

[해설] 합성 섬유의 원료는 석탄, 석유 등이다. **답 ④**

[핵심문제] **나일론의 특성으로 옳은 것은?**

① 신도가 낮다. ② 흡습성이 천연 섬유에 비하여 높다.

③ 내일광성이 좋다. ④ 열가소성이 좋다.

[해설] 나일론(폴리아미드)

① 열가소성이 좋다.

② 신도가 크다.

③ 흡습성이 나쁘다.

④ 내일광성이 나쁘다.

※ 열가소성이란 열을 가하면 영구적 변형이 생기는 성질이다(예 바지 주름). **답 ④**

[핵심문제] **나일론에 대한 설명 중 틀린 것은?**

① 너무 유연하여 형체유지 능력이 부족하다.

② 흡습성이 작아 빨래가 쉽게 마른다.

③ 일광에 대한 내구성이 면섬유보다 좋다.

④ 150℃ 이상의 온도에서 장시간 방치하면 황색으로 변한다.

[해설] 일광에 대한 내구성이 면보다 나쁘다. **답 ③**

[핵심문제] **가볍고 촉감이 부드러우며, 워시 앤드 웨어성이 좋고 따뜻하며, 양모보다 가벼워서 양모가 사용되던 곳에 많이 사용하고 있는 섬유는?**

① 나일론 ② 아크릴

③ 스판덱스 ④ 폴리에스터

[해설] ① 아크릴 섬유는 양모 대신 사용된다.

② 워시 앤드 웨어(wash-and-wear) : 빨아서 다림질하지 않고 입을 수 있는 옷의 가공법 **답 ②**

(핵심문제) **다음 중 재생 섬유에 해당하는 것은?**

① 비스코스 레이온 ② 스판덱스 ③ 아크릴 ④ 나일론

(해설) ① 레이온 : 펄프를 화학 처리하여 만든 섬유로 재생 섬유이다.

② 합성 섬유 : 아크릴, 나일론(폴리아미드), 스판덱스(폴리우레탄) 답 ①

(핵심문제) **폴리우레탄계 섬유에 해당하는 것은?**

① 나일론 ② 스판덱스 ③ 비닐론 ④ 사란

(해설) ① 폴리우레탄-스판덱스

② 폴리아미드-나일론

③ 사란-염화비닐중합체 답 ②

---

⑤ 피혁

피혁에는 천연 피혁, 인조 피혁, 합성 피혁, 천연 모피가 있다.

㈎ 천연 피혁 : 원피에서 털을 제거하고 무두질한 가죽(가공한 가죽)을 유피라 한다.

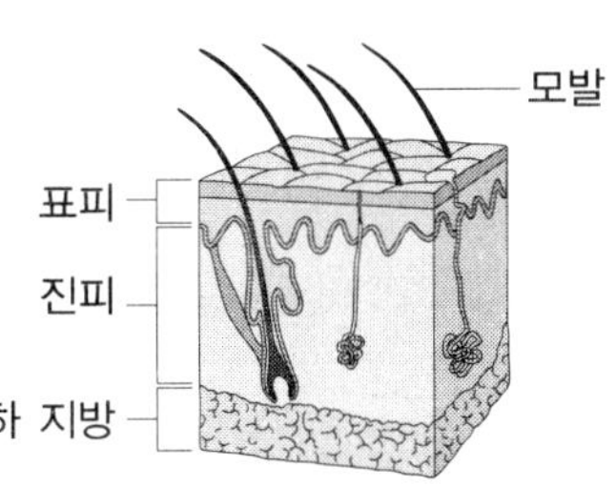

- 원피 : 가공하기 전의 동물의 피혁[스킨(skin) : 작은 동물의 원피, 하이드(hide) : 큰 동물의 원피]

  - 표피 : 상피층

  - 진피 : 은면층. 망양층

  - 피하 지방 : 감피층, 육면층

  - 가죽으로 쓰이는 부분 : 진피층(은면층, 망양층)

  - 가죽처리 공정

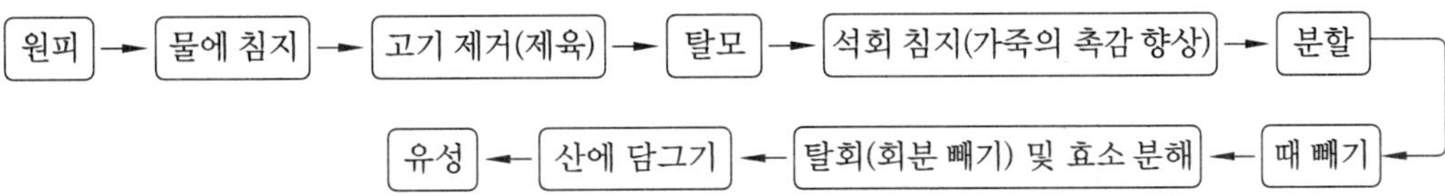

- 고기 제거(제육) : 원피에 붙어 있는 고기를 제거하는 것

- 석회 침지 : 제육과 탈모한 원피를 석회에 침지시켜 잔여 털과 불필요한 단백질, 기름기 등을 제거하여 가죽의 촉감을 향상시키는 것

- 때 빼기 : 은면에 남아 있는 모근과 상피층의 분해물을 제거하는 것

　　－ 탈회(회분 빼기) : 석회 담그기에서 남아 있는 석회석은 알칼리가 높으므로 산으로 중화시키는 것
　　－ 생피 : 껍질을 벗긴 상태
　　－ 원피 : 생피 가공
　　－ 유피 : 화학 처리한 피혁 원단

(나) 인공 피혁
　• 천연 피혁과 유사하게 만든 것으로 통기성과 강인성이 뛰어나다.
　• 인조 섬유인 기포직물을 염화비닐 수지 또는 폴리우레탄 수지로 코팅한 것
　• 내구성이 나쁘다.

(다) 합성 피혁
　• 섬유 직물이나 부직포에 폴리우레탄이나 폴리아미드로 코팅하여 만든 것
　• 가방, 백, 벨트(혁대) 등을 만든다.

(라) 천연 모피 : 부드러운 털이 있는 동물의 가죽을 제모나 탈모하지 않고 가공 처리한 것

[핵심문제] **피혁의 단면, 구조에 해당되지 않는 것은?**

① 중공　　　　② 표피　　　　③ 진피　　　　④ 피하 조직

[해설] 생피의 구조
① 표피, 진피, 피하 조직의 순으로 구성
② 진피가 피혁으로 이용된다.　　　　　　　　　　　　　　　　🔳 ①

[핵심문제] **가죽의 처리 공정을 순서대로 나열한 것은?**

① 물에 침지 → 산에 담그기 → 제육 → 석회 침지 → 분할 → 때 빼기 → 탈회 및 효소 분해 → 탈모 → 유성

② 물에 침지 → 제육 → 탈모 → 석회 침지 → 분할 → 때 빼기 → 탈회 및 효소 분해 → 산에 담그기 → 유성

③ 물에 침지 → 제육 → 석회 침지 → 산에 담그기 → 분할 → 때 빼기 → 탈회 및 효소 분해 → 탈모 → 유성

④ 물 → 탈모 → 탈회 및 효소 분해 → 유성에 침지 → 산에 담그기 → 제육 → 석회침지 → 분할

[해설] 가죽처리 공정 : 물에 침지 → 제육(고기 제거) → 탈모 → 석회 침지(가죽의 촉감 향상) → 분할 → 때 빼기 → 탈회 및 효소 분해 → 산에 담그기 → 유성　　🔳 ②

(핵심문제) **천연 피혁에 대한 설명 중 틀린 것은?**

① 스킨(skin)은 작은 동물의 원피이다.
② 하이드(hide)는 큰 동물의 원피이다.
③ 진피는 동물 가죽의 맨 아랫부분으로 동물 몸체의 근육과 껍질을 연결해 주는 부분이다.
④ 표피는 피부 표면을 보호해 준다.

(해설) ① 근육과 껍질을 연결해 주는 부분은 피하 지방이다.
② 동물의 단면 털+표피+진피(은면층과 망양층)+피하 지방+근육으로 구성　　답 ③

(핵심문제) **천연 모피에 대한 설명으로 옳은 것은?**

① 강모는 동물의 수염이나 눈꺼풀 위에 있는 뻣뻣한 털이다.
② 조모는 면모 밑에 있는 짧고 부드러운 털이다.
③ 면모는 몸 전체에 있는 긴 털로서 광택이 있는 털이다.
④ 토끼털은 강하기 때문에 클리닝에서 파손될 위험이 적다.

(해설) 천연 모피 : 부드러운 털이 있는 동물의 가죽을 제모나 탈모하지 않고 가공 처리한 것
모피의 종류
① 강모 : 동물의 입 주변 수염, 눈꺼풀 위 강모
② 조모 : 몸 전체에 있는 긴 모
③ 면모 : 조모 밑에 있는 짧고 부드러운 털
④ 토끼털은 약하기 때문에 클리닝 시 파손할 위험이 있다.
⑤ 모피의 가치 : 면모의 밀도에 의해서 결정된다.　　답 ①

(핵심문제) **가죽처리 공정 중 원피에 붙어 있는 기름 덩어리나 고기를 제거하는 것은?**

① 물에 침지　　② 분할　　③ 석회 침지　　④ 제육

(해설) 제육(고기 제거) : 원피에 붙어 있는 기름 덩어리나 고기를 제거하는 것　　답 ④

(핵심문제) **가죽처리 공정 중 가죽의 촉감 향상을 위하여 털과 표피층, 불필요한 단백질, 지방과 기름 등을 제거하는 것은?**

① 분할　　② 유성　　③ 제육　　④ 석회 침지

(해설) 원피를 제육과 털을 제거하고 석회에 침지시키면 털, 단백질, 지방 등이 제거되어 가죽의 촉감이 증가된다.　　답 ④

> **핵심문제** 면이나 인조 섬유로 된 직물 위에 염화비닐 수지나 폴리우레탄 수지를 코팅한 것은?
>
> ① 인조 피혁 　　　　　　② 천연 모피
> ③ 천연 피혁 　　　　　　④ 합성 피혁
>
> **해설** 인조 피혁(인공 피혁) : 인조 섬유의 기포 직물 위에 염화비닐 수지나 폴리우레탄 수지를 코팅하여 천연 가죽처럼 만든 것 　　　　　　**답** ①

> **핵심문제** 가죽처리 공정에서 석회 침지에 해당하는 것은?
>
> ① 가죽 제품이 깨끗하고 염색이 잘되게 은면에 남아 있는 모근, 지방 또는 상피층의 분해물을 제거하는 것이다.
> ② 석회에 담그기가 끝난 제품은 알칼리가 높아 가죽 재료로 사용하기에 부적당하므로 산, 산성염 등으로 중화시키는 것이다.
> ③ 가죽의 촉감 향상을 위하여 털과 표피층, 불필요한 단백질, 지방과 기름 등을 제거하는 것이다.
> ④ 산을 가하여 산성화하여 가죽을 부드럽게 하는 것이다.
>
> **해설** 석회 침지
> • 가죽의 촉감 향상
> • 털, 표피층, 피하지방층 기름 제거
> ①은 때 빼기, ②는 회분 빼기, ④는 산에 담그기에 해당된다. 　　　　　　**답** ③

13　실의 성질

(1) 섬유의 분류

① **단섬유(스테이플사, 방적사)** : 길이가 짧은 여러 개의 섬유를 꼬아서 만든 실(면, 마, 모)

② **장섬유(필라멘트, 장사)** : 길이가 긴 여러 가닥의 섬유를 합쳐 만든 실(견, 레이온, 아세테이트, 합성 섬유)

(2) 실의 굵기(실의 번수)

① 항중식 번수 : 방적사(단섬유)

㉮ 번수 기호는 S로 나타낸다.

㉯ 무게를 기준으로 실의 굵기를 표시하는 방식

② 항장식 번수(데니어 법) : 필라멘트(장섬유)

㉮ 표시 기호는 D(데니어) 또는 Tex(텍스)로 나타낸다.

㉯ 길이를 기준으로 실의 굵기를 표시하는 방식

③ 공통식 번수

㉮ 단섬유(스테이플사)나 장섬유(필라멘트) 모두 사용한다.

㉯ 번수 표시는 미터번수인 Nm(뉴턴미터)로 나타낸다.

④ 실의 용도에 따른 분류

㉮ 직사(직조에 쓰이는 실)

㉯ 편사(편성물에 쓰이는 실)

㉰ 수편사(손편성물)

㉱ 봉사(봉제용실)

㉲ 자수사(자수실)

㉳ 장식사(장식에 쓰이는 실)

⑤ 실의 재질에 따른 분류

㉮ 천연 섬유사 : 면사, 모사, 마사, 견사

㉯ 인조 섬유사 : 레이온사, 아세테이트사, 나일론사, 폴리에스테르사, 아크릴사 등
   의 합성 섬유사

㉰ 혼방사 : 두 종류 이상의 섬유를 혼합해서 방적한 실

㉱ 교합사 : 서로 다른 단사를 합하여 꼬아 만든 실

㉲ 코어 방적사 : 심사(합성 섬유)에 피복용 면사를 감아 놓은 방식

㉳ 피복사 : 스판덱스 심사에 나일론사 등을 감아 놓은 방식

(핵심문제) **실을 용도에 따라 분류할 때 해당되지 않는 것은?**

① 수편사   ② 자수사

③ 장식사   ④ 혼방사

(해설) 수편사(손편성물), 자수사(자수를 만드는 실), 장식사(장식에 쓰이는 실)는 용도에 따른 분류이고, 혼방사는 실의 재질에 따른 분류이다.   답 ④

(핵심문제) **천연 섬유 중 유일한 필라멘트 섬유인 것은?**

① 면   ② 마

③ 양모   ④ 견

(해설) 천연 섬유 중 긴 섬유(필라멘트)는 견섬유이다.   답 ④

(핵심문제) **모든 섬유에 공통으로 사용하는 공통식 번수는?**

① 데니어   ② 면 번수

③ 미터번수   ④ 텍스

(해설) 공통식 번수
① 필라멘트실, 스테이플 모두 사용
② 미터번수(Nm)를 사용한다.
③ 미터번수 : 실의 무게 1g을 길이 m로 표시   답 ③

14 직물의 조직과 구조

(1) 단일직물 구조

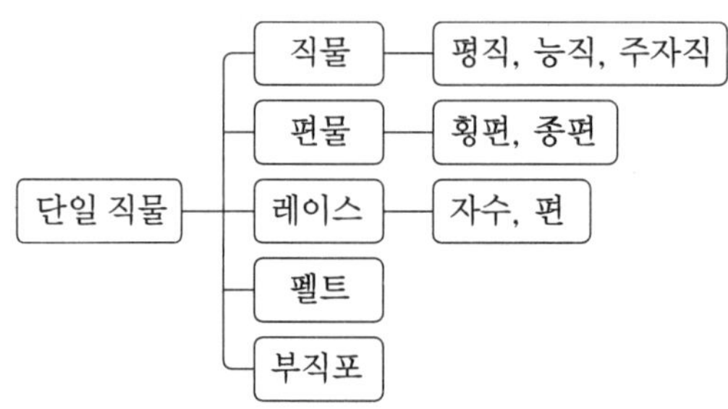

① **직물** : 경사(날실)와 위사(씨실)를 직각으로 교차하여 짠 옷감

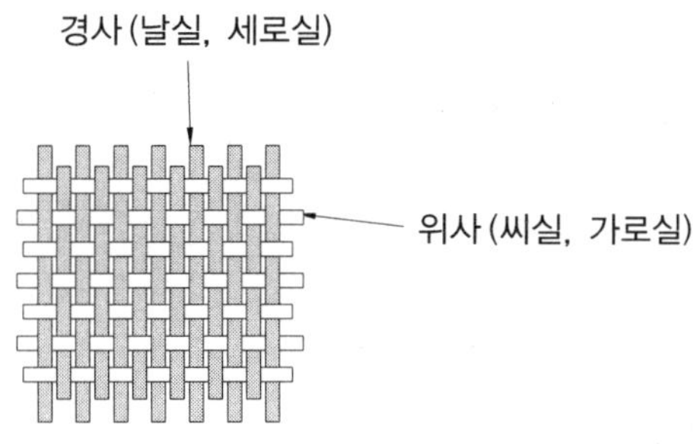

❚ 직물의 3원 조직 ❚

종류 \ 내용	평 직	능직(사문직)	수자직(주자직)
조직의 구성	위사와 경사를 한 올씩 직각으로 교차시켜 만든 직물. 원단 표면에 체크무늬가 나타난다.	위사가 경사를 2올 이상 건너 교차되게 만든 직물로 교차가 이루어지는 조직점이 대각선 형태로 나타난다.	경사가 위사를 4올 이상 건너 교차되게 만든 직물로 조직점이 희미하다.
형 태			
조직의 특성	① 조직점이 많아 튼튼하며 마찰에 강하다. ② 겉과 안의 구분이 없다. ③ 구김이 잘 생긴다. ④ 광택이 적다. ⑤ 광목(면으로 짠 가공하지 않은 천), 옥양목(표백한 면직물), 포플린(경사는 가는 실, 위사는 굵은 실)	① 주름이 잘 가지 않는다. ② 유연하여 겉 옷감으로 사용된다. ③ 개버딘(레인코트), 데님 또는 진(청바지), 서지(학생복) ④ 신축이 좋고, 구김이 생기지 않는다.	① 표면이 부드럽고, 유연하다. ② 앞뒤의 광택이 우수하고, 구분이 확실하다. ③ 마찰에 약하다. ④ 공단, 양단, 도스킨

(핵심문제) **다음 중 평직물에 해당되는 것은?**

① 공단　　　② 광목　　　③ 벨벳　　　④ 서지

(해설) ① 평직물 : 광목, 옥양목, 포플린
② 사문직(능직) : 개버딘, 데님(진), 서지　　　답 ②

(핵심문제) **다음 중 평직의 특성으로 옳은 것은?**

① 직물이 조밀하고 최소 3올 이상으로 만들어진다.
② 실용적인 옷감으로 사용되고 광목, 옥양목, 포플린 등이 있다.
③ 유연하여 겉 옷감으로 사용되고 데님, 개버딘, 서지 등이 있다.
④ 신축성이 좋고 구김이 생기지 않는다.

(해설) 평직
① 경사와 위사가 1올씩 상하로 교차된 직물
② 광목, 옥양목, 포플린
③ 포플린 : 경사(날실)보다 2~3배 굵은 씨실을 사용한 직물　　　답 ②

(핵심문제) **능직의 특성에 대한 설명 중 틀린 것은?**

① 조직이 치밀하여 구김이 잘 생긴다.
② 표면 결이 고운 직물을 만들 수 있다.
③ 평직보다 마찰에 약하나 광택은 좋다.
④ 대표적인 직물로는 데님(denim), 개버딘(gaberdine), 드릴(drill), 서지(serge) 등이
   있다.

(해설) 조직이 치밀하여 구김이 잘 가는 것은 평직이다.　　　답 ①

‖핵심문제‖ **다음 중 평직의 특징에 해당하는 것은?**

① 3올의 날실과 씨실로 구성되어 있다.
② 사문직이라고도 한다.
③ 부드럽고 구김이 잘 가지 않는다.
④ 직물 조직 중에서 가장 간단한 조직이다.

(해설) ① 3올의 날실과 씨실로 구성된 것은 능직(사문직)이다.
② 부드럽고 구김이 잘 가지 않는 것은 사문직이다.　　　답 ④

(핵심문제) 경사와 위사를 각각 3올로 교차시켜 완전 조직을 구성하여, 조직점이 빗금 방향으로 연속되어 나타나는 조직은?

① 평직　　　　② 능직　　　　③ 수자직　　　　④ 여직

(해설) 능직(사문직)
① 경사와 위사가 2올 이상씩 교차
② 조직점이 경사 방향이다.　　　　답 ②

(핵심문제) 다음 중 경사와 위사가 직각으로 교차하여 이루어진 형태는?

① 경편성물　　　　② 위편성물　　　　③ 직물　　　　④ 부직포

(해설) 직물 : 경사와 위사가 직각으로 교차하며 짜여진 섬유　　　　답 ③

② **편물(편성물 니트)** : 실로 고리(코)를 만들고 그 고리(코)에 고리를 걸어 편성물을 만드는 방식

[장점]
- 외부의 힘에 쉽게 변형되는 신축성이 있다.
- 실이 부드럽고 유연성이 있다
- 구김이 생기지 않는 방추성이 있다.
- 함기율이 높아 보온성이 좋다.
- 통기성이 좋아 위생적인 옷을 만들 수 있다.

[단점]
- 한 코가 풀리면 코가 계속 풀리는 전선 현상이 있다.
- 가장자리가 휘말리는(컬업) 현상이 있다.
- 마찰에 약하고 마찰에 의해 필링(보풀)이 발생한다.
- 세탁 후 형태의 변형이 생긴다.

(핵심문제) 다음 중 한 가닥의 실이 고리를 형성해 가면서 왕복하거나 원형으로 회전하면서 천을 형성하는 것은?

① 직물　　　　② 편성물　　　　③ 레이스　　　　④ 부직포

(해설) 편성물 : 실의 고리를 만들어 연결하면서 짠 피륙　　　　답 ②

핵심문제 **편성물의 장점으로 옳은 것은?**

① 코가 풀리면 전선이 생긴다.

② 마찰에 의한 필링이 발생한다.

③ 세탁성은 좋으나 형태가 잘 변한다.

④ 통기성이 좋은 위생적인 옷을 만들 수 있다.

해설 ① 전선 : 계속 풀리는 현상

② 필링 : 보풀(실에서 일어나는 잔털)

③ 통기성이 좋은 위생적인 옷을 만들 수 있는 것은 편성물의 장점이다.　　답 ④

핵심문제 **다음 중 편성물의 특징에 해당되지 않는 것은?**

① 함기량이 많고 구김이 생기지 않는다.

② 유연하고 신축성이 크다

③ 강도가 크고 비교적 강직하다.

④ 생산 속도가 직물에 비해 빠르다.

해설 편성물

① 실로 코를 만들고 그 코에 실을 걸어 연결하고 연결하여 만든 직물

② 강도가 작고 비교적 약하다.　　답 ③

---

③ 펠트

㉮ 양모나 인조 섬유에 습기와 열을 가해 압축시켜 만든 천

㉯ 양모 스케일(겉비늘)의 축융성(줄어드는 성질)에 의해 서로 얽혀짐

㉰ 모자, 겨울철 의류, 담요 등

- 탄력성과 보온성이 좋다.
- 표면에 결이 없고 거칠며, 마찰에 약하다.

핵심문제 **다음 중 실의 단계를 거치지 않은 피륙은?**

① 펠트　　　　② 레이스　　　　③ 편성물　　　　④ 직물

해설 ① 펠트 : 양모 섬유에 알칼리를 섞어 비벼 주면 스케일이 엉켜 펠트가 만들어진다.

② 부직포 : 섬유에 합성수지를 가하여 천을 만든다.

③ 실을 거치지 않는 피륙은 펠트와 부직포이다.　　답 ①

④ **부직포** : 열과 수지를 이용하여 섬유가 서로 얽히도록 기계적 처리를 하여 만든 옷감

㈎ 부직포 만드는 방법

- 접착제법 : 섬유 사이에 접착제를 뿌리고 섬유를 열처리한다.
- 열용착법 : 섬유에 열가소성 수지를 용융시킨 다음 다시 냉각시킨다.

㈏ 용도 : 의복의 접착심, 보온재, 방음재, 수술복, 실험복 등의 1회용 옷감으로 사용된다.

㈐ 장·단점

- 가볍고 보온성이 있다.
- 유연성이 없다.
- 가장자리가 풀리지 않는다.
- 방향성이 없다.
- 세탁 수축률이 작고 형태 안정성이 크다.
- 탄력성이 양호하고 구김 회복성이 우수하다.

[핵심문제] **부직포의 특성 중 틀린 것은?**

① 통기성이 좋다.   ② 보온성이 좋다.

③ 유연성이 좋다.   ④ 마찰에 약하다.

[해설] 부직포는 실 또는 천에 합성수지를 가하여 만들었으므로 유연성이 나쁘다.   답 ③

[핵심문제] **다음 중 부직포의 특징에 해당하는 것은?**

① 세탁 수축률이 크고 형태 안정성이 작다.

② 방향성이 없고 값이 고가이다.

③ 탄력성이 불량하나 구김 회복성은 우수하다.

④ 절단된 가장자리가 풀리지 않는다.

[해설] 부직포는 섬유에 접착제로 칠하고 섬유를 압착하여 만든 피륙이다. 접착제를 이용하여 만들었으므로 절단된 가장자리는 잘 풀리지 않는다.   답 ④

---

⑤ **레이스**

㈎ 실을 엮거나 꼬아서 만든 천으로서 통기성이 좋고, 다양한 무늬를 만들 수 있다.

㈏ 커튼, 옷 장식, 여성복의 장식용 등

(핵심문제) 여러 올의 실을 서로 매든가, 꼬든가 또는 엮거나 무늬를 짠 공간이 많고 비쳐 보이는 피륙은?

① 직물　　　　　　　　② 편성물
③ 레이스　　　　　　　④ 부직포

(해설) 레이스 : 바늘 또는 보빈(bobbin)을 사용하여 실을 엮거나 꼬아서 만드는 천으로 공간이 많고 비쳐 보인다.　　　　답 ③

---

(2) 복합직물 구조

파일 직물

㈎ 직물 표면에 입모나 한쪽 또는 양면에 고리를 가진 직물
㈏ 구성

- 경파일 : 경사로 파일을 만든 것 – 벨벳, 타월
- 위파일 : 위사로 파일을 만든 것 – 골덴, 우단

(핵심문제) 다음 중 파일 직물이 아닌 것은?

① 벨벳　　　　② 코듀로이　　　　③ 우단　　　　④ 개버딘

(해설) 파일 직물
① 천에 수직으로 고리를 붙여 맨 것 ② 우단, 골덴, 벨벳, 타월
③ 코듀로이 : 골이 지게 짠 피륙으로 코르덴(골덴)의 일종이다.　　　　답 ④

---

15 직물의 염색

(1) 염료의 특성

① 직접 염료

㈎ 매염제를 사용하지 않고 염료를 직접 칠한다.

※ 매염제 : 염료가 섬유에 염착이 되지 않는 경우 염료가 섬유에 잘 부착되도록 섬유에 칠하는 약제

㈏ 식물성 섬유에 주로 사용되며 동물성 섬유, 나일론, 비닐론에도 사용 가능하다.

㈐ 견뢰도(일광, 마찰, 세탁)가 나쁘다.

㈑ 염색법이 쉽고 간단하나 색상이 선명하지 못하다.

② 산성 염료

㈎ 물에 가용성이며 알코올에도 잘 녹는다.

㈏ 동물성 섬유(양모, 견), 나일론에 적당하며 아크릴 섬유에 사용 가능하다.

③ 염기성 염료

㈎ 수용성이며 물에 잘 녹는 최초의 염료이다.

㈏ 동물성 섬유(양모, 견)와 아크릴 섬유에 염색이 잘되고, 식물성 섬유와 비닐론에 사용 가능하다.

㈐ 일광에 대한 견뢰도가 나쁘다.

㈑ 염기성 염료 중 아크릴 섬유 전용으로 개발된 우수한 견뢰도를 자지는 카티온 염료가 있다.

④ 황화 염료

㈎ 유기 화합물과 황을 사용하여 만든 염료이다.

㈏ 값이 싸고 견뢰도가 좋으나 염소계 표백제에 약하다.

㈐ 면섬유(무명)의 염색으로만 주로 사용된다.

⑤ 반응성 염료

㈎ 섬유와 염료 간의 화학 반응으로 만든 염료(섬유와 염료 사이에 공유 결합이 이루어진다)이다.

㈏ 색상이 선명하고 견뢰도가 우수하나 값이 비싸다.

㈐ 식물성 섬유에 적당하며 동물성 섬유와 비닐론 섬유, 나일론, 아크릴 섬유에 사용 가능하다.

⑥ 분산성 염료

㈎ 물에 불용성인 물감을 분산시켜 만든 염료이다.

㈏ 배합성이 좋아 색상 맞추기가 쉽다.

㈐ 폴리에스테르, 아세테이트 섬유의 염색제로 만들어졌다.

⑦ 배트 염료

㉮ 물, 알칼리, 산에 녹지 않는 염료는 알칼리성 환원제(하이드로설파이트)와 수산화 나트륨을 첨가하여 가열하면 알칼리에 녹으며 섬유에 잘 염색된다. 이것을 건염염료라 한다.

㉯ 견뢰도가 높다.

㉰ 셀룰로오스 섬유(식물성 섬유)에 적합하고 동물성 섬유도 가능하다.

[핵심문제] **염료 분자와 섬유가 반응하여 공유 결합을 형성하는 염료는?**

① 직접 염료　　　② 염기성 염료　　　③ 산성 염료　　　④ 반응성 염료

[해설] 반응성 염료 : 섬유와 염료 간의 반응기에 의한 공유 결합　　　답 ④

[핵심문제] **아세테이트 섬유의 염색에 가장 적합한 염료는?**

① 산성 염료　　　② 직접 염료　　　③ 분산 염료　　　④ 배트 염료

[해설] 분산 염료는 처음부터 아세테이트와 폴리에스테르의 염색제로 만들어졌다.　　　답 ③

[핵심문제] **폴리아크릴 섬유와 양모 섬유가 혼방된 직물에 가장 많이 사용하는 염색 방법으로 옳은 것은?**

① 분산 염료로 염색 후 배트 염료로 염색한다.

② 분산 염료로 염색 후 황화 염료로 염색한다.

③ 염기성 염료로 염색 후 직접 염료로 염색한다.

④ 염기성 염료로 염색 후 산성 염료로 염색한다.

[해설] 폴리아크릴－염기성 염료, 양모－산성 염료　　　답 ④

[핵심문제] **섬유와 염료 간의 결합력이 적을 때 우선 섬유와 염료의 양자에 결합할 수 있는 약제로 섬유를 처리한 후 염색하는 방법은?**

① 환원염법　　　　　　　② 현색염법

③ 매염염법　　　　　　　④ 고착염법

[해설] 매염염색법 : 섬유와 염료 간의 결합력이 적을 때 섬유에 염료가 잘 결합될 수 있도록 섬유에 매염제를 발라 두는 방식　　　답 ③

(2) 염료의 방식

① **침염** : 섬유를 염료 용액에 담가 섬유 전체를 일정하게 염색하는 방식

② **날염** : 섬유에 부분적으로 착색하여 필요한 무늬가 나타나도록 하는 방식

③ **크로스 염색(이색 염색)** : 혼방 직물 또는 교직물에 염색성 차이에 따라 서로 다른 색으로 염색하는 방식

④ **서모솔 염색**

㈎ 폴리에스테르, 혼방 직물을 분산 염료 또는 배트 염료로 염색할 때 사용된다.

㈏ 직물을 염료에 침지하여 건조한 다음 서모솔 장치에 고온으로 짧은 시간에 염료를 고착시킨다.

핵심문제) **혼방 직물이나 교직물을 염색할 때 섬유의 종류에 따른 염색성의 차를 이용하여 섬유의 종류에 따라 각각 다른 색으로 염색할 수 있는 염색 방법은?**

① 크로스(cross) 염색   ② 서모솔(thermosol) 염색
③ 원료 염색   ④ 사 염색

해설) ① 크로스 염색(이색 염색) : 섬유의 종류에 따라 염색성의 차이를 이용하여 다른 색으로 염색하는 방식
② 서모솔 염색 : 폴리에스테르 섬유의 분산 염료에 의한 연속 염색법
③ 교직물 : 종류가 다른 실로 짠 직물(명주＋견)   답 ①

---

(3) 염색 견뢰도

– 일광, 세탁, 마찰 등에 견디는 능력을 말한다.
– 견뢰도는 염료의 종류에 따라 일광에 대한 직접 염료일 때 등급이 낮고, 반응성 염료일 때 높다.
– 견뢰도의 결과 판정은 표준 회색표(오염 판정)를 기준으로 한다.

① 일광 견뢰도

㈎ 염색된 옷이 햇볕에 견디는 능력이다.
㈏ 견뢰도의 등급 숫자가 클수록 견뢰도는 좋다.
㈐ 견뢰도 1등급이 햇볕에 가장 약하다.

㈃ 일광 견뢰도는 1등급에서 8등급으로 구분된다.

② 세탁 견뢰도

㈎ 염색된 옷이 세탁에 견디는 능력이다.

㈏ 견뢰도의 등급 숫자가 클수록 견뢰도는 좋다.

㈐ 견뢰도 등급 숫자가 낮을수록 세탁에 의해서 염색물이 쉽게 빠져나간다.

㈃ 세탁 견뢰도는 1등급에서 5등급으로 구분된다.

③ 마찰 견뢰도

㈎ 염색된 옷이 마찰에 견디는 능력이다.

㈏ 견뢰도의 등급 숫자가 클수록 견뢰도는 좋다.

㈐ 견뢰도 등급 숫자가 낮을수록 세탁에 의한 마찰에 약하다.

㈃ 마찰 견뢰도는 1등급에서 5등급으로 구분된다.

(핵심문제) **염색 견뢰도에 대한 설명 중 틀린 것은?**

① 견뢰도는 염료의 종류에 관계없이 모두 같다.
② 견뢰도 판정은 오염 판정 시 사용하는 표준 색표와 비교한다.
③ 견뢰도의 종류에 따라 등급의 수는 다르다.
④ 염색된 옷이 세탁에 견디는 능력을 세탁 견뢰도라 한다.

(해설) 견뢰도는 염료의 종류에 따라 각각 다르다. **답 ①**

(핵심문제) **세탁 견뢰도에 대한 설명 중 틀린 것은?**

① 염색된 옷이 세탁에 견디는 능력을 말한다.
② 세탁으로 인해 옷의 물감이 빠지는 것을 평가한다.
③ 견뢰도 등급 숫자가 높을수록 물감이 잘 빠지고, 숫자가 낮을수록 물감이 빠지지 않는다는 것이다.
④ 세탁 의약품 중에는 용해 견뢰도가 낮은 의복이 많으므로 주의하여야 한다.

(해설) 세탁 견뢰도
① 염색된 옷이 세탁에 견디는 능력이다.
② 5등급으로 구분된다.
③ 등급이 높을수록 견뢰도가 좋다(등급이 높을수록 물감이 빠지지 않는다). **답 ③**

(핵심문제) **세탁 견뢰도의 판정 등급으로 옳은 것은?**

① 1~3급 ② 1~5급

③ 1~8급 ④ 1~10급

(해설) 일광 견뢰도(1~8등급), 세탁 견뢰도 · 마찰 견뢰도(1~5등급) 답 ②

(핵심문제) **일광 견뢰도의 판정에서 가장 좋은 등급은?**

① 1급 ② 3급

③ 5급 ④ 8급

(해설) ① 일광 견뢰도 1~8급, 세탁 견뢰도 · 마찰 견뢰도 1~5급
② 등급이 높을수록 견뢰도가 높다. 답 ④

16 품질 표시 및 부자재

(1) 섬유 상품의 품질표시 비교표

구분	실	원단	섬유 제품(의복, 이불 등)
1	섬유의 조성 또는 혼용률	섬유의 조성 또는 혼용률	섬유의 조성 또는 혼용률
2	번수 또는 데니어 (가공된 실은 제외)	폭	치 수
3	길이 또는 중량	길이 또는 중량	방수, 발수, 방염 등 가공 여부
4		방염 가공 여부	충전재
5	취급상 주의사항	취급상 주의사항	취급상 주의사항
6	제조자명	제조자명	제조자명
7	제조년월	제조년월	제조년월
8	수입자명	수입자명	수입자명
9	주소 및 전화번호	주소 및 전화번호	주소 및 전화번호
10	제조국명	제조국명	제조국명

(핵심문제) **원단의 섬유상품 품질표시 사항이 아닌 것은?**

① 섬유의 혼용률 ② 길이 또는 중량

③ 취급상의 주의 ④ 번수 또는 데니어

(해설) 번수 및 데니어는 실의 품질 표시이다. 답 ④

(핵심문제) **실의 품질을 표시하는 기준 항목으로만 나열한 것은?**

① 섬유의 혼용률, 실의 번수

② 섬유의 가공 방법, 섬유의 지름

③ 섬유의 생산지, 섬유의 너비

④ 섬유의 혼용률, 치수 또는 호수

(해설) ① 실의 혼용률 : 실의 제작 시 서로 다른 섬유의 혼용률

② 실의 번수 : 실의 굵기 답 ①

---

(2) 세탁기호 및 취급 방법

① 세탁 방법

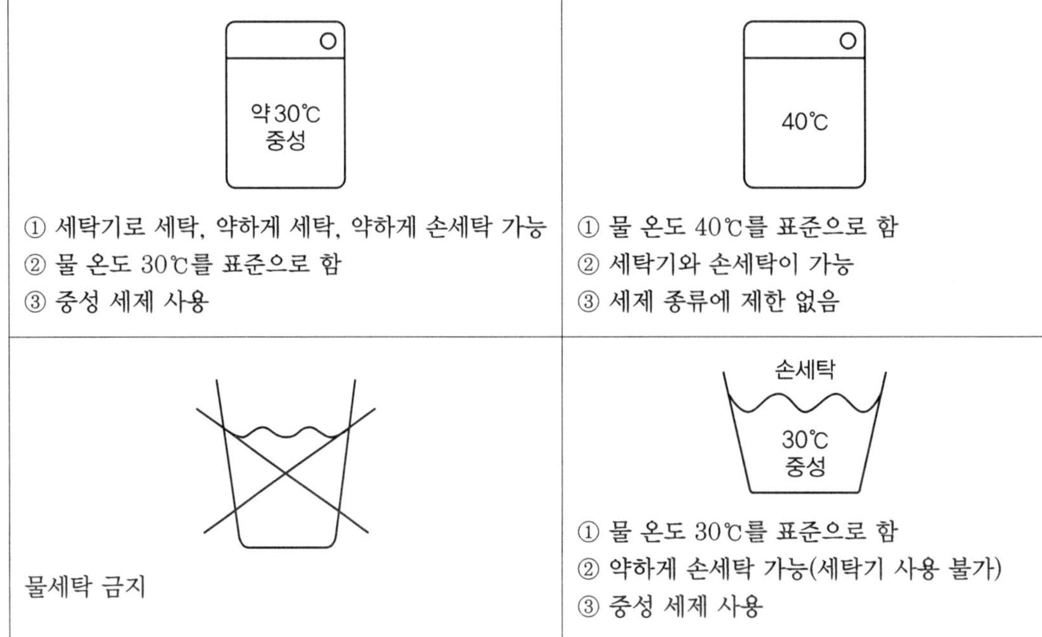

① 세탁기로 세탁, 약하게 세탁, 약하게 손세탁 가능 ② 물 온도 30℃를 표준으로 함 ③ 중성 세제 사용
① 물 온도 40℃를 표준으로 함 ② 세탁기와 손세탁이 가능 ③ 세제 종류에 제한 없음
물세탁 금지
① 물 온도 30℃를 표준으로 함 ② 약하게 손세탁 가능(세탁기 사용 불가) ③ 중성 세제 사용

② 표백 방법

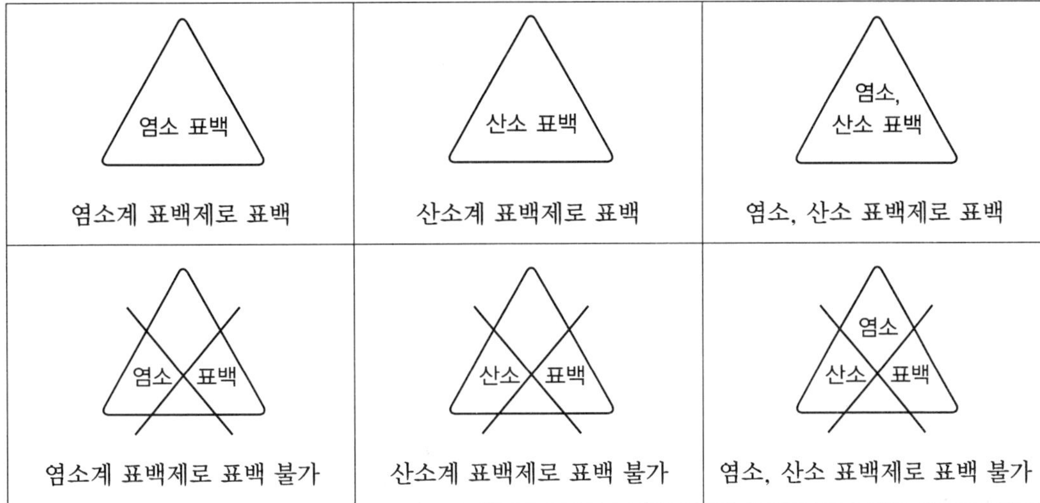

③ 다림질

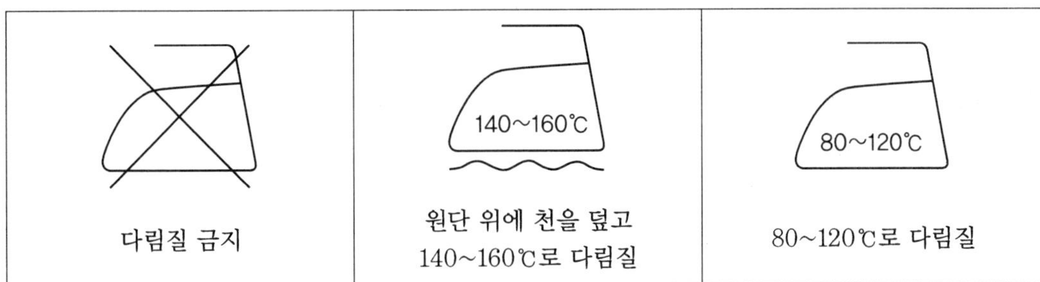

④ 건조 방법

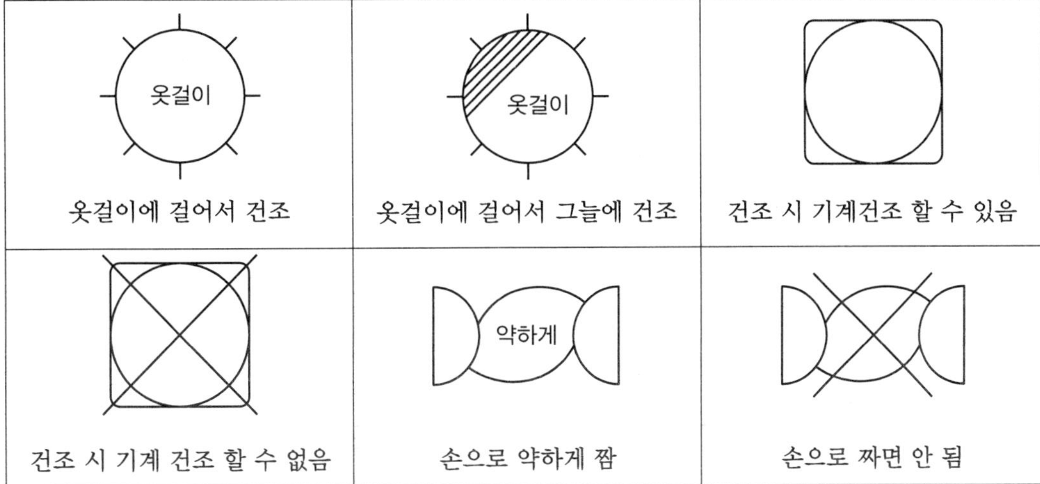

⑤ 드라이클리닝

		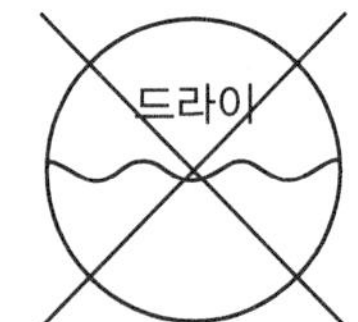
• 드라이클리닝 가능 • 용제는 퍼클로로에틸렌 또는 석유계 사용	• 드라이클리닝 가능 • 용제는 석유계 사용	• 드라이클리닝 불가함

⑥ 모섬유 마크

 ALL NEW WOOL 100% 건강한 동물의 털	 NEW WOOL RICH 순모의 60% 헌 털옷의 모섬유, 양모의 폐품 40% 혼용

핵심문제 섬유의 물세탁 방법에 관한 표시 기호에 대한 설명으로 틀린 것은?

① 물의 온도는 30℃를 표준으로 한다.

② 약하게 손세탁할 수 있다.

③ 세탁기로 세탁할 수 있다.

④ 세제는 중성 세제를 사용한다.

해설 손세탁을 해야 하므로 세탁기로 세탁할 수 없다.　　답 ③

핵심문제 섬유 제품의 취급에 대한 표시 기호 중 "물세탁은 안 된다"에 해당하는 것은?

① 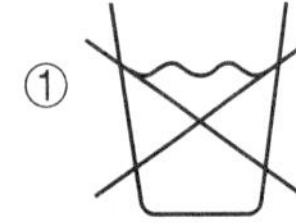　② 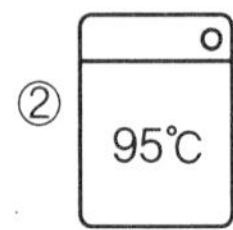　③ 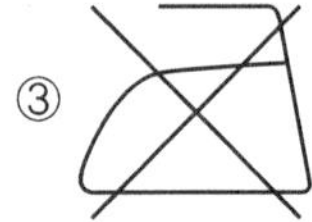　④ 

해설 ① 물세탁하면 안 됨

② • 물 온도 95℃로 세탁

　• 세탁기, 손세탁 가능

　• 세제의 종류에 제한 없음, 삶을 수 있음

③ 다림질할 수 없음

④ 손으로 짜면 안 됨　　답 ①

핵심문제 **다음 기호의 설명으로 틀린 것은?**

① 물의 온도 95℃를 표준으로 세탁할 수 있다.

② 세탁기로 세탁할 수 있다.

③ 손세탁이 가능하다.

④ 세제 종류에 제한을 받는다.

해설 세제의 종류에 제한을 받지 않는다.　　　답 ④

핵심문제 **드라이클리닝의 표시 기호 중 용제의 종류를 퍼클로로에틸렌 또는 석유계를 사용함을 표시한 것은?**

① 

② 

③ 

④ 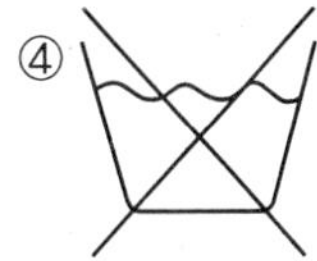

해설 ②는 드라이클리닝이 가능하고 용제로 석유계를 사용한다.
③은 드라이클리닝을 할 수 없다.
④는 물세탁 금지이다.　　　답 ①

---

(3) 의류의 부자재

① 접착 심지

㈎ 겉감(의류)의 변형을 방지하기 위해 소매나 와이셔츠 깃 부분 등에 접착 심지를 사용한다.

㈏ 직물, 부직포에 합성수지를 붙여 놓아 겉감에 대고 다림질하여 사용된다.

㈐ 내세탁성이 크다.

(핵심문제) **의류의 부자재 중 접착 심지에 대한 설명으로 틀린 것은?**

① 다리미 또는 프레스 처리만으로 접착시킬 수 있다.

② 봉제 방법이 간단하다.

③ 겉감의 신축성을 감소시킬 수 있기 때문에 형태 안정성이 증진된다.

④ 내세탁성이 약하다.

(해설) 접착 심지

① 겉감(의류)의 변형을 방지하기 위해 소매나 와이셔츠 깃 부분 등에 접착 심지를 사용한다.

② 직물, 부직포에 합성수지를 붙여 놓아 겉감에 대고 다림질하여 사용된다.

③ 내세탁성이 크다. 답 ④

---

② **잠금장치** : 단추, 스냅(똑딱단추), 호크(갈고리 모양 잠금장치), 지퍼(파스너)

(핵심문제) **다음 중 장식적인 부속품에 해당하는 것은?**

① 단추　　　② 지퍼　　　③ 비즈　　　④ 스냅

(해설) 비즈 : 원통 모양의 구멍이 뚫린 작은 구슬로 의복의 장식 부속품이다. 답 ③

(핵심문제) **단추의 종류에 대한 설명 중 틀린 것은?**

① 폴리에스테르 단추는 열과 드라이클리닝에 강하다.

② 나일론 단추는 다양한 색상과 형태로 만들 수 있다.

③ 나무 단추는 여러 종류의 나무로 만들며, 가볍고 열과 수분에 강하다.

④ 금속 단추는 놋쇠, 니켈, 알루미늄을 조각하거나 압형하여 만든다.

(해설) 나무 단추는 가볍지만 열과 수분에 약하다. 답 ③

(핵심문제) **파스너의 취급에 대한 설명 중 틀린 것은?**

① 클리닝 및 프레스할 때에는 파스너를 열어 놓은 상태에서 한다.

② 슬라이더의 손잡이를 정상으로 해놓고 프레스한다.

③ 슬라이더에 직접 다림질하지 않는다.

④ 프레스 온도는 130℃ 이하로 유지한다.

(해설) ① 클리닝(세탁) 및 프레스(마무리)할 때에는 파스너를 닫아 놓은 상태로 처리한다.

② 슬라이더 : 파스너(지퍼)의 열고 닫는 손잡이 답 ①

17 공중위생관리법

제1조(목적)

이 법은 공중이 이용하는 영업과 시설의 위생 관리 등에 관한 사항을 규정함으로써 위생 수준을 향상시켜 국민의 건강 증진에 기여함을 목적으로 한다.

[핵심문제] **공중위생관리법의 궁극적인 목적에 해당되는 것은?**

① 국민의 건강 증진에 기여
② 위생관리 서비스 향상에 노력
③ 종사자의 기술 수준을 향상
④ 종사자의 복리 증진

[해설] 공중위생관리법의 궁극적인 목적은 국민 건강 증진에 기여함을 목적으로 한다. **[정답]** ①

제2조(정의)

"공중위생 영업"이라 함은 다수인을 대상으로 위생관리 서비스를 제공하는 영업으로서 숙박업 · 목욕장업 · 이용업 · 미용업 · 세탁업 · 위생관리 용역업을 말한다.

[핵심문제] **다음 중 공중위생관리법이 규정하고 있는 공중위생 영업에 해당하지 않는 것은?**

① 숙박업　　　② 세탁업　　　③ 미용업　　　④ 식품접객업

[해설] 공중위생 영업 : 숙박업, 목욕장업, 이용업, 미용업, 세탁업, 위생관리 용역업 **[정답]** ④

제3조의 1(공중위생 영업의 신고 및 폐업 신고)

① 공중위생 영업을 하고자 하는 자는 공중위생 영업의 종류별로 보건복지부령이 정하는 시설 및 설비를 갖추고 시장 · 군수 · 구청장에게 신고하여야 한다.
② 공중위생 영업의 신고를 한 자는 공중위생 영업을 폐업한 날부터 20일 이내에 시장 · 군수 · 구청장에게 신고하여야 한다.
③ 신고의 방법 및 절차 등에 관하여 필요한 사항은 보건복지부령으로 정한다.

④ 공중위생업의 변경 신고(다음의 1에 해당하는 경우 시장 · 군수 · 구청장에게 신고해야 한다.)
  ⓐ 영업소의 명칭 또는 상호
  ⓑ 영업소의 소재지
  ⓒ 신고한 영업장 면적의 1/3 이상 증감
  ⓓ 대표자의 성명 또는 생년월일

[핵심문제] 세탁업을 하고자 하는 자는 공중위생 영업의 종류별로 보건복지부령이 정하는 시설 및 설비를 갖추고 시장, 군수, 구청장에게 어떤 절차를 받아야 하는가?

① 허가   ② 인가   ③ 신고   ④ 등록

[해설] 세탁업을 하고자 할 때에는 시장, 군수, 구청장에게 신고해야 한다.   답 ③

[핵심문제] 공중위생 영업의 변경 신고에서 보건복지부령이 정하는 중요 사항 중 틀린 것은?

① 영업소의 소재지
② 영업소의 명칭 또는 상호
③ 법인의 경우 대표자 성명
④ 신고한 영업장 면적의 4분의 1 이상의 증감

[해설] 영업장의 면적이 1/3 이상 증감한 경우 시장, 군수, 구청장에게 신고를 해야 한다.   답 ④

제3조의 2(공중위생 영업의 승계)

공중위생 영업자의 지위를 승계한 자는 1월 이내에 보건복지부령이 정하는 바에 따라 시장 · 군수 또는 구청장에게 신고하여야 한다.

[핵심문제] 공중위생 영업자의 지위를 승계한 자가 보건복지부령이 정하는 바에 따라 시장, 군수 또는 구청장에게 신고하여야 할 기간은?

① 1일 이내   ② 7일 이내   ③ 1월 이내   ④ 3월 이내

[해설] 지위를 승계한 자는 1개월(30일) 이내 시장, 군수, 구청장에게 신고해야 한다.   답 ③

제4조(공중위생 영업자의 위생관리 의무 등)

① 공중위생 영업자는 그 이용자에게 건강상 위해 요인이 발생하지 아니하도록 영업 관련 시설 및 설비를 위생적이고 안전하게 관리하여야 한다.

② 세탁업을 하는 자는 세제를 사용함에 있어서 국민 건강에 유해한 물질이 발생되지 아니하도록 기계 및 설비를 안전하게 관리하여야 한다. 이 경우 유해한 물질이 발생되는 세제의 종류와 기계 및 설비의 안전 관리에 관하여 필요한 사항은 보건복지부령으로 정한다.

제6조(세제의 종류 등)

유해한 물질이 발생되는 세제의 종류

① 세제의 종류

  1. 퍼클로로에틸렌(perchloroethylene)
  2. 트리클로로에탄(thrichloroethan)
  3. 불소계 용제
  4. 석유계 용제

② 세탁업자가 유해한 물질이 발생되는 세제를 사용하는 경우 국민 건강에 유해한 물질이 발생되지 아니하도록 세탁물의 건조 시 용제를 회수할 수 있는 세탁용 기계 또는 설비를 세탁용 기계와 별도로 설치 · 사용하여야 한다. 다만, 세탁업자가 석유계 용제를 사용하는 경우에는 처리 용량의 합계가 30kg 이상의 세탁용 기계를 설치한 경우만 해당한다.

(핵심문제) 세탁업자가 처리 용량의 합계가 30kg 이상인 세탁용 기계를 설치하는 경우에 세탁물의 건조 시 기계로 회수할 수 있는 용제는?

① 퍼클로로에틸렌　　　　　② 석유계 용제

③ 불소계 용제　　　　　　④ 트리클로로에탄

(해설) 인체에 유해한 세제를 사용하는 경우는 세탁물을 건조 시 세제를 회수해야 하는데 석유계 용제는 처리 용량이 30kg 이상인 세탁용 기계이면 세제를 회수할 수 있는 기계를 설치해야 한다.

답 ②

시행규칙 제7조(공중위생 영업자가 준수하여야 하는 위생관리 기준 등)

공중위생 영업자가 건전한 영업질서 유지를 위하여 준수하여야 하는 위생관리 기준

세탁업자

① 드라이클리닝용 세탁기는 유기 용제의 누출이 없도록 항상 점검하여야 하고 사용 중에 누출되지 아니하도록 하여야 한다.

② 세탁물에는 세탁물의 처리에 사용된 세제 · 유기 용제 또는 얼룩제거 약제가 남지 아니하도록 하여야 한다.

③ 세탁업자는 업소에 보관 중인 세탁물에 좀이나 곰팡이 등이 생성되지 않도록 위생적으로 관리하여야 한다.

[핵심문제] **세탁업자가 준수하여야 할 위생관리 기준으로 틀린 것은?**

① 드라이클리닝용 세탁기는 유기 용제의 누출이 없도록 항상 점검하여야 한다.

② 세탁물에는 세탁물 처리에 사용된 세제, 유기 용제 또는 얼룩제거 약제가 남지 않도록 해야 한다.

③ 출입, 검사 등의 기록부를 영업소 밖에 비치하여야 한다.

④ 업소에 보관 중인 세탁물에 좀이나 곰팡이 등이 생기지 않도록 위생적으로 관리해야 한다.

[해설] 세탁업자가 준수해야 할 위생관리 기준과 출입 · 검사 등의 기록부와 관계없다. 답 ③

제10조(위생 지도 및 개선 명령)

시 · 도지사 또는 시장 · 군수 · 구청장은 다음의 1에 해당하는 자에 대하여 즉시 또는 일정한 기간을 정하여 그 개선을 명할 수 있다.

1. 공중위생 영업의 종류별 시설 및 설비 기준을 위반한 공중위생 영업자
2. 위생관리 의무 등을 위반한 공중위생 영업자

[핵심문제] **다음 중 위생 지도 및 개선 명령을 할 수 있는 자는?**

① 시장　　　　　　　　　② 행정자치부 장관

③ 보건복지부 장관　　　　④ 국무총리

[해설] 시 · 도지사 또는 시장, 군수, 구청장은 위생 지도 및 개선 명령을 할 수 있다. 답 ①

핵심문제 공중위생 영업의 종류별 시설 및 설비 기준을 위반한 공중위생 영업자에 대하여 즉시 또는 일정한 기간을 정하여 그 개선을 명령할 수 없는 자는?

① 보건복지부 장관 ② 시 · 도지사　　③ 시장, 군수　　④ 구청장

해설 시설 및 설비 기준을 위반한 공중위생 영업자에게 개선 명령을 할 수 있는 자(시 · 도지사 또는 시장, 군수, 구청장)　　　답 ①

제11조(공중위생 영업소의 폐쇄 등)

① 시장 · 군수 · 구청장은 공중위생 영업자가 위반하여 관계 행정기관의 장의 요청이 있는 때에는 6월 이내의 기간을 정하여 영업의 정지 또는 일부 시설의 사용 중지를 명하거나 영업소 폐쇄 등을 명할 수 있다.

② 시장 · 군수 · 구청장은 공중위생 영업자가 영업소 폐쇄 명령을 받고도 계속하여 영업을 하는 때에는 관계 공무원으로 하여금 당해 영업소를 폐쇄하기 위하여 다음의 조치를 하게 할 수 있다.

1. 당해 영업소의 간판, 기타 영업표지물의 제거
2. 당해 영업소가 위법한 영업소임을 알리는 게시물 등의 부착
3. 영업을 위하여 필수 불가결한 기구 또는 시설물을 사용할 수 없게 하는 봉인

핵심문제 공중위생업자는 영업소 폐쇄 명령이 있은 후 몇 개월이 경과하지 아니할 때에는 누구든지 그 폐쇄 명령이 이루어진 영업장소에서 같은 종류의 영업을 할 수 없는가?

① 1개월　　　　② 3개월　　　　③ 6개월　　　　④ 12개월

해설 영업소의 폐쇄 명령이 있은 후 6개월 기간에는 동일 업종을 개업할 수 없다.　　답 ③

핵심문제 세탁업주가 영업소 폐쇄 명령을 받고도 계속하여 영업을 할 때 관계 공무원으로 하여금 당해 영업소를 폐쇄하기 위한 조치 사항으로 틀린 것은?

① 당해 영업소의 간판, 기타 영업표지물의 제거
② 영업을 위하여 필수 불가결한 기구 또는 시설물을 사용할 수 없게 하는 봉인
③ 영업소에 고객이 출입할 수 없도록 출입문을 지키고 서 있는 행위
④ 당해 영업소가 위법한 영업소임을 알리는 게시물 등의 부착

해설 영업소 폐쇄를 집행하면서 영업소의 출입문을 막을 수는 없다.　　답 ③

제11조의 2(과징금 처분)

① 시장 · 군수 · 구청장은 공중위생 영업소의 영업 정지가 이용자에게 심한 불편을 주거나 그밖에 공익을 해할 우려가 있는 경우에는 3천만 원 이하의 과징금을 부과할 수 있다.

② 과징금의 금액 등에 관하여 필요한 사항은 대통령령으로 정한다.

> **핵심문제** 과징금을 부과하는 위반 행위의 종별, 정도에 따른 과징금의 금액 등에 관하여 필요한 사항은 어느 영으로 정하는가?
>
> ① 도시사령　　　② 보건복지부령　　　③ 국무총리령　　　④ 대통령령
>
> **해설** ① 과징금의 금액 등에 관한 사항은 대통령령으로 정한다.
> ② 과징금 : 행정적 처벌 대신 금전으로 부과하게 하는 것　　　답 ④

제7조의 3(과징금의 부과 및 납부)

① 과징금 통지를 받은 자는 통지를 받은 날부터 20일 이내에 과징금을 시장 · 군수 · 구청장이 정하는 수납 기관에 납부하여야 한다.

② 과징금은 이를 분할하여 납부할 수 없다.

③ 과징금의 징수 절차는 보건복지부령으로 정한다.

④ 영업정지 1월은 30일로 계산한다.

> **핵심문제** 공중위생관리법의 시행령 기준 과징금 산정 기준 중 영업정지 1월의 기준일로 옳은 것은?
>
> ① 28일　　　② 29일　　　③ 30일　　　④ 31일
>
> **해설** 영업정지 1개월의 기준일은 30일로 한다.　　　답 ③

> **핵심문제** 공중위생 영업자에 대한 과징금 징수 절차는 무엇으로 정하는가?
>
> ① 대통령령　　　② 국무총리령　　　③ 보건복지부령　　　④ 행정안전부령
>
> **해설** 과징금의 징수 절차는 보건복지부령으로 정한다.　　　답 ③

제13조(위생서비스 수준의 평가)

① 시·도지사는 공중위생 영업소의 위생관리 수준을 향상시키기 위하여 위생서비스 평가 계획을 수립하여 시장·군수·구청장에게 통보하여야 한다.

② 시장·군수·구청장은 공중위생 영업소의 위생서비스 수준을 평가하여야 한다.

③ 시장·군수·구청장은 관련 전문기관 및 단체로 하여금 위생서비스 평가를 실시하게 할 수 있다.

④ 위생서비스 평가의 주기·방법, 위생관리 등급의 기준을 보건복지부령으로 정한다.

[핵심문제] **위생서비스 수준의 평가에 대한 설명 중 틀린 것은?**

① 시·도지사는 공중위생 영업소의 위생관리 수준을 향상시키기 위하여 위생서비스 평가 계획을 수립하여 시장, 군수, 구청장에게 통보하여야 한다.

② 보건복지부 장관은 평가 계획에 따라 관할지역별 세부 평가계획을 수립한 후 공중위생 영업소의 위생서비스 수준을 평가하여야 한다.

③ 시장, 군수, 구청장은 위생서비스 평가의 전문성을 높이기 위하여 필요하다고 인정하는 경우에는 관련 전문기관 및 단체로 하여금 위생서비스 평가를 실시하게 할 수 있다.

④ 위생서비스 수준 평가의 주기·방법·위생관리 등급의 기준, 기타 평가에 관하여 필요한 사항은 보건복지부령으로 정한다.

[해설] 위생서비스 수준의 평가는 보건복지부 장관이 아니라 시장·군수·구청장이 해야 한다. **답 ②**

제20조(위생서비스 수준의 평가 주기)

공중위생 영업소의 위생서비스 수준 평가는 2년마다 실시하되, 공중위생 영업소의 보건·위생 관리를 위하여 특히 필요한 경우에는 보건복지부 장관이 정하여 고시하는 바에 의하여 공중위생 영업의 종류 또는 위생관리 등급별로 평가 주기를 달리할 수 있다.

[핵심문제] **공중위생 영업소의 일반적인 위생서비스 수준의 평가 주기는?**

① 1년　　　② 2년　　　③ 5년　　　④ 10년

[해설] 공중위생 영업소의 위생서비스 수준의 평가는 2년마다 평가하여 등급을 결정한다. **답 ②**

제15조(공중위생 감시원)

① 관계 공무원의 업무를 행하게 하기 위하여 특별시 · 광역시 · 도 및 시 · 군 · 구에 공중위생 감시원을 둔다.

② 공중위생 감시원의 자격 · 임명 · 업무 범위, 기타 필요한 사항은 대통령령으로 정한다.

[핵심문제] 공중위생 감시원의 자격, 임명, 업무 범위, 기타 필요한 사항은 어느 영으로 정하는가?

① 시 · 도지사령 ② 보건복지부령 ③ 국무총리령 ④ 대통령령

[해설] 공중위생 감시원의 자격, 임명, 업무 범위는 대통령령으로 정한다. 답 ④

제8조(공중위생 감시원의 자격 및 임명)

① 특별시장 · 광역시장 · 도지사 또는 시장 · 군수 · 구청장은 다음 각 호의 1에 해당하는 소속 공무원 중에서 공중위생 감시원을 임명한다.

② 자격(다음의 1에 해당하는 경우의 공무원 중에서 공중위생 감시원을 임명한다)

1. 위생사 또는 환경기사 2급 이상의 자격증이 있는 자
2. 「고등교육법」에 의한 대학에서 화학 · 화공학 · 환경공학 또는 위생학 분야를 전공하고 졸업한 자 또는 이와 동등 이상의 자격이 있는 자
3. 외국에서 위생사 또는 환경기사의 면허를 받은 자
4. 3년 이상 공중위생 행정에 종사한 경력이 있는 자

[핵심문제] 다음 소속 공무원 중 공중위생 감시원의 자격이 되지 않는 자는?

① 위생사 또는 환경기사 2급 이상의 자격증이 있는 자
② 3년 이상 공중위생 행정에 종사한 경력이 있는 자
③ 「고등교육법」에 의한 대학에서 환경공학 또는 위생학 분야를 전공하고 졸업한 자
④ 외국에서 공중위생 업무에 종사한 경력이 있는 자

[해설] 외국에서 위생사 또는 환경기사의 면허를 받은 자가 공중위생 감시원의 자격이 있다.

답 ④

> (핵심문제) **다음 중 공중위생 감시원을 임명할 수 있는 자는?**
>
> ① 특별시장 · 광역시장 · 도지사　　② 보건복지부 장관
> ③ 국무총리　　　　　　　　　　　④ 대통령
>
> (해설) 특별시장, 광역시장, 도지사, 시장, 군수, 구청장은 공중위생 감시원을 임명할 수
> 있다.　　　　　　　　　　　　　　　　　　　　　　　　　　답 ①

제9조(공중위생 감시원의 업무 범위)

① 시설 및 설비의 확인

② 공중위생 영업 관련 시설 및 설비의 위생 상태 확인 · 검사

③ 공중위생 영업자의 위생관리 의무 및 영업자 준수사항 이행 여부의 확인

④ 공중이용시설의 위생관리 상태의 확인 · 검사

⑤ 위생지도 및 개선명령 이행 여부의 확인

⑥ 공중위생 영업소의 영업 정지, 일부 시설의 사용 중지 또는 영업소 폐쇄명령 이행
　여부의 확인

⑦ 위생교육 이행 여부의 확인

> (핵심문제) **다음 중 공중위생 감시원의 업무 범위가 아닌 것은?**
>
> ① 시설 및 설비의 확인
> ② 영업자 준수사항 이행 여부의 확인
> ③ 영업자의 기술자격 인정 여부 확인
> ④ 위생지도 및 개선명령 이행 여부의 확인
>
> (해설) 영업자의 기술자격 인정 여부는 공중위생 감시원의 업무 범위가 아니다.　　답 ③

> (핵심문제) **공중위생 감시원의 업무 범위가 아닌 것은?**
>
> ① 영업자 준수사항 이행 여부의 확인
> ② 위생지도 및 개선명령 이행 여부 확인
> ③ 공중이용시설의 위생관리 상태의 확인, 검사
> ④ 세탁업 표준약관 이행 여부의 확인
>
> (해설) 표준약관은 영업상의 약속이므로 공중위생 감시원의 확인, 검사 업무 범위가 아니다.　답 ④

제15조의 2(명예 공중위생 감시원)

① 시 · 도지사는 공중위생의 관리를 위한 지도 · 계몽 등을 행하게 하기 위하여 명예 공중위생 감시원을 둘 수 있다.

② 명예 공중위생 감시원의 자격 및 위촉 방법, 업무 범위 등에 관하여 필요한 사항은 대통령령으로 정한다.

제9조의 2(명예 공중위생 감시원의 자격 등)

① 명예 공중위생 감시원은 시 · 도지사가 다음의 1에 해당하는 경우 위촉한다.
　1. 공중위생에 대한 지식과 관심이 있는 자
　2. 소비자 단체, 공중위생 관련 협회 또는 단체의 소속 직원 중에서 당해 단체 등의 장이 추천하는 자

② 명예 감시원의 업무
　1. 공중위생 감시원이 행하는 검사 대상물의 수거 지원
　2. 법령 위반 행위에 대한 신고 및 자료 제공
　3. 공중위생에 관한 홍보 · 계몽 등 공중위생 관리 업무와 관련하여 시 · 도지사가 따로 정하여 부여하는 업무

③ 명예 감시원의 운영에 관하여 필요한 사항은 시 · 도지사가 정한다.

(핵심문제) **명예 공중위생 감시원의 업무가 아닌 것은?**

① 공중위생 관리 업무와 관련하여 시 · 도지사가 따로 정하여 부여하는 업무
② 위생지도 및 개선명령 이행 여부의 확인
③ 법령 위반 행위에 대한 신고 및 자료 제공
④ 공중위생 감시원이 행하는 검사 대상물의 수거 지원

(해설) 위생지도 및 개선명령 이행 여부의 확인은 공중위생 감시원의 업무이다.　　답 ②

제16조(공중위생 영업자 단체의 설립)

공중위생 영업자는 공중위생과 국민 보건의 향상을 기하고 그 영업의 건전한 발전을 도모하기 위하여 영업의 종류별로 전국적인 조직을 가지는 영업자 단체를 설립할 수 있다.

제10조(세탁물 관리 사고로 인한 분쟁의 조정)

세탁업자 단체는 그 정관이 정하는 바에 의하여 세탁업자와 소비자 간의 분쟁 조정을 위하여 노력하여야 한다.

핵심문제 공중위생관리법에 규정한 세탁물 관리 사고로 인한 분쟁을 조정할 수 있는 곳은?

① 소상공인 지원센터　　　　　② 공정거래 위원회
③ 세탁업자 단체　　　　　　　④ 시, 군, 구청

해설 세탁업자 단체는 세탁업자와 소비자 간의 분쟁 조정을 위하여 노력하여야 한다.　답 ③

제17조(위생 교육)

① 공중위생 영업자는 매년 위생 교육을 받아야 한다.
② 신고를 하고자 하는 자는 미리 위생 교육을 받아야 한다. 다만, 부득이한 사유로 미리 교육을 받을 수 없는 경우에는 영업 개시 후 보건복지부령이 정하는 기간 안에 위생 교육을 받을 수 있다.
③ 위생 교육은 보건복지부 장관이 허가한 단체 또는 공중위생 영업자 단체가 실시할 수 있다.
④ 위생 교육의 방법 · 절차 등에 관하여 필요한 사항은 보건복지부령으로 정한다.

핵심문제 다음 중 위생 교육을 실시할 수 있는 단체는?

① 지방 자치 단체　　　　　　② 위생 전문 단체
③ 세탁업자 지역 단체　　　　④ 공중위생 영업자 단체

해설 공중위생 영업자 단체는 위생 교육을 실시할 수 있다.　답 ④

제23조(위생 교육)

① 위생 교육은 3시간으로 한다.
② 위생 교육의 내용은 「공중위생관리법」 및 관련 법규, 소양 교육(친절 및 청결에 관한 사항을 포함한다), 기술 교육, 그밖에 공중위생에 관하여 필요한 내용으로 한다.

③ 위생교육 실시 단체는 교육 교재를 편찬하여 교육 대상자에게 제공하여야 한다.

④ 위생교육 실시 단체의 장은 위생 교육을 수료한 자에게 수료증을 교부하고, 교육 실시 결과를 교육 후 1개월 이내에 시장·군수·구청장에게 통보하여야 하며, 수료증 교부대장 등 교육에 관한 기록을 2년 이상 보관·관리하여야 한다.

(핵심문제) **다음 중 세탁업과 관련한 위생 교육에 대한 설명 중 틀린 것은?**

① 위생 교육의 내용은 「공중위생관리법」 및 관련 법규, 소양 교육, 기술 교육, 그밖에 공중위생에 관하여 필요한 내용으로 한다.

② 위생 교육은 매년 3시간으로 한다.

③ 위생 교육을 실시하는 단체는 보건복지부 장관이 고시한다.

④ 위생 교육을 받은 자가 위생 교육을 받은 날부터 2년 이내에 위생 교육을 받은 업종과 같은 업종의 영업을 할 경우에는 해당 영업에 대한 위생 교육을 다시 받아야 한다.

(해설) 위생 교육을 받은 날로부터 1년 이내에 같은 업종을 할 경우는 위생 교육을 받지 않아도 된다.　　　　　答 ④

(핵심문제) **위생교육 실시 단체의 장은 위생교육 수료증 교부대장 등 교육에 대한 기록은 몇 년 이상 보관, 관리하여야 하는가?**

① 1년 이상　　　　② 2년 이상　　　　③ 3년 이상　　　　④ 4년 이상

(해설) 위생 교육의 기록은 2년 이상 보관·관리해야 한다.　　　　　答 ②

(핵심문제) **공중위생 영업자의 매년 위생교육 시간은? (단위: 시간)**

① 2　　　　② 3　　　　③ 6　　　　④ 8

(해설) 위생교육 시간은 매년(1년)에 3시간이다.　　　　　答 ②

(핵심문제) **대통령령이 정하는 바에 의거하여 관계 전문기관 등에 그 업무의 일부를 위탁할 수 있는 자는?**

① 구청장　　　　　　　　② 군수

③ 시장　　　　　　　　④ 보건복지가족부 장관

(해설) 보건복지부 장관은 대통령령이 정하는 바에 따라 관계 전문기관 등에 그 업무의 일부를 위탁할 수 있다.　　　　　答 ④

제20조(벌칙)

① 1년 이하의 징역 또는 1천만 원 이하의 벌금에 처한다.

  1. 신고를 하지 아니한 자

  2. 영업정지 명령 또는 일부 시설의 사용중지 명령을 받고도 그 기간 중에 영업을 하거나 그 시설을 사용한 자 또는 영업소 폐쇄 명령을 받고도 계속하여 영업을 한 자

(핵심문제) **공중위생 영업을 하고자 하는 자가 신고를 하지 아니한 경우에 해당되는 벌칙은?**

  ① 3년 이하의 징역 또는 1천만 원 이하의 벌금

  ② 1년 이하의 징역 또는 1천만 원 이하의 벌금

  ③ 6개월 이하의 징역 또는 500만 원 이하의 벌금

  ④ 6개월 이하의 징역 또는 100만 원 이하의 벌금

(해설) 공중위생 영업을 하고자 하는 자가 시장, 군수, 구청장에게 신고를 하지 않은 경우에는 1년 이하의 징역 또는 1천만 원 이하의 벌금의 벌칙이다.　　답 ②

---

② 6월 이하의 징역 또는 500만 원 이하의 벌금에 처한다.

  1. 변경 신고를 하지 아니한 자

  2. 공중위생 영업자의 지위를 승계한 자로서 1개월 이내에 신고를 하지 아니한 자

  3. 건전한 영업질서를 위하여 공중위생 영업자가 준수하여야 할 사항을 준수하지 아니한 자

제22조(과태료)

① 다음의 경우는 300만 원 이하의 과태료에 처한다.

  1. 공중위생 영업의 승계를 위반하여 폐업 신고를 하지 아니한 자

  2. 개선 명령에 위반한 자

② 다음의 경우는 200만 원 이하의 과태료에 처한다.

  1. 세탁업소의 위생관리 의무를 지키지 아니한 자

  2. 위생 교육을 받지 아니한 자

제23조(과태료의 부과 · 징수 절차)

① 과태료는 대통령령이 정하는 바에 의하여 시장 · 군수 · 구청장이 부과 · 징수한다.

② 과태료 처분에 불복이 있는 자는 그 처분의 고지를 받은 날부터 30일 이내에 처분 권자에게 이의를 제기할 수 있다.

③ 기간 내에 이의를 제기하지 아니하고 과태료를 납부하지 아니한 때에는 지방세 체 납 처분의 예에 의하여 이를 징수한다.

> **핵심문제** 대통령령이 정하는 바에 의하여 과태료를 부과 · 징수하는 권한이 없는 자는?
>
> ① 구청장　　　　② 군수　　　　③ 시장　　　　④ 도지사
>
> **해설** 과태료는 대통령령이 정하는 바에 의해서 시장, 군수, 구청장이 과태료를 부과, 징수 할 수 있다.　　　　**답** ④

시행령 제7조의 3(과징금의 부과 및 납부)

① 통지를 받은 자는 통지를 받은 날부터 20일 이내에 과징금을 시장 · 군수 · 구청장 이 정하는 수납 기관에 납부하여야 한다.

② 제1항의 규정에 따라 과징금의 납부를 받은 수납 기관은 영수증을 납부자에게 교 부하여야 한다.

③ 과징금의 수납 기관은 과징금을 수납한 때에는 지체 없이 그 사실을 시장 · 군수 · 구청장에게 통보하여야 한다.

④ 과징금은 이를 분할하여 납부할 수 없다.

⑤ 과징금의 징수 절차는 보건복지부령으로 정한다.

⑥ 영업정지 1월은 30일로 계산한다.

> **핵심문제** 공중위생관리법의 시행령 기준 과징금 산정 기준 중 영업정지 1월의 기준일로 옳은 것은?
>
> ① 28일　　　　② 29일　　　　③ 30일　　　　④ 31일
>
> **해설** 영업정지 1개월의 기준일은 30일로 한다.　　　　**답** ③

> (핵심문제) 공중위생 영업자에 대한 과징금 징수 절차는 무엇으로 정하는가?
>
> ① 대통령령   ② 국무총리령   ③ 보건복지부령   ④ 행정안전부령
>
> (해설) 과징금
> ① 행정법상 의무 위반에 대한 제제로서 금전적 부담.
> ② 과징금의 징수 절차는 보건복지부령으로 정한다.   답 ③

18 과태료의 부과 기준

(1) 일반 기준

시장, 군수, 구청장은 위반 행위의 정도, 위반 횟수, 위반 행위의 동기와 그 결과 등을 고려하여 그 해당 금액의 2분의 1 범위에서 경감하거나 가중할 수 있다.

(2) 개별 기준

	위반 행위	과태료
1	폐업 신고를 하지 아니한 자	30만 원
2	세탁업소의 위생관리 의무를 지키지 아니한 자	30만 원
3	보고를 하지 아니하거나 관계 공무원의 출입, 검사, 기타 조치를 거부, 방해 또는 기피한 자	100만 원
4	개선 명령에 위반한 자	100만 원
5	위생 교육을 받지 아니한 자	20만 원

> (핵심문제) 세탁업을 하는 자가 세제를 사용함에 있어서 국민 건강에 유해한 물질이 발생하지 아니하도록 기계 및 설비를 안전하게 관리함을 위반하여 부과되는 과태료의 기준 금액은?
>
> ① 30만 원   ② 50만 원
> ③ 70만 원   ④ 100만 원
>
> (해설) 세제를 사용하여 국민의 건강에 유해한 물질을 발생하게 한 경우 과태료는 30만 원 이하이다.   답 ①

> (핵심문제) 공중위생관리상 필요하다고 인정하는 때에 관계 공무원의 출입, 검사, 기타 조치를 거부, 방해 또는 기피한 자에게 부과되는 과태료 기준 금액은?
>
> ① 30만 원 　　　　　② 50만 원
> ③ 70만 원 　　　　　④ 100만 원
>
> (해설) ① 과태료 : 행정상의 금전적 벌금
> 　　　② 관계 공무원의 출입 · 검사 등을 거부 또는 방해하는 자의 과태료 : 100만 원　답 ④

(3) 행정처분 기준

	위반 사항	행정처분 기준			
		1차 위반	2차 위반	3차 위반	4차 위반
1	위생 교육을 받지 않은 경우	경고	영업정지 5일	영업정지 10일	영업장 폐쇄 명령
2	드라이크리닝용 세탁기의 유기용제 누출 및 세탁물에 사용된 세제. 유기 용제 또는 얼룩제거 약제가 남거나, 좀이나 곰팡이 등이 생성된 때	경고	영업정지 5일	영업정지 10일	영업장 폐쇄 명령
3	세제를 사용하는 세탁용 기계의 안전관리를 위하여 밀폐형이나 용제 회수기가 부착된 세탁용 기계 또는 회수 건조기가 부착된 세탁용 기계를 사용하지 아니한 때	개선 명령	영업정지 5일	영업정지 10일	영업장 폐쇄 명령
4	시, 도지사 또는 시장, 군수, 구청장의 개선 명령을 이행하지 아니한 때	경고	영업정지 10일	영업정지 1월	영업장 폐쇄 명령
5	영업자의 지위를 승계한 후 1월 이내에 신고하지 아니한 때	개선 명령	영업정지 10일	영업정지 1월	영업장 폐쇄 명령
6	신고를 하지 아니하고 영업소의 명칭 및 상호 또는 영업장 면적의 3분의 1 이상 변경한 때	경고 또는 개선 명령	영업정지 15일	영업정지 1월	영업장 폐쇄 명령
7	시설 및 설비 기준을 위반한 때	개선 명령	영업정지 15일	영업정지 1월	영업장 폐쇄 명령
8	시, 도지사 또는 시장, 군수, 구청장이 하도록 한 필요한 보고를 하지 아니하거나 거짓으로 보고한 때 또한 관계 공무원의 출입, 검사를 거부, 기피하거나 방해한 때	영업정지 10일	영업정지 20일	영업정지 1월	영업장 폐쇄 명령
9	신고를 하지 아니하고 영업소의 소재지를 변경한 때	영업장 폐쇄 명령			
10	영업정지 처분을 받고 그 영업정지 기간 중 영업을 한 때	영업장 폐쇄 명령			

(핵심문제) **세탁업자가 1차 위반 시 행정처분 기준이 경고가 아닌 것은?**

① 공중위생업자가 준수하여야 하는 위생관리 기준 등을 위반한 때

② 시·도지사 또는 시장·군수·구청장의 개선 명령을 이행하지 아니한 때

③ 관계 공무원의 출입·검사를 거부 또는 기피하거나 방해한 때

④ 위생 교육을 받지 아니한 때

(해설) ① 관계 공무원의 출입, 검사를 거부, 기피하거나 방해한 때는 1차 영업정지 10일

② 위생관리 기준 등을 위반 : 드라이크리닝용 세탁기의 유기용제 누출 등　　　답 ③

(핵심문제) **드라이클리닝용 세탁기의 유기용제 누출 및 세탁물이 사용된 세제, 유기 용제가 남아 있을 때의 행정처분 기준으로 옳은 것은?**

① 1차 위반–경고

② 2차 위반–영업정지 10일

③ 3차 위반–영업정지 30일

④ 4차 위반–영업정지 1년

(해설) 세탁물에 사용된 세제 및 유기 용제 또는 드라이크리닝의 유기 용제가 유출되는 경우

2차 위반 : 영업정지 5일, 3차 위반 : 영업정지 10일, 4차 위반 : 영업장 폐쇄　　답 ①

(핵심문제) **세탁업자가 위생 교육을 받지 아니한 때의 1차 행정처분 기준은?**

① 경고　　　　　　　　　　② 영업정지 5일

③ 영업정지 10일　　　　　　④ 영업장 폐쇄 명령

(해설) 위생교육을 받지 않은 경우　　　　　　　　　　　　답 ①

1차	2차	3차	4차
경고	영업정지 5일	영업정지 10일	폐쇄 명령

(핵심문제) **세탁업의 경우 신고를 하지 아니하고 영업소의 소재지를 변경한 때 1차 위반의 경우에 대한 행정처분 기준은?**

① 개선 명령　　　　　　　　② 영업정지 15일

③ 영업정지 2월　　　　　　　④ 영업장 폐쇄 명령

(해설) 신고하지 않고 영업소의 소재지를 변경한 경우와 영업정지 처분을 받고 그 영업정지 기간 중 영업을 한 경우 1차 위반 시 영업장 폐쇄 명령이다.　　　　答 ④

해설과 함께 풀어보기

제1회 해설과 함께 풀어보기

자격종목	문제 수	수험번호	성명
세탁기능사	60문제		

▶ 본【해설과 함께 풀어보기】는 과년도 출제문제 중에서 출제빈도가 높은 문제만을 엄선하여 자세한 해설을 추가하여 재구성하였음을 밝혀 둡니다.

1. 보일러의 부피를 일정하게 유지하고 증기의 온도를 상승시켰을 때 압력은?

① 일정하다.　　　② 감소한다.
③ 상승한다.　　　④ 압력과 관계없다.

해설 보일러에서 증기의 부피를 일정하게 하고 온도를 상승시켰을 때 압력은 상승한다.

2. 다음 중 기술진단 포인트가 아닌 것은?

① 마모　　　② 변형
③ 얼룩　　　④ 수량

해설 ① 기술 진단: 변형, 마모, 곰팡이, 얼룩, 가공표시
　② 사무 진단: 물품의 종류, 수량, 색상, 부속품의 유무, 장식 단추

3. 보일러 수증기의 온도를 약 120℃로 하기 위한 보일러의 압력은 몇 kg/cm²이 되어야 하는가?

① 1kg/cm²　　　② 2kg/cm²
③ 3kg/cm²　　　④ 3.5kg/cm²

해설 온도가 119.6℃(약 120℃)인 경우 압력은 2kg/cm²이다.

4. 다음 중 재오염률 계산식으로 옳은 것은?

① 재오염률(%) = $\dfrac{\text{원포 반사율} - \text{세정 후 반사율}}{\text{원포 반사율}} \times 100$

② 재오염률(%) = $\dfrac{\text{세정 후 반사율} - \text{원포 반사율}}{\text{원포 반사율}} \times 100$

③ 재오염률(%) = $\dfrac{\text{세정 후 반사율} - \text{원포 반사율}}{\text{세정 후 반사율}} \times 100$

④ 재오염률(%) = $\dfrac{\text{원포 반사율} - \text{세정 후 반사율}}{\text{세정 후 반사율}} \times 100$

해설 ① 재오염률(%) = $\dfrac{\text{원포 반사율} - \text{세정 후 반사율}}{\text{원포 반사율}} \times 100$
　② 3% 이내: 양호, 5% 이상: 불량

5. 다음 중 재오염 방지 효과가 있어 용제와 함께 첨가시키는 물질은?

① 벤젠　　　② 알코올
③ 소프　　　④ 클로로포름

해설 ① 소프: 비누
　② 드라이클리닝에서 용제에 소프(비누+물)를 섞어 수용성 오염을 제거하고 재오염 방지를 위해 사용한다.

6. 세정 후 반사율 15%이고, 오염포 반사율 14%이며, 원포 반사율이 20%일 때, 세정률은 약 몇 %인가?

① 5.8%　　　② 16.7%
③ 25.6%　　　④ 35.2%

정답 　1. ③　　2. ④　　3. ②　　4. ①　　5. ③　　6. ②

[해설] 세정률(%) = $\dfrac{\text{세정 후 반사율} - \text{오염포 반사율}}{\text{원포 반사율} - \text{오염포 반사율}}$

$$= \dfrac{15-14}{20-14} \times 100$$

$$= \dfrac{1}{6} \times 100 = 16.67\%$$

7. 청정제의 설명 중 틀린 것은?

① 여과제는 불순물이나 고형 입자를 필터에 부착시켜 여과해 제거하기 위하여 사용한다.

② 탈산제는 용제 중에 용해된 불순물이나 유지 등이 분해하여 발생하는 지방산 같은 유성 오염물을 제거하기 위하여 사용한다.

③ 활성 백토는 색소·수분·불순물의 흡착력이 크고, 증류에 가까운 효과를 나타낸다.

④ 규조토는 흡착력이 우수하나 여과력은 없다.

[해설] 규조토는 여과력이 우수하나 흡착력은 없다.

8. 다음 섬유 중 일반적으로 오염 제거가 제일 까다로운 것은?

① 폴리에스테르　　　② 마
③ 아세테이트　　　　④ 실크

[해설] 오염 제거가 잘되는 순서(세정률이 높은 순서): 양모 - 나이론 - 비닐론 - 아세테이트 - 면 - 레이온 - 마 - 견(실크)

9. 불연성으로 상압에서 증류되고 독성이 강하여, 용제의 안전성이 낮으므로, 열분해하여 기계의 부식이나 의류에 손상을 일으킬 수 있는 드라이클리닝 용제는?

① 석유계 용제　　　② 사염화탄소
③ 퍼클로로에틸렌　　④ 불소계 용제

[해설] 퍼클로로에틸렌 용제의 특징

① 상압으로 증류할 수 있다.
② 비중이 크므로 세정 시간이 짧다.
③ 독성이 강하다.
④ 비중이 커 섬세한 한복 의류는 상하기 쉽다.
⑤ 기계의 부식을 일으킨다.

10. 비누의 특성을 설명한 내용 중 틀린 것은?

① 세탁 효과가 우수하나 산성 용액에서 사용할 수 없다.
② 거품이 잘 생기고 헹굴 때는 거품이 사라진다.
③ 세탁한 직물의 촉감이 우수하다.
④ 가수 분해되어 유리 지방산을 생성하고 산성을 나타낸다.

[해설] 비누: 지방(폐유, 동식물의 기름) + 잿물 → 알칼리성, 비누

11. 섬유 자체의 성능이 저하된 경우에 실시하는 재가공법인 것은?

① 위생 가공　　　　② 대전 방지 가공
③ 방충 가공　　　　④ 풀먹임 가공

[해설] 섬유 자체의 성능이 저하된 경우에는 풀먹임(푸새) 가공을 한다.

12. 오점이 잘 제거되는 섬유부터 순서를 옳게 나열한 것은?

① 아세테이트 - 비닐론 - 양모 - 나일론
② 면 - 나일론 - 양모 - 비단
③ 양모 - 나일론 - 비닐론 - 아세테이트
④ 비닐론 - 아세테이트 - 양모 - 나일론

[해설] ① 오점이 잘 제거되는 순서
양모 - 나일론 - 비닐론 - 아세테이트 - 면 - 레이온 - 마 - 견(실크)

[정답] 7. ④　8. ④　9. ③　10. ④　11. ④　12. ③

② 오염이 잘 되는 순서

레이온–마직물–아세테이트–면–비닐론–실크(견)–나일론–양모

13. 흡착제의 종류에 따른 기능을 설명한 내용 중 틀린 것은?

① 알루미나 겔은 탄산과 탈취에 뛰어나다.
② 활성 백토는 탈색 작용이 뛰어나다.
③ 경질토는 탈수에 뛰어나다.
④ 산성 백토는 탈색에 뛰어나다.

[해설] 경질토는 흡착제이면서 탈산, 탈취력이 있다.

14. 다음 보일러에 관한 설명 중 틀린 것은?

① 보일러는 온수 보일러와 증기 보일러가 있고, 클리닝에서는 주로 증기 보일러가 사용된다.
② 증기를 가압하더라도 100℃ 이상의 고온을 얻을 수 없다.
③ 보일러의 보전은 고장이나 손상을 막고 오래 유지하기 위해서다.
④ 일반적으로 연료의 연소에 의해 대기 오염물질이 생긴다.

[해설] 증기를 가압하면 100℃ 이상의 온도를 얻을 수 있다.

15. 다음 중 우리나라에서 기계세탁용 용제로 가장 많이 사용되는 것은?

① 퍼클로로에틸렌
② 석유계 용제
③ 1,1,1–트리클로로에탄
④ 불소계 용제

[해설] 석유계 용제는 다른 용제에 비하여 값이 싸고 용해력이 좋은 편이라 가장 많이 사용되고 있다.

16. 계면 활성제의 성질 중 틀린 것은?

① 물과 공기 등에 흡착하여 경계면에 계면 장력을 저하시킨다.
② 한 개의 분자 내에 친유성기만 갖는다.
③ 습윤 · 침투 · 흡착 · 분산 · 보호 · 기포 등의 작용을 한다.
④ 분자가 모여서 미셀을 형성한다.

[해설] 한 개의 분자 내에 친유성(소수성)과 친수성이 있다.

17. 클리닝의 공정 중 론드리는 고온 · 중온 · 저온으로 분류하고, 웨트클리닝은 기계세탁과 손세탁으로 분류하는 것?

① 대분류　　　　② 세분류
③ 증분류　　　　④ 세세분류

[해설] ① 대분류–론드리, 드라이클리닝, 웨트클리닝으로 분류하는 것
② 세분류
　ⓐ 론드리에서는 고온, 중온, 저온으로 분류하는 것
　ⓑ 웨트클리닝에서는 기계세탁, 손세탁으로 분류하는 것

18. 다음 중 전분 풀감에 해당하는 것은?

① P.V.A　　　　② 콘스타치
③ 젤라틴　　　　④ C.M.C

[해설] ① 콘스타치–옥수수 가루(전분)
② 푸새 가공(풀먹임)
　ⓐ 면, 마–콘스타치
　ⓑ 합성수지–P.V.A 또는 C.M.C

---

19. 다음 중 수용성 오염이 아닌 것은?

① 땀 ② 과즙
③ 매직잉크 ④ 배설물

해설 매직잉크: 유용성 오점

20. 클리닝 공정에서 제일 먼저 해야 할 일은?

① 점검 ② 대분류
③ 얼룩 빼기 ④ 포켓 청소

해설 접수 점검−마킹−대분류(세탁 방법의 분류)−포켓 청소−세정(세분류)−얼룩 빼기−최종 점검

21. 론드리에서 백색 의류에 형광 염료가 떨어졌다. 어떤 공정에 해당하는 사고인가?

① 본빨래 중에 의한 것
② 산욕 처리에 의한 것
③ 건조 처리 중에 의한 것
④ 헹굼 과정에 의한 것

해설 본빨래에서 알칼리제로 고온 세탁을 계속하면 형광 염료가 빠져나간다.

22. 합성 직물로 된 폴리에스테르 의복을 세탁하였더니 정전기가 심하게 일어난다. 이를 개선하기 위해서는 어떤 가공을 하여야 하는가?

① 풀먹임 가공 ② 대전 방지 가공
③ 방수 가공 ④ 발수 가공

해설 정전기 발생 방지법은 대전 방지 가공이다.

23. 론드리와 가정 세탁을 비교해 볼 때, 론드리의 특성이 아닌 것은?

① 고온과 고압이 사용되므로 끝마무리가 좋다.
② 세제와 물이 많이 든다.
③ 표백이나 풀먹임이 효과적이고 용이하다.
④ 마무리에는 상당한 시간과 기술이 필요하다.

해설 론드리에서는 세탁물을 물에 침지하여 헹구는 방식이므로 가정용 세탁기에 비하여 세제와 물의 절약 효과가 크다.

24. 다음 중 얼룩 빼기가 가장 어려운 것은?

① 커피 ② 구두약
③ 황변 얼룩 ④ 수성 페인트

해설 황변 얼룩
① 섬유가 일광, 약품 등에 의해 누렇게 변하는 현상
② 수용성 얼룩이 물에서 장시간 방치되어 산화된 것
③ 양모, 견, 나일론 등에서 많이 볼 수 있다.
④ 얼룩 제거가 가장 어렵다.

25. 드라이클리닝 용제로 인한 피해가 우려되는 제품이 아닌 것은?

① 염화비닐 합성피혁
② 수지안료 가공 제품
③ 고무를 입힌 제품
④ 아세테이트 제품

해설 아세테이트
① 면 린터＋펄프＋초산
② 물세탁에서는 광택을 잃기 쉬우므로 드라이클리닝을 원칙으로 한다.

26. 다음 중 스탬프잉크의 오점을 가장 빠르게 제거할 수 있는 약품은?

① 로드유 ② 벤젠
③ 유성 소프 ④ 시너

정답 19. ③ 20. ① 21. ① 22. ② 23. ② 24. ③ 25. ④ 26. ①

해설 로드유
① 식물성 기름＋유산에 가성 소다로 중화시킨 것
② 잉크 오점 제거에 사용

27. 의복의 기능과 관계가 가장 먼 것은?

① 위생상의 성능
② 상품상의 성능
③ 관리적 성능
④ 감각적 성능

해설 의복의 기능: 위생적, 실용적, 관리적, 감각적

28. 다음 중 다림질 작업 시의 주의점으로 틀린 것은?

① 보일러의 물을 자주 교체하여 다리미에서 녹물이 나오지 않도록 한다.
② 진한 색상의 의복은 섬유 소재에 관계없이 천을 덮고서 다린다.
③ 편성물은 인체 프레스기를 사용하면 회복 불가 정도로 늘어진다.
④ 섬유의 적정 온도보다 다리미 온도가 낮으면 황변이 일어날 수 있다.

해설 ① 섬유의 적정 온도보다 다리미 온도가 높으면 황변이 일어날 수 있다.
② 편성물: 뜨개질한 옷(니트)
③ 인체 프레스기: 상의용 마무리 기계

29. 다음 중 얼룩 빼기를 하기에 적절치 않은 경우는?

① 옷 전체를 세탁할 필요 없는 부분 얼룩이 있을 때
② 세탁 시에 다른 부분으로 번질 우려가 있는 얼룩이 있을 때
③ 특이한 얼룩은 없고 옷에서 음식 냄새가 날 때
④ 세탁을 하여도 제거되지 않은 얼룩이 있을 때

해설 음식 냄새는 얼룩 빼기와 관계가 없다.

30. 드라이클리닝의 기술적 효과로서의 세탁 작용 과정 순서가 옳게 나열된 것은?

① 침투 작용 → 흡착 작용 → 분산 작용 → 유화, 현탁 작용
② 침투 작용 → 흡착 작용 → 유화, 현탁 작용 → 분산 작용
③ 흡착 작용 → 침투 작용 → 유화, 현탁 작용 → 분산 작용
④ 침투 작용 → 분산 작용 → 흡착 작용 → 유화, 현탁 작용

해설 습윤－침투－흡착－분산－유화－현탁

31. 론드리에 관한 설명 중 틀린 것은?

① 모직물이나 견직물로 된 백색 세탁물의 백도를 회복하기 위한 세탁이다.
② 와셔는 원통형이므로 물품이 상하지 않는다.
③ 주로 비누를 사용하므로 공해가 적다.
④ 와셔 내부 드럼의 회전 속도는 세탁 효과에 크게 영향을 미친다.

해설 ① 모직물이나 견직물은 론드리(물세탁)를 하면 직물이 수축되므로 드라이클리닝 세탁을 한다.
② 론드리는 면, 마직물 같은 백색 세탁물의 백도를 회복하기 위한 고온 세탁이다.

32. 드라이클리닝을 하기 전의 전처리 공정을 설명할 것 중 틀린 것은?

정답 27. ②　28. ④　29. ③　30. ①　31. ①　32. ④

① 브러싱 액을 묻힌 브러시로 얼룩 있는 곳을 두드려서 더러움을 분산시키는 법을 브러싱법이라 한다.

② 세정에서 제거하기 어려운 오점이 쉽게 제거되도록 세정 전에 하는 처리 과정이다.

③ 풀리게 하거나 뜨게 한 후, 와셔에 넣어서 오점을 제거하는 방법, 더러운 곳에 처리액을 뿌려서 오점을 제거하는 방법을 스프레이법이라 한다.

④ 수용성 오점은 전처리를 하지 않는 그대로 넣어도 오점 제거가 된다.

해설 ① 드라이크리닝 공정: 전처리 – 세정 공정 – 탈액과 건조

② 전처리 공정: 더러움이 심한 오점이나 수용성 오점을 브러싱법이나 스프레이법으로 처리하는 방식

③ 수용성 오점은 전처리 과정에서 오점 제거를 하는 것이 바람직하다.

33. 알칼리 세탁으로 탈색의 위험이 가장 높은 섬유는?

① 견   ② 폴리에스테르
③ 아크릴   ④ 마

해설 견(비단, 실크, 명주)은 알칼리에 탈색의 위험이 있다.

34. 다음의 세탁기호 설명이 옳은 것은?

① 산소계 표백제로 표백할 수 있음
② 산소계 표백제로 표백할 수 없음
③ 염소계 표백제로 표백할 수 있음

④ 염소, 산소계 표백제로 표백할 수 없음

해설

35. 한 가닥 또는 여러 가닥의 실로 고리 모양의 편환(loop)을 만들어 이것을 상하와 좌우로 얽어서 만든 천은?

① 직물   ② 편성물
③ 조물   ④ 레이스

해설 편성물(뜨개질; 니트): 실로 코(고리)를 만들어 연결하여 짠 피륙

36. 다음 중 머서화 면의 특성에 대한 설명으로 틀린 것은?

① 강력이 증가한다.
② 흡습성이 증가한다.
③ 비단 광택이 생긴다.
④ 엉킴성이 증가한다.

해설 머서화 면(실켓)
① 진한 알칼리로 처리한 면사로서 광택이 증가된다.
② 특성
ⓐ 광택의 향상 ⓑ 흡수성 및 염색성 향상
ⓒ 강력 ⓓ 형태의 안정화

37. 다음 중 수분을 흡수할 때, 가장 강도 저하가 심한 것은?

① 양모   ② 레이온
③ 나일론   ④ 면

해설 레이온은 물을 흡수하면 강도가 저하된다.

38. 폴리에스테르 섬유의 성질 설명으로 옳은

정답 33. ①   34. ①   35. ②   36. ④   37. ②   38. ①

것은?

① 내구성이 아크릴보다는 좋고 나일론보다는 좋지 않다.
② 신장 회복률이 좋아서 주름이 잘 발생한다.
③ 흡습성이 커서 세탁을 하면 쉽게 잘 줄어든다.
④ 대부분의 염료에 의해 쉽게 염색이 잘된다.

해설 ① 내구성: 나일론>폴리에스테르>아크릴
② 3대 섬유: 나일론, 폴리에스테르, 아크릴
③ 폴리에스테르 섬유 특성
　ⓐ 염색성이 나쁘다(분산염료 사용).
　ⓑ 흡수성이 크지 않다.
　ⓒ 신장 회복률이 좋아 주름이 잘 가지 않는다.

39. 다음 중 부직포의 특징에 해당하는 것은?

① 세탁 수축률이 크고 형태 안정성이 작다
② 방향성이 없고 값이 고가이다.
③ 탄력성이 불량하나 구김 회복성은 우수하다.
④ 절단된 가장자리가 잘 풀리지 않는다.

해설 ① 부직포는 섬유에 접착제로 칠하고 섬유를 압착하여 만든 피륙
② 부직포의 특성
　ⓐ 부직포는 접착제를 이용하여 만들었으므로 절단된 가장자리는 잘 풀리지 않는다.
　ⓑ 수축률이 작고 형태 안정성이 크다.
　ⓒ 방향성이 없고 저가이다.
　ⓓ 탄력성이 양호하고 구김 회복이 우수하다.

40. 견(silk) 섬유에 대한 설명 중 틀린 것은?

① 동물성 섬유이다.
② 염소계 표백제로 표현한다.
③ 알칼리성 비누는 광택을 나쁘게 한다.

④ 단면이 삼각형이어서 광택이 우수하다.

해설 ① 염소계 표백제 종류
　ⓐ 차아염소산 나트륨 ⓑ 아염소산 나트륨
② 염소계 표백제를 견섬유에 사용하면 섬유가 손상되고 황변의 우려가 있으므로 사용하지 않는다.

41. 의복에 아름다운 실루엣(silhouette)을 부여하는 한편, 착용 또는 세탁 등에 의하여 형태가 변형되는 것을 방지해 주는 부속 재료는?

① 파스너　　　　② 안감
③ 재봉실　　　　④ 심지

해설 심지: 의복에서 안감, 주머니, 칼라, 파스너 등과 직물 사이에 삽입되는 것으로 의복 형태의 변형을 방지하여 실루엣을 유지하게 한다.

42. 침구류 및 장식품에 대한 설명 중 틀린 것은?

① 침구류라고 하면 요·이불·베개·모포·침대 등을 말한다.
② 침구류는 인체와 직접 접촉되는 것이기 때문에 대부분 드라이클리닝을 하여야 위생적인 생활을 할 수 있다.
③ 커튼·응접세트·커버·테이블보 및 각종 수예품 등을 실내 장식품이라고 한다.
④ 견직물로 된 침구류는 드라이클리닝을 하여야 한다.

해설 침구류도 직물의 재질에 따라 론드리, 드라이클리닝, 웨트클리닝으로 정한다.

43. 다음 섬유 중 나일론 섬유가 아닌 것은?

정답 39. ④　40. ②　41. ④　42. ②　43. ③

① 노멕스   ② 케블라
③ 스판덱스   ④ 쿠아나

해설 ① 스판덱스(폴리우레탄): 고무와 같은 신축성 있는 합성 섬유
② 나일론(폴리아미드) 섬유
    ⓐ 쿠아나: 촉감과 외관이 실크와 비슷한 섬유
    ⓑ 케블라: 방탄조끼로 사용하는 섬유
    ⓒ 노멕스: 열에 강하게 만들어 소방복으로 사용하는 섬유

44. 각 섬유의 연소 시에 발생되는 냄새 설명으로 틀린 것은?

① 견: 모발 태우는 냄새가 난다.
② 면·마: 종이 태우는 냄새가 난다.
③ 양모: 약간 특수한 악취가 난다.
④ 글라스 섬유: 냄새가 없다.

해설 ① 면·마 — 종이 타는 냄새
② 견 — 모발 타는 냄새. 빨리 탄다.
③ 양모 — 모발 타는 냄새. 서서히 탄다.
④ 나일론 — 독특한 악취가 난다.
⑤ 글라스(유리) 섬유 — 냄새가 없다.

45. 비에 젖지 않는 의복을 만들려고 할 때, 원단은 어떤 시험을 필수로 해야 하는가?

① 염색견뢰도 시험   ② 수축률 시험
③ 발수도 시험   ④ 방염성 시험

해설 ① 염색 견뢰도: 염색된 염료가 일광 및 세탁에 견디는 정도
② 방염: 불에 잘 타지 않도록 하는 것
③ 발수도: 물이 스며들지 않고 통기성은 유지

46. 밀도는 가장 높게 할 수 있으나 마찰에 약

한 조직은?

① 평직   ② 능직
③ 주자직   ④ 편직

해설  평직
① 경사와 위사를 1올씩 교차
② 종류: 광목, 옥양목, 포플린

사문직 능직(사문직)
① 3올 이상으로 만들어진다.
② 종류: 개버딘, 데님, 서지

수자직 수자직(주자직)
① 5올 이상으로 만들어진다.
② 주자직은 마찰에 가장 약하다.

47. 다음 중 모피(毛皮)의 가치를 결정짓는 가장 중요한 요인이 되는 것은?

① 면모의 밀도   ② 강모의 강도
③ 조모의 길이   ④ 조모의 색채

해설 모피
① 털이 붙어 있는 동물의 가죽(밍크, 붉은여우, 수달, 족제비, 너구리 등)
② 모피 털의 종류
    ⓐ 강모: 빳빳한 털(동물의 수염 또는 눈꺼풀 주위의 털)
    ⓑ 조모: 짧고 빳빳한 털(몸 전체의 긴 털)
    ⓒ 면모: 가늘고 곱슬곱슬한 털(조모 사이에 있는 짧은 털)
③ 모피의 가치는 면모의 밀도로 결정된다.

48. 웨트클리닝에 해당되지 않은 것은?

① 손빨래   ② 솔빨래
③ 기계빨래   ④ 애벌빨래

해설 웨트클리닝은 드라이클리닝을 할 수 없어 수작업을 하는 경우로 손빨래, 솔빨래, 기계빨래 등이 있다.

정답   44. ③   45. ③   46. ③   47. ①   48. ④

49. 다음 마크의 뜻은?

① 100% 견제품
② 100% 양모 제품
③ 100% 면제품
④ 100% 나일론 제품

해설 섬유제

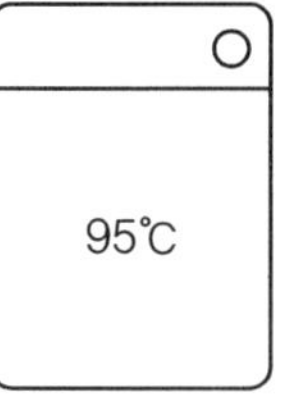 코튼 마크	WOOL MARK 울 마크	WOOL MARK BLLND 울마크 블랜드	실크 마크
순면	순모	모 혼방	견 100%

50. 다음 중 양모 섬유에 가장 많이 사용되는 염료는?

① 집적 염료　　② 배트 염료
③ 산성 염료　　④ 분산 염료

해설 ① 양모 섬유의 염료: ⓐ 산성 염료 ⓑ 염기성 염료 ⓒ 직접 염료 ⓓ 산성 매염 염료
② 가장 많이 사용되는 염료는 산성 염료이다.

51. 직물의 수축을 방지하기 위하여 제직 후 수축분을 미리 수축시키는 가공법은?

① 방축 가공　　② 방오 가공
③ 방추 가공　　④ 방수 가공

해설 ① 방축 가공: 의류가 줄어드는 것을 고려하여 섬유를 미리 줄여 주는 것
② 방추 가공: 식물성 섬유(면, 마, 레이온)가 구겨지는 것을 방지하기 위해 섬유 표면에 수지 처리하는 것

52. 다음 기호의 설명으로 틀린 것은?

① 물의 온도 95℃를 표준으로 세탁할 수 있다.
② 세탁기를 사용해 세탁할 수 있다.
③ 손으로 빠는 것도 가능하다.
④ 세제의 종류에 제한을 받는다.

해설 세제의 종류에 제한을 받지 않는다.

53. 무명 섬유의 염색에 많이 사용되는 염료는?

① 직접 염료　　② 염기성 염료
③ 매염 염료　　④ 분산 염료

해설 무명 섬유(면섬유)에는 직접 염료가 많이 사용된다.

54. 다음 섬유 중 다림질 온도를 가장 높게 할 수 있는 것은?

① 식물성 섬유　　② 재생 섬유
③ 동물성 섬유　　④ 반합성 섬유

해설 ① 식물성 섬유의 다림질 온도
　마 180~210℃, 면 180~200℃
② 식물성 섬유는 마, 면으로서 다림질 온도가 가장 높다.

55. 일명 모시라고도 하며, 오래 전부터 한복감으로 많이 사용되는 마섬유는?

정답　49. ②　50. ③　51. ①　52. ④　53. ①　54. ①　55. ①

① 저마   ② 대마
③ 황마   ④ 청마

해설 대마(삼베), 저마(모시)

56. 공중위생관리법상 위생 교육을 받아야 하는 자의 위생 교육의 방법·절차, 기타 필요한 사항은 어느 영으로 정하는가?

① 대통령령   ② 보건복지부령
③ 행정자치부령   ④ 노동부령

해설 위생 교육의 방법 및 절차는 보건복지부령으로 정하고 있다.

57. 드라이클리닝용 세탁기의 유기용제 누출 및 세탁물에 사용된 세제나 유기 용제 또는 얼룩제거 약제가 남거나 좀이나 곰팡이 등이 생성된 때 2차 위반 시의 행정처분 기준은?

① 경고   ② 영업정지 5일
③ 개선 명령   ④ 영업장 폐쇄 명령

해설

다음을 위반한 경우	1차 위반	2차 위반	3차 위반	4차 위반
1. 드라이클리닝 세탁기의 유기용제 누출 2. 세탁물에 사용된 세제, 유기 용제, 얼룩제거 약제 등이 남는 경우 3. 좀이나 곰팡이가 생성된 경우	개선 명령	영업 정지 5일	영업 정지 10일	영업장 폐쇄 명령

58. 다음 중 공중위생관리법상 공중위생영업에 속하지 않는 것은?

① 숙박업   ② 이용업
③ 세탁업   ④ 학원사업

해설 공중위생업: 숙박업, 목욕장업, 미용업, 세탁업, 위생관리용 영업

59. 공중위생관리법 시행규칙상 위생 교육은 매년 몇 시간 실시하도록 되어 있는가?

① 8시간   ② 3시간
③ 16시간   ④ 10시간

해설 위생 교육: 매년 3시간

60. 과태료 처분에 불복이 있는 공중위생 영업자는 그 처분의 고지를 받은 날로부터 며칠 이내에 이의를 제기할 수 있는가?

① 30일   ② 40일
③ 50일   ④ 60일

해설 과태료 처분에 대한 이의 제기: 처분 고지를 받은 날로부터 30일 이내에 이의를 제기해야 한다.

정답 56. ②   57. ②   58. ④   59. ②   60. ①

제2회 해설과 함께 풀어보기

수험번호	성명

자격종목	세탁기능사	문제 수 60문제		

1. 보일러 사용 시 불완전 연소에 의하여 발생하는 성분으로 옳은 것은?

① 아황산 가스, 일산화 탄소, 그을음과 분진
② 일산화 탄소, 과산화수소, 그을음과 분진
③ 아황산 가스, 일산화 탄소, 차아염소산 나트륨
④ 아황산 가스, 그을음과 분진, 퍼클로로에틸렌

> **해설** 석유 등이 불완전 연소 시 발생하는 것
> ① 일산화 탄소(인체의 산소공급 능력을 차단)
> ② 아황산 가스: (호흡기 질환 유발)
> ③ 그을음과 분진

2. 다음 중 클리닝 공정 순서가 옳은 것은?

① 접수 점검→마킹→대분류→포켓 청소→세정
② 접수 점검→포켓 청소→대분류→세정→마킹
③ 접수 점검→세정→마킹→대분류→포켓 청소
④ 접수 점검→대분류→마킹→세정→포켓 청소

> **해설** ① 클리닝 공정: 접수 점검－마킹－대분류－포켓 청소－세정－얼룩 빼기－최종 점검
> ② 대분류: 론드리, 드라이클리닝, 웨트클리닝 등으로 분류
> ③ 세정: 고온, 중온, 저온 또는 손빨래, 기계 빨래 등으로 분류

3. 계면 활성제의 세정 작용 중 미셀이 오점을 핵으로 하여 안정화되는 작용은?

① 분산 작용
② 보호 작용
③ 흡착 작용
④ 침투 작용

> **해설** 계면 활성제
> ① 순서
> 습윤 작용－침투 작용－흡착 작용－분산 작용－보호 작용－기포 작용
> ② 보호 작용
> 분산된 오점에 분자가 둘러싸여 미셀이 되어 오점이 천에 재부착되지 않도록 보호한다.

4. 다음 중 기술 진단의 포인트로 틀린 것은?

① 장식 단추
② 얼룩 및 가공표시 확인
③ 형태의 변형 유무
④ 햇빛, 가수, 오점 제거에 의한 변 · 퇴색

> **해설** 장식 단추의 종류, 수량, 색상 파악은 사무 진단이다.

5. 유성 용제가 수분으로 인하여 유화와 분리가 일어날 때 의류에 나타나는 현상과 관계가 없는 것은?

① 재오염
② 의류의 수축
③ 의류의 변형
④ 표백

> **해설** 유기 용제에 수분이 있으면 재오염과 의류의 변형 및 수축이 일어날 수 있다.

정답 1. ① 2. ① 3. ② 4. ① 5. ④

6. 다음 중 과즙의 오점 분류는?

① 유용성 ② 수용성
③ 표백성 ④ 불용성

[해설] 과일즙은 수용성이다.

7. 섬유의 재가공 시 섬유를 부드럽게 하여 착용감을 높이려는 가공 방법은?

① 방추 가공 ② 유연 가공
③ 방오 가공 ④ 표백 가공

[해설] ① 방오 가공: 오염 방지 처리
② 방추 가공: 주름이 가지 않게 수지 처리하는 가공
③ 유연 가공: 섬유를 부드럽게 하여 착용감을 높이는 가공

8. 계면 활성제의 분자 구조는?

① 소수성 부분과 친수성 부분으로 되어 있다.
② 소수성 부분으로만 되어 있다.
③ 친수성 부분으로만 되어 있다.
④ 소수성 부분과 친유성 부분으로 되어 있다.

[해설] 계면 활성제의 분자 구조: 소수성(친유성)과 친수성으로 구분되어 있다.

9. 용제별 드라이클리닝 처리 방법 중 세정의 온도는 20~30℃가 적당하며 35℃ 이상은 화재의 위험이 있어 방폭 설비를 갖추어야 하는 것은?

① 석유계
② 퍼클로로에틸렌
③ 불소계
④ 1,1,1-트리클로로에탄

[해설] 석유계 용제는 폭발 위험이 있으므로 방폭 구조 설비를 해야 한다.

10. 다음 관계식 중 옳은 것은?

① 절대 압력＝게이지 압력－대기압
② 게이지 압력＝절대 압력－대기압
③ 진공 압력＝게이지 압력＋대기압
④ 대기압＝게이지 압력＋진공 압력

[해설] ① 절대 압력＝게이지 압력＋대기압
② 게이지 압력＝절대 압력－대기압
③ 절대 압력
$$= 게이지\ 압력 + 1.033 \times \frac{실제\ 대기압력}{표준\ 대기압력}$$
$$= 게이지\ 압력 + 1$$

11. 다음 중 드라이클리닝의 세정 방법으로 가장 옳은 것은?

① 물과 섞이지 않는 휘발성 유기 용제로 세정한다.
② 휘발성 유기 용제와 이 용제에 세정을 도와주는 세제를 첨가하고, 수용성 오점을 세정하기 위하여 소량의 물을 가한다.
③ 휘발성 유기 용제와 약간의 물을 가한다.
④ 휘발성 유기 용제와 세정액만으로 세정한다.

[해설] 드라이클리닝은 유기 용제로 세정을 하지만 수용성 오점을 제거하고 재오염 부착을 방지하기 위해 유기 용제에 물과 소프를 혼합한다.

12. 각종 섬유들을 오점이 잘 제거되는 것부터 순서대로 나열한 것은?

① 양모→나일론→비닐론→아세테이트→면→레이온→마→견
② 나일론→아세테이트→면→마→견→비닐론→레이온→양모

[정답] 6. ② 7. ② 8. ① 9. ① 10. ② 11. ② 12. ①

③ 마 → 견→레이온→아세테이트 → 비닐
론→나일론→양모→면

④ 비닐론→아세테이트→면→레이온→나일
론→양모→마→견

해설 오염 제거가 잘되는 순서(빨래가 잘되는 순
서): 양모 – 나일론 – 비닐론 – 아세테이트 – 면
– 레이온 – 마 – 견

13. 다음 중 더러움을 제일 많이 타는 섬유는?

① 아세테이트　　　② 면

③ 레이온　　　④ 나일론

해설 오염이 잘 되는 순서(때가 잘 되는 순서)
레이온 – 마 – 아세테이트 – 면 – 비닐론 – 실
크(견) – 나일론 – 양모

14. 세정액의 청정화에 관한 설명 중 틀린 것은?

① 세정액의 청정화 방법에는 여과 방법, 흡착
방법, 증류 방법 등이 있다.

② 세정액의 청정 장치에는 필터, 청정통식,
카트리지식 등이 있다.

③ 카트리지식은 여과지와 흡착제가 별도로
되어 있고 여과면적이 넓고 흡착제의 양이
많아 오래 사용한다.

④ 흡착 방법은 탈취, 탈산 등에 뛰어난 흡착
력이 있는 흡착제를 사용하여, 세정액을 통
과시켜 청정화한다.

해설 ① 여과면적이 넓고, 흡착제의 양이 많아
오래 사용하는 것은 청정통식이다.

② 카트리지식은 겉에 주름 여과지가 있고 속
에는 흡착지가 있으며 흡착지와 용제의 접
촉이 길어 청정 능력이 좋으므로 가장 많이
사용된다.

15. 용제의 재오염을 측정결과 원포 반사율이 45, 세정 후 반사율이 43.5일 때 재오염률은?

① 3.03%　　　② 3.33%

③ 2.25%　　　④ 3.92%

해설 재오염률(%)

$$= \frac{원포\ 반사율 - 세정\ 후\ 반사율}{원포\ 반사율} \times 100$$

$$= \frac{45 - 43.5}{45} \times 100 = 3.33\%$$

※ 3% 이내는 양호, 5% 이상은 불량으로 구
분한다.

16. 세탁 후 비누를 깨끗이 헹구는 방법으로 옳은 것은?

① 세탁 온도와 같은 물로 헹군다.

② 세탁은 뜨거운 물로, 헹굼은 찬물로 한다.

③ 삶은 세탁물을 식히기 위해 찬물로 헹군다.

④ 찬물로 세탁하고, 찬물로 헹군다.

해설 세탁 후 비누를 제거하기 위해서는 세탁
온도와 같은 물로 헹군다.

17. 드라이클리닝 용제 중 불소계 용제의 특성으로 틀린 것은?

① 불연성이고, 독성이 약하다.

② 비점이 낮아 저온 건조가 되며 섬세한 의류
에 적합하다.

③ 용해력이 강해 오점 제거가 충분하다.

④ 매회 증류가 용이하며 용제 관리가 쉽다.

해설 ① 비점: 액체가 끓기 시작하는 온도로서
액체가 기체로 증발하여 기체로 물질 변화
될 때의 온도

② 불소는 용해력이 부족하여 오염 제거가 불
충분하다.

18. 세탁물의 접수점검 시 진단해야 할 사항과 가장 거리가 먼 것은?

① 카운터에서 고객과 함께 진단하고, 처방지에 주의점을 기입한다.
② 얼룩, 변색, 흠, 형태 변화 등과 클리닝의 대상 여부를 판별한다.
③ 세탁기의 본체와 부속품을 체크하고, 세탁 방법을 분류한다.
④ 얼룩의 종류와 부착 시기, 그리고 세탁물에 대한 정보를 알아본다.

[해설] 세탁 방법을 분류하는 것은 기술 진단의 대분류이다.

19. 다음 중 와이셔츠 칼라와 소매에 주로 부착되는 오염이 아닌 것은?

① 흙
② 땀
③ 표피, 각질 등의 단백질
④ 공기 중의 먼지

[해설] 칼라와 소매에는 피지, 땀, 표피의 각질, 먼지 등이 잘 묻는다.

20. 다음 중 청정제의 종류가 아닌 것은?

① 활성 탄소 　　② 실리카 겔
③ 나프탈렌 　　④ 산성 백토

[해설] ① 나프탈렌: 좀벌레 방지용(방충제)
② 청정제: 규조토, 활성 탄소, 활성 백토, 산성 백토, 실리카 겔, 알루미나 겔, 경질토

21. 다음 중 드라이클리닝이 가능한 피복은?

① 고무를 입힌 제품
② 안료로 염색된 제품
③ 등유에 오염된 식탁보

④ 합성피혁 제품

[해설] 웨트클리닝
① 드라이클리닝으로 할 수 없는 물품을 웨트클리닝으로 한다.
② 대상품
ⓐ 합성수지 및 합성 피혁
ⓑ 고무를 입힌 제품
ⓒ 수지안료 가공 제품
ⓓ 드라이클리닝에서 오점이 빠지지 않는 제품
ⓔ 염료가 빠져 용제를 오염시킬 수 있는 제품

22. 다음 중 섬유별 세탁 방법으로 틀린 것은?

① 직접 염료로 염색된 면직물이나 수지 가공된 직물은 알칼리성 세제와 고온 세탁을 하여도 무방하다.
② 양모 직물은 세탁 시 알칼리성 수용액에서 흔들게 되면 축융 현상이 일어나므로 각별히 유의하여야 한다.
③ 레이온 직물은 습윤하면 강도가 크게 저하되므로 세탁 시 큰 힘을 가하지 말아야 한다.
④ 합성 섬유는 습윤강도가 좋고 내알칼리성이 있기 때문에 세탁 방법에 별다른 제한을 받지 않는다.

[해설] ① 축융 현상: 수축되는 현상
② 직접 염료로 염색된 면직물이나 수지 가공된 직물은 알칼리 세제와 고온 세탁을 피한다.

23. 용제, 세제 등을 사용하여 의류, 기타 섬유 제품이나 피혁 제품 등을 원형에 가깝게 세탁하는 것은?

① 재오염 방지 처리 　　② 클리닝
③ 얼룩 빼기 　　④ 정련 및 표백

[정답] 18. ③　19. ①　20. ③　21. ③　22. ①　23. ②

해설 클리닝은 세탁을 말한다.

24. 다음 중 다림질 방법으로 틀린 것은?

① 풀 먹인 직물을 너무 고온 처리하면 황변될 수 있다
② 광택을 필요로 하는 옷은 다리미판이 딱딱한 것을 사용하면 효과적이다.
③ 모직물은 위에 덮는 헝겊을 대고, 물을 뿌려 다린다.
④ 혼방 직물은 내열성이 높은 섬유를 기준으로 다린다.

해설 ① 합성 직물(혼방 직물)은 내열성이 낮은 섬유를 기준으로 다림질한다.
② 폴리에스테르와 면혼방: 120℃를 기준으로 다림질한다.
③ 다림질 온도
ⓐ 면 180~200℃
ⓑ 폴리에스테르 100~120℃

25. 드라이클리닝의 일반적인 특성에 대한 설명으로 틀린 것은?

① 기름의 얼룩을 잘 제거한다.
② 특수 의류의 진단과 처리 기술이 필요하다.
③ 용제의 회수 장치가 필요하다.
④ 빠진 얼룩이 재오염되지 않는다.

해설 드라이클리닝에서 용제에 의해 빠진 얼룩이 재오염될 우려가 있다.

26. 세탁의 마무리 목적을 설명한 것 중 틀린 것은?

① 옷감의 형태를 바로 잡아 원형으로 회복시킨다.
② 디자인 또는 실루엣의 기능을 회복시킨다.
③ 스티밍은 수분과 열에 의하여 의복 소재에

가소성을 제거한다.
④ 살균 및 소독을 한다.

해설 ① 가소성: 의복을 다림질하여 의복이 변형되었을 때 원래 상태로 돌아오지 않는 것
② 스티밍(증기)은 수분과 열에 의하여 의복 소재에 가소성을 부여한다.

27. 다음 중 론드리(laundry)의 특징으로 틀린 것은?

① 드라이클리닝이 어려운 의류를 약한 처리의 물세탁으로 하는 고도의 세탁 기술과 마무리 기술이 중요하다.
② 세정력이 강하므로 오염 정도가 심한 세탁물의 세탁에 적합하다.
③ 처리 조건이 강력하여 물품의 변형이나 수축의 사고가 일어나기 쉽다.
④ 마무리 처리나 형을 바로 잡기가 어렵다.

해설 드라이클리닝으로 어려운 의류를 약한 처리의 물세탁으로 하는 고도의 세탁 기술은 웨트클리닝이다.

28. 얼룩빼기 방법 및 약품 사용에 대한 설명 중 옳은 것은?

① 아세테이트 섬유는 질겨서 어느 약품을 사용해도 손상이 없다.
② 산성 약제로는 과산화수소, 수산, 올레인산 등이 있다.
③ 알칼리성 얼룩은 알칼리성 약품으로만 뺀다.
④ 쇳녹의 얼룩은 수산으로 제거하고, 암모니아로 헹구어 중화하는 것이 바람직하다.

해설 ① 아세테이트에는 아세톤을 사용해서는 안 된다.
② 얼룩빼기 산성 약제: 아세트산, 옥살산(수

정답 24. ④   25. ④   26. ③   27. ①   28. ④

산), 락트산 등
　③ 알칼리성 얼룩은 산성 약품으로 제거한다.

29. 세탁물의 종류와 성질에 따라 섬유가 손상되지 않도록 와셔(washer)에서 온수 알칼리제를 섞어 세정하는 작업은?

① 산욕　　　　　② 본빨래
③ 드라이클리닝　　④ 헹굼

해설 와셔에 온수, 알칼리제를 섞어 세정하는 작업은 론드리의 본빨래이다.

30. 다음 중 유용성 오점을 제거하는 방법으로 가장 부적합한 것은?

① 표백제로 분해하여 제거한다.
② 친유성이 있는 유기 용제로 제거한다.
③ 계면 활성제로 제거한다.
④ 알칼리로 제거한다.

해설 유용성 오점
　① 기름을 주성분으로 이루어진 것(구두약, 그리스, 인주, 껌, 페인트 등)
　② 유용성 오점은 유기 용제, 계면 활성제, 알칼리로 제거한다.

31. 산욕 작용의 효과 중 틀린 것은?

① 천에 남아 있는 알칼리를 중화한다.
② 의류를 살균, 소독한다.
③ 더러운 오염을 깨끗이 제거한다.
④ 천에 광택을 주고 황변을 방지하고, 산가용성의 얼룩을 제거한다.

해설 산욕: 론드리 과정에서 천에 남아 있는 알칼리를 중화시키기 위해 사용하는 과정이다.
　① 알칼리를 중화 제거　② 천에 광택 부여
　③ 황변 방지　④ 산가용성의 얼룩 제거
　⑤ 의류의 살균 · 소독

32. 세탁 후 마무리하는 기계가 아닌 것은?

① 만능 프레스　　　② 인체 프레스
③ 팬츠 토퍼　　　　④ 스포팅 머신

해설 얼룩빼기용 기계
　① 스포팅 머신: 공기의 압력과 스팀으로 오점을 제거하는 방식
　② 제트 스폿: 액류를 총으로 분사

33. 다림질한 벨벳 바지가 파일이 눕고 번들거리는 현상이 나타나는 원인과 관계없는 것은?

① 다리미의 강한 압력 때문이다.
② 천을 덮고 다리지 않아서이다.
③ 바큠(흡입)이 너무 강해서이다.
④ 바큠을 끄고 천을 덮고 다려서이다.

해설 벨벳 ① 파일 제품의 하나로 천에 고리를 심은 형태로서 비로도 또는 우단이라 한다.
　② 파일(고리)가 누운 이유는 다리미의 강한 압력, 또는 흡입이 너무 강하거나 천을 덮고 다리지 않아서이다.

34. 다음 중 탈수할 때의 주의점으로 틀린 것은?

① 세탁물을 탈수기의 중심부에서부터 고르게 채워서 넣는다.
② 정해진 양 이상의 세탁물을 넣지 않는다.
③ 덮개 보를 씌운 후 뚜껑을 닫는다.
④ 유색 세탁물은 다른 옷에 물드는 것에 주의한다.

해설 론드리의 탈수 시 물품은 가장자리로부터 고르게 채워 넣는다.

35. 용제별 드라이클리닝 처리 방법으로 틀린 것은?

---

① 퍼클로로에틸렌의 세정액 온도가 60℃를 넘지 않도록 하고, 텀블러의 건조 온도는 30℃ 전후로 한다.

② 석유계 용제의 경우에는 인화 폭발의 위험 방지를 위하여 사전에 충분히 배려해야 한다.

③ 트리클로로에탄의 경우는 분해 방지를 위하여 용제에 물을 첨가하는 것은 피해야 한다.

④ 전처리로 필요 이상의 수분이 많게 되면 의류의 수축, 형태 변형, 색 번짐 등이 발생하기 쉽다.

> **해설** 퍼클로로에틸렌의 세정액의 온도는 35℃ 이하를 유지하고 텀블러(건조기)의 건조 온도는 50℃ 전후로 한다.

36. 다음 그림과 같은 기호로 표시된 제품의 취급 방법은?

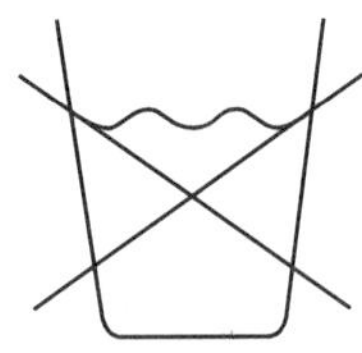

① 물세탁을 하지 않는다.
② 물세탁을 낮은 온도에서 한다.
③ 물세탁은 하되 세제를 사용하지 않는다.
④ 드라이클리닝을 하지 말고 중성 세제로 물세탁한다.

> **해설**

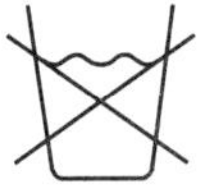

물세탁 금지　　표백제 사용 금지

다림질 사용 금지　　드라이클리닝 금지

37. 다음 중 능직으로 제직한 직물이 아닌 것은?

① 서지(serge)　　② 개버딘(gaberdine)
③ 데님(denim)　　④ 옥양목(shirting)

> **해설** 능직 ① 경사 또는 위사가 2올 이상 상·하로 교차되어 조직점이 대각선을 이루는 것
> ② 종류: 개버딘(레인코트), 데님(청바지, 진), 서지(교복)

38. 섬유의 상품 중 원단에 표시하는 품질표시 사항이 아닌 것은?

① 섬유의 조성 또는 혼용률
② 직물의 발수가공 여부
③ 직물의 폭
④ 직물의 길이 또는 중량

> **해설** 원단의 품질 표시
> ① 섬유의 조성 또는 혼용률 ② 폭 ③ 길이 또는 중량 ④ 취급상 주의사항 ⑤ 제조국명 등

39. 아마 섬유의 성질 중 틀린 것은?

① 열의 양도체이므로 시원한 감을 준다.
② 내구력이 풍부하고 내세탁성이 우수하다.
③ 화학 약품에 대해서는 무명 섬유와 비슷하다.
④ 표백제에 의해 쉽게 손상되지 않는다.

> **해설** ① 열의 양도체: 열전도율이 큰 섬유(열의 이동이 큰 섬유)
> ② 아마는 표백제에 약하다.

40. 다음 중 재생 섬유인 것은?

① 나일론
② 비스코스 레이온
③ 폴리아크릴로니트릴계

④ 폴리에스테르

[해설] 재생 섬유: 비스코스 레이온(펄프를 화학 처리한 것)

41. 직물의 3원 조직은?

① 평직, 능직(사문직), 주자직(수자직)
② 평직, 능직(사문직), 사직
③ 주자직(수자직), 능직(사문직), 익조직
④ 평직, 능직(사문직), 평편조직

[해설] 직물의 3원 조직
① 평직 ② 능직(사무직) ③ 주자직(수자직)

42. 직물에 처리하는 샌퍼라이징(sanforizing) 가공이란 어떤 목적으로 행하는 가공인가?

① 습기나 물, 세탁 등에 의해 직물이 수축되는 것을 방지하기 위하여
② 사용 중 옷감이 구겨지는 것을 방지하기 위하여
③ 보관 중 섬유 제품이 해충에 의해 손상되는 것을 방지하기 위하여
④ 곰팡이의 발생을 방지하기 위하여

[해설] 샌퍼라이징: 면, 마, 인견 등의 제품이 수축이 되는 것을 방지하기 위해 미리 수축시켜 놓은 것

43. 아세테이트 섬유의 염색에 적합한 염료는?

① 산성 염료   ② 직접 염료
③ 분산 염료   ④ 배트 염료

[해설] 아세테이트 섬유, 폴리에스테르 섬유: 분산 염료

44. 가죽처리 공정에서 회분 빼기에 해당되는

것은?

① 가죽 제품이 깨끗하고 염색이 잘 되게 은면에 남아 있는 모근, 지방 또는 상피충의 분해물을 제거하는 것이다.
② 석회에 담그기가 끝난 제품은 알칼리가 높아 가죽 재료로 사용하기가 부적당하므로 산, 산성염 등으로 중화시키는 것이다.
③ 가죽의 촉감 향상을 위하여 털과 표피층의 제거, 불필요한 단백질을 제거, 지방화 기름 등을 제거하는 것이다.
④ 산을 가하여 산성화하여 가죽을 부드럽게 하는 것이다.

[해설] 회분 빼기: 가죽처리 공정에서 가죽의 촉감 향상을 위해 석회에 침지하는데 이 석회는 알칼리가 높아 가죽 제품으로 부적합하므로 산으로 중화시키는 것

45. 다음 직물의 조직명은?

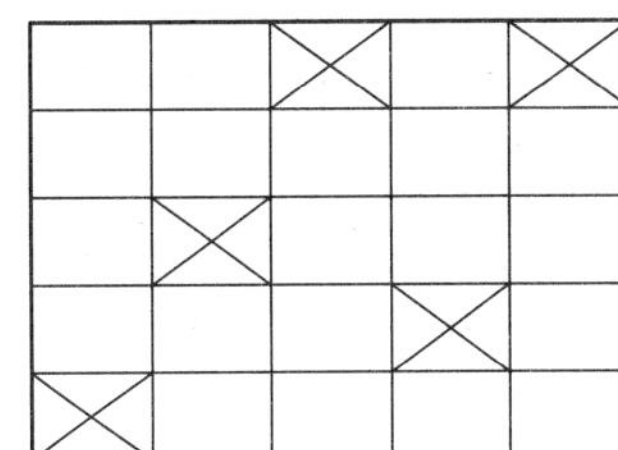

① 평직
② 능직
③ 여직
④ 주자직

[해설] 문제의 그림은 5올째 상·하로 교차되므로 주자직(수자직)이다.

46. 온도 85℃ 이상의 뜨거운 물이나 비누액 중에서 천천히 분해되어 섬유의 특성을 잃게 되는 섬유는?

① 비스코스 레이온
② 카폭
③ 아세테이트 셀룰로오스
④ 폴리에스테르

해설 아세테이트는 80~85℃ 이상의 뜨거운 물이나 비누액에 강도 감소, 광택 저하 등 분해가 발생한다.

47. 직물을 사포로 문질러 털을 일으킨 다음 수지 처리하고, 잔털을 일정한 길이로 잘라 부드러운 촉감과 탄력을 일정한 길이로 잘라 부드러운 촉감과 탄력을 가지게 하는 가공은?

① 리플 가공 ② 머서화 가공
③ 피치 스킨 가공 ④ 방추 가공

해설 피치 스킨(샌딩 가공) : 면의 표면에 사포질을 하여 털을 세워 수지 처리하고 털을 일정 길이로 자르는 것

48. 면직물에 사용되는 염료 중 일반적으로 염색 견뢰도가 가장 우수한 것은?

① 배트 염료 ② 직접 염료
③ 산성 염료 ④ 반응성 염료

해설 ① 염색 견뢰도 : 염색된 옷이 일광이나 세탁에 견디는 능력
② 면직물에 사용하는 염료 중 염색 견뢰도가 가장 우수한 것은 배트 염료이다.

49. 면섬유를 구성하고 있는 주성분은?

① 셀룰로오스(cellulose)
② 피브로인(fibroin)
③ 케라틴(keratin)
④ 세리신(sericin)

해설 주성분
① 식물성 섬유(면, 마) – 셀룰로오스
② 견 – 피브로인 75~80%, 세리신 20~25%
③ 모 – 케라틴

50. 명주 섬유의 특성 설명 중 옳은 것은?

① 열에 대하여 양털보다는 매우 강하다.
② 다른 섬유에 비해 일광에는 강한 편이다.
③ 흡습성이 불량하여 공정 수분율은 11% 정도이다.
④ 섬유장은 긴 편이나 탄성 회복률이 매우 양호하다.

해설 ① 명주 섬유(견섬유)는 양털보다 열에 약하다.
② 명주 섬유는 일광에 약한 편이다.
③ 흡수성이 좋아 공정 수분율은 12% 정도이다.
④ 섬유장은 긴 편이고 탄성 회복률이 우수한 편이다.

51. 다음 중 부직포의 특성으로 옳은 것은?

① 직물과 파일, 직물과 직물 위에 수지 등을 입혀 특수 목적으로 사용되는 직물이다.
② 용도는 실용적인 옷감으로 사용되고 광목, 옥양목, 포플린 등이 있다.
③ 함기량이 많으나 내열성, 내구성이 불량하여 주로 심감으로 사용한다.
④ 겉모양이 우아하여 부인복에 이용되고 통기성이 좋아 시원한 감을 준다.

해설 부직포 : 직물과 직물 또는 파일 사이에 접착제를 뿌려서 섬유가 서로 접착되게 한 다음 100~200℃로 열처리한 것

52. 다음 중 아세톤으로 녹일 수 있는 섬유는?

① 폴리에스테르 ② 아세테이트
③ 비스코스 레이온 ④ 나일론

해설 아세테이트는 아세톤에 녹는다.

53. 가죽에서 표피층 아랫부분으로 원피 두께의 50% 이상을 차지하며 제혁 작업 후 최종까지 남아서 피혁이 되는 중요한 부분은?

정답 47. ③   48. ①   49. ①   50. ④   51. ③   52. ②   53. ①

① 진피　　　　　② 표피
③ 피하 조직　　　④ 하이드

해설 원피는 표피층, 진피층, 피하 지방층으로 구성되어 있으나 피하 지방층과 표피층을 제거한 진피층을 피혁으로 한다.

54. 면(목화 솜) 섬유의 물리적, 화학적 성질 설명으로 틀린 것은?

① 수분을 흡수하면 강도와 신도가 증가한다.
② 면섬유의 염색에는 직접 염료, 배트 염료, 반응성 염료가 주로 사용된다.
③ 내열성이 좋아 다림질 온도가 높다.
④ 산에는 비교적 강하고, 알칼리에는 약하다.

해설 산에는 비교적 약하나 알칼리에는 강하다.

55. 고무처럼 자유로이 신축하는 성질을 가진 것으로 스판덱스라고도 부르는 섬유는?

① 폴리에스테르계 섬유
② 폴리우레탄계 섬유
③ 폴리아미드계 섬유
④ 폴리아크릴로니트릴계 섬유

해설 스판덱스는 폴리우레탄계 섬유이다.

56. 세탁업를 개설하려면 시설 및 설비를 갖추어 누구에게 신청하여야 하는가?

① 보건복지가족부 장관
② 시장, 도지사
③ 시장, 군수, 구청장
④ 환경부장관

해설 개업 시 보건복지부령이 정하는 시설 및 설비를 갖추어 시장, 군수, 구청장에게 신고한다.

57. 세탁업소의 위생관리 의무를 지키지 아니하였을 경우 과태료 금액은?

① 80만 원 이하　　② 100만 원 이하
③ 200만 원 이하　　④ 300만 원 이하

해설 위생관리 의무를 지키지 아니한 자는 과태료 200만 원 이하이다.

58. 공중위생관리법 시행 규칙은 어느 영으로 하는가?

① 대통령령　　　　② 보건복지부령
③ 환경부령　　　　④ 노동부령

해설 공중위생관리법 시행 규칙은 보건복지부령으로 정한다.

59. 행정 기관으로부터 과태료 처분에 불복이 있는 자의 이의 제기에 대한 설명으로 옳은 것은?

① 처분의 고지를 받은 날로부터 15일 이내에 처분권자에게 이의를 제기할 수 있다.
② 처분의 고지를 받은 날로부터 30일 이내에 처분권자에게 이의를 제기할 수 있다.
③ 관할 법원에 재판을 신청하고 처분권자에게 이의를 제기할 수 있다.
④ 처분의 고지를 받은 날로부터 60일 이내에 처분권자보다 높은 국무총리에게 이의를 제기할 수 있다.

해설 과태료 처분에 대한 이의 제기는 고지를 받은 날로부터 30일 이내이다.

60. 공중위생 영업자의 연간 위생교육 시간은?

① 3시간　② 6시간　③ 8시간　④ 12시간

해설 위생 교육은 매년 3시간이다.

정답 54. ④　　55. ②　　56. ③　　57. ③　　58. ②　　59. ②　　60. ①

제3회 해설과 함께 풀어보기

자격종목	문제 수	수험번호	성명
세탁기능사	60문제		

1. 다음 중 오염이 가장 잘 제거되는 섬유는?

① 양모　　　　　② 면
③ 견　　　　　　④ 비닐론

[해설] 오염이 잘 제거되는 순서(세척률이 높은 순서): 양모－나일론－비닐론－아세테이트－면－레이온－마－견(실크)

2. 재오염에 관한 설명 중 틀린 것은?

① 세정액은 계속적으로 청정화시키면서 사용하기 때문에 오염 물질이 용제 중에 축적되지 않는다.
② 재오염이란 의류가 세정 과정에서 용제 중에 분산된 더러움이 의류에 다시 부착되는 현상이다.
③ 소프를 사용하면 세정력이 강화되고 재오염을 저하시킨다.
④ 흡착에 의한 재오염은 깨끗한 용제로 헹구어도 제거가 어려운 경우가 많다.

[해설] 드라이클리닝에서 용제로 세척 시 의류의 오점이 떨어져 나오면 용제 안에 축척되므로 청정화를 충분히 해야 한다.

3. 퍼클로로에틸렌의 특성 중 틀린 것은?

① 독성이 크다
② 인화, 폭발의 위험성이 없다.
③ 세척력이 석유계 용제에 비해 우수하다.
④ 섬세한 고급 의복에 적합하다.

[해설] 섬세한 고급 의복에 적합한 용제는 석유계 용제 또는 불소계 용제이다.

4. 흡착제이면서 탈색력이 뛰어난 청정제에 해당되지 않은 것은?

① 활성 탄소　　　② 규조토
③ 실리카 겔　　　④ 산성 백토

[해설] ① 흡착제이면서 탈색력이 강한 청정제: 활성 탄소, 활성 백토, 실리카 겔, 산성 백토
② 규조토는 흡착력이 없는 여과제이다.

5. 과산화수소를 사용했을 때 표백 효과가 가장 큰 섬유는?

① 양모　　　　　② 면
③ 아세테이트　　④ 아크릴

[해설] ① 표백제－직물을 희게 만드는 것
② 과산화수소－단백질 직물(양모, 견)의 표백제로 사용

6. 클리닝 처리 전 사전 진단에 관한 사항 중 틀린 것은?

① 고객으로부터 충분한 정보를 얻는다.
② 고객 앞에서 반드시 확인한다.
③ 가능한 한 정밀하게 진단한다.
④ 진단 결과를 고객에게 설명할 필요가 없다.

[해설] 진단 결과를 고객에게 설명해야 한다.

[정답] 1. ①　2. ①　3. ④　4. ②　5. ①　6. ④

7. 기술 진단 중 사무 진단이 아닌 것은?

① 의류 물품의 종류, 수량, 색상
② 의류 부속품의 유무
③ 의류에 부착된 장식 단추
④ 의류의 변형에 관한 사항

해설 의류 변형에 관한 사항은 기술 진단이다.

8. 보일러의 분류 중 원통 보일러에 해당되는 것은?

① 자연순환식 수관 보일러
② 노통 · 연관 보일러
③ 강제순환식 수관 보일러
④ 관류 보일러

해설 ① 원통 보일러: 입식, 노통식, 연관식, 노통 · 연관식
② 수관 보일러: 자연 순환식, 강제 순환식, 관류식

9. 다음 중 비이온계 계면 활성제에 해당되는 것은?

① 피리디늄염
② 알킬벤젠술폰산나트륨
③ 4차 암모늄염
④ 디에탄올아미드

해설 종류
① 음이온 – 세정제
② 양이온 – 유화제, 대전 방지제, 발수제
③ 비이온 – 이온화되지 않는다.
④ 양성 – 양이온, 음이온(둘 다 존재)

10. 계면 활성제에 대한 설명 중 틀린 것은?

① 물의 표면 장력을 증가시켜 준다.
② 친수성과 친유기를 함께 가지고 있다.

③ 직물성에 묻은 오염 물질을 유화, 분산시킨다.
④ 기포성을 증가하고 세척 작용을 향상시킨다.

해설 계면 활성제는 표면 장력을 저하시킨다.

11. 다음 중 세정액의 청정화 방법이 아닌 것은?

① 여과 방법　　② 탈색 방법
③ 흡착 방법　　④ 증류 방법

해설 ① 청정화 방법: 여과, 흡착, 증류
② 청정화 종류: 필터, 청정통식, 카트리지식, 증류식

12. 다음 중 방수 가공제에 해당되는 것은?

① 실리카 겔　　② 염화 칼슘
③ 아크릴 수지　　④ 과산화수소

해설 ① 방수 가공: 물이 섬유 내로 침투하는 것을 방지
② 방수 가공제: 아크릴 수지, 염화비닐 수지, 합성 고무, 폴리우레탄 수지.

13. 게이지 압력이 $6kg/cm^2$인 보일러의 절대 압력(kg/cm^2)은?

① 4　　　　② 5
③ 6　　　　④ 7

해설 ① 절대 압력
$$= 게이지 압력 + 1.033 \times \frac{실제\ 대기압력}{표준\ 대기압력}$$
$$\fallingdotseq 게이지\ 압력 + 1 = 6 + 1 = 7kg/cm^2$$
② 표준 대기압력: 760mmHg

14. 다음 중 웨트클리닝 대상품이 아닌 것은?

정답　7. ④　　8. ②　　9. ④　　10. ①　　11. ②　　12. ③　　13. ④　　14. ①

① 슈트나 한복 제품
② 합성수지 제품
③ 고무를 입힌 제품
④ 수지안료 가공 제품

해설 ① 슈트(정장)나 한복 제품은 드라이클리닝 대상품이다.
② 웨트클리닝 대상품
ⓐ 합성수지 제품
ⓑ 합성 피혁
ⓒ 고무를 입힌 제품
ⓓ 수지안료 가공 제품
ⓔ 드라이클리닝으로 오점이 빠지지 않는 제품
ⓕ 염료가 빠져 용제를 오염시킬 수 있는 제품

15. 다음 중 흡착에 의한 재오염에 해당하지 않는 것은?

① 정전기
② 점착
③ 물의 적심
④ 염료

해설 흡착에 의한 재오염: 용제 중의 오염이 정전기, 점착, 물의 적심에 의해 섬유에 부착되는 것

16. 표백제의 분류 중 잘못 연결된 것은?

① 염소계 표백제 – 표백분, 하이포아염소산 나트륨, 아염소산 나트륨
② 과산화물계 표백제 – 과산화수소, 과붕산 나트륨, 과탄산 나트륨
③ 환원표백제 – 유기염소 표백제, 과산화아세트산, 과망간산 나트륨
④ 표백제 – 산화 표백제, 환원 표백제

해설 환원 표백제: 아황산 가스, 아황산 수소 나트륨, 하이드로설파이트

17. 다음 중 용제의 구비 조건이 아닌 것은?

① 증류나 흡착에 의한 정제가 쉽고 분해가 될 것
② 세탁 시 피복을 손상시키지 않을 것
③ 기계를 부식시키지 않고 인체에 독성이 없을 것
④ 건조가 쉽고 세탁 후 냄새가 없을 것

해설 용제는 증류나 흡착에 의한 정제가 쉽고 분해가 되지 않아야 한다.

18. 다음 중 중성 세제의 가장 적당한 pH는?

① 7
② 9
③ 11
④ 13

해설 중성 세제: PH(수소이온 농도) 6~8

19. 비누의 특성 중 장점에 해당되는 것은?

① 가수 분해되어 유리 지방산을 생성한다.
② 센물에 반응하여 침전물을 만든다.
③ 거품이 잘 생기고 헹굴 때에는 거품이 사라진다.
④ 산성 용액에서는 사용할 수 없다.

해설 ⓐ 센물(경수)
• 물속에 금속 화합물이 있는 것
• 지하수 물, 산속의 물
ⓑ 단물(연수)
• 물속에 금속 화합물이 적은 것
• 수돗물
ⓒ ①, ②, ④는 비누의 단점이다.

20. 기술 진단이 필요한 품목의 분류가 틀린 것은?

① 고액 상품류 – 모피 제품, 고급 한복
② 파일 제품류 – 벨벳 제품, 롱파일 제품

정답 15. ④   16. ③   17. ①   18. ①   19. ③   20. ③

③ 론드리 대상품류 – 접착 제품, 합성 피혁
④ 염색 특수품류 – 날염 제품, 털 심은 제품

해설 접착 제품, 합성 피혁은 웨트클리닝 대상이다.

21. 다음 섬유 중 론드리 대상품으로 가장 적당한 것은?

① 견
② 면
③ 양모
④ 마

해설 ① 론드리 대상품: 와이셔츠류, 의복류, 백색 직물
② 드라이클리닝 대상물
   ⓐ 양모, 견, 아세테이트, 마
   ⓑ 슈트, 양복, 한복

22. 론드리에서 본빨래를 할 때 세제의 pH로 가장 적당한 것은?

① pH1~2
② pH4~5
③ pH7~8
④ pH10~11

해설 론드리의 본빨래에서는 pH10~11 정도의 약알칼리성 세제(중질 세제)를 사용한다.

23. 론드리 세탁 방법의 장점이 아닌 것은?

① 세탁 온도가 높아 세탁 효과가 좋다
② 표백이나 풀먹임이 효과적이며 용이하다.
③ 수질오염 방지 등 배수 시설이 필요 없어 원가가 낮다.
④ 알칼리제를 사용하므로 오점이 잘 빠진다.

해설 론드리 세탁은 배수 시설이 필요하므로 원가가 높다.

24. 증류법에 대한 설명으로 틀린 것은?

① 최근 핫머신에는 증류 장치가 붙어 있어 자동적으로 증류가 되도록 되어 있다.
② 석유계 용제는 대기압 하에서 증류가 가능하며 온도가 140℃ 이상에서 행해진다.
③ 여과나 침전법에 의한 청정 방법의 한계를 증류법으로 개선할 수 있다.
④ 퍼클로로에틸렌은 끓는점이 121.5℃로 대기압에서 쉽게 증류된다.

해설 용제의 청정화 방법 중 석유계 용제는 80~120℃로 감압하여 증류한다.

25. 드라이클리닝에서 용제의 상대 습도로 가장 알맞은 것은?

① 30~35%
② 50~55%
③ 70~75%
④ 80~85%

해설 드라이클리닝 용제의 적당한 상대 습도는 70~75%이다.

26. 석유계 용제용 드라이클리닝에 사용되는 세탁기에 가장 중요한 장치에 해당되는 것은?

① 방폭 장치
② 세척 장치
③ 정제 장치
④ 가열 장치

해설 석유계 용제를 사용하는 경우 세정 온도가 35℃ 이상일 때는 화재의 위험성이 있어 방폭 구조로 해야 한다.

27. 얼룩빼기 방법 중 물리적 방법이 아닌 것은?

① 알칼리를 사용하는 방법
② 기계적 힘을 이용하는 방법
③ 분산법

정답 21. ②   22. ④   23. ③   24. ②   25. ③   26. ①   27. ①

④ 흡착법

해설 얼룩 빼기
  ① 물리적 방법: ⓐ 기계적 ⓑ 분산법 ⓒ 흡착법
  ② 화학적 방법: ⓐ 알칼리법 ⓑ 산법 ⓒ 표백제법 ⓓ 효소법

28. 웨트클리닝의 탈수와 건조에 대한 설명으로 틀린 것은?

① 형의 망가짐에 상관없이 강하게 원심 탈수한다.
② 늘어날 위험이 있는 것은 평평한 곳에 뉘어서 말린다.
③ 건조는 될 수 있는 대로 자연 건조를 한다.
④ 색 빠짐에 우려가 있는 것은 타월에 싸서 가볍게 손으로 눌러 짠다.

해설 웨트클리닝 방법에서 의류의 형이 망가질 우려가 있는 경우는 약하게 원심 탈수를 한다.

29. 론드리의 본빨래 설명으로 틀린 것은?

① 본빨래는 1회보다 2~3회에 걸쳐 하는 것이 좋다.
② 비누 농도는 1회 때 0.3%, 2회 때 0.2%, 3회 때 0.1%와 같은 비율로 점차 감소한다.
③ 본빨래의 욕비는 1:4로 한다.
④ 70℃ 이상의 고온 세탁을 해야 세탁 효과가 높다.

해설 70℃ 이상의 고온 세탁은 섬유 손상과 재오염이 되기 쉽다. 론드리의 본빨래 시 세탁 온도는 40~60℃가 적당하다.

30. 다음 그림은 론더링에 사용하는 와셔이다. A 부분의 명칭은?

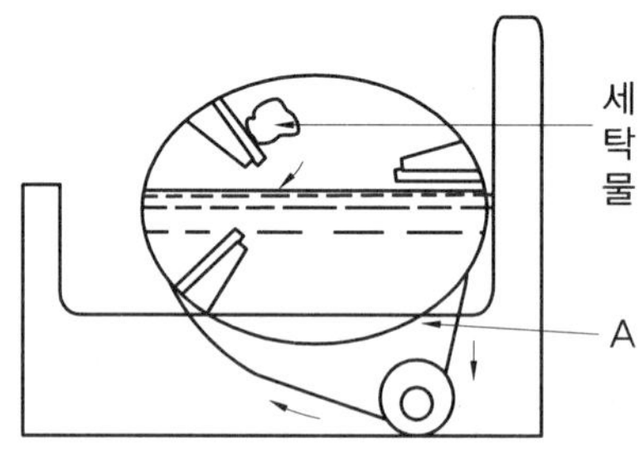

① 세탁물　　　　② 회전드럼
③ 펄세이터　　　④ 열풍기

해설 론드리에서 와셔 부분이 수평으로 회전하는 방식을 회전드럼이라 한다.

31. 다음 중 풀먹임 작용의 효과가 아닌 것은?

① 천을 하얗고 광택 있게 한다.
② 오점이 섬유에 직접 붙지 않도록 한다.
③ 천을 질기게 하고 내구성을 좋게 한다.
④ 천에 황변을 방지하고 산가용성 얼룩을 제거한다.

해설 천에 황변을 방지하고 산가용성 얼룩을 제거하는 것은 산욕이다.

32. 다음 그림은 섬유의 건조 방법 중 어떠한 방법인가?

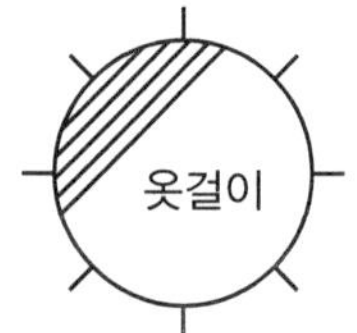

① 옷걸이에 걸어서 일광에 건조시킬 것
② 옷걸이에 걸어서 그늘에서 건조시킬 것
③ 일광에 뉘어서 건조시킬 것
④ 그늘에서 뉘어서 건조시킬 것

정답 28. ①　29. ④　30. ②　31. ④　32. ②

해설  옷걸이에 걸어서 그늘에서 건조시킬 것

33. 다음 중 공기의 압력과 스팀을 이용하여 오점을 불어 제거하는 얼룩빼기 기계는?

① 제트 스폿
② 스포팅 머신
③ 초음파 얼룩빼기 기계
④ 콜드 머신

해설 얼룩 빼기
① 스포팅 머신: 오점에 스팀(증기)와 공기의 압력을 불어 오점을 제거하는 방식
② 제트 스폿: 비누액이나 유기 용제를 총의 노즐로 분사

34. 다음 중 다림질의 목적으로 틀린 것은?

① 디자인 실루엣의 기능을 복원시킨다.
② 의복의 필요한 부분에 주름을 만든다.
③ 살균과 소독의 효과를 얻는 데 있다.
④ 다른 오물도 팽윤하여 본빨래에서 떨어지기 쉽게 한다.

해설 다림질은 얼룩 제거와 거리가 멀다.

35. 다음 중 세탁의 기본 원리에 해당되지 않는 것은?

① 침투 작용
② 흡착 작용
③ 분산 작용
④ 응고 작용

해설 세탁의 기본 원리
습윤－침투－흡착－분산－유화－현탁－기포

36. 직물의 조직 중 밀도는 가장 높게 할 수 있으나 마찰에 약한 조직은?

① 평직
② 능직
③ 주자직
④ 사직

해설 수자직(주자직)
① 경사와 위사가 4올마다 상하로 교차되는 직물이다.
② 광택이 우수하다.
③ 조직점이 적고, 마찰에 약하다.

37. 다음 중 합성 섬유의 일반적인 성질이 아닌 것은?

① 흡습성이 낮다
② 필링성이 낮다.
③ 열에 약하다.
④ 비중이 낮다

해설 ① 필링: 의복 표면에 마찰로 인하여 생기는 작고 동그란 보풀
② 합성 섬유는 필링성이 크다.

38. 양모 섬유와 약품과의 관계가 옳은 것은?

① 산에는 비교적 강한 편이다.
② 알칼리에는 비교적 강한 편이다.
③ 산과 알칼리에 모두 강한 편이다.
④ 산과 알칼리에 모두 약한 편이다.

해설 양모는 묽은 산에는 변화가 없고 알칼리에는 약하다.

39. 직물의 수축을 방지하기 위하여 제직 후 수축분을 미리 수축시키는 가공 방법은?

① 방축 가공
② 방오 가공
③ 방추 가공
④ 방수 가공

해설 ① 방오 가공: 합성 섬유를 친수성 수지로 씌워 때가 침투되는 것을 방지하는 것
② 방추 가공: 면, 마, 레이온에 수지를 입혀 주름을 펴는 것

정답 33. ② 34. ④ 35. ④ 36. ③ 37. ② 38. ① 39. ①

40. 다음 중 공정 수분율이 가장 높은 섬유는?

① 나일론 　　　② 비스코스 레이온
③ 아크릴 　　　④ 폴리에스테르

해설 공정 수분율
① 의류가 사용될 때의 수분율
② 양모 18.25, 견 12, 아마 12, 비스코스 레이온 11, 나일론 4, 아크릴1.5, 폴리에스테르 0.4

41. 다음 중 견섬유의 주성분에 해당되는 것은?

① 셀룰로오스 　　　② 케라틴
③ 피브로인 　　　④ 세리신

해설 섬유의 주성분
① 면, 마, 레이온－셀룰로오스
② 견(비단, 명주, 실크)
피브로인(견의 주체)－75~80%
세리신－20~25%

42. 다음 중 재생 섬유의 주원료는?

① α－셀룰로오스
② β－셀룰로오스
③ 헤미 셀룰로오스
④ 리그노 셀룰로오스

해설 재생 섬유의 펄프는 α－셀룰로오스 성분이 많은 용해 펄프나 린터 펄프를 원료로 한다.

43. 다음 중 가장 가는 양털에 속하는 것은?

① 색스니 　　　② 햄프셔
③ 링컨 　　　④ 코리데일

해설 ① 양모는 가는 털일수록 품질이 우수하다.
② 탄력이 좋고 가장 가는 털은 독일에서 생산되는 색스니이다.

44. 실의 품질을 표시하는 기준 항목으로만 되어 있는 것은?

① 섬유의 혼용률, 실의 번수
② 섬유의 가공 방법, 섬유의 지름
③ 섬유의 생산지, 섬유의 너비
④ 섬유의 혼용률, 치수 또는 호수

해설 실의 품질 표시
① 섬유의 조성 및 혼용률
② 번수 또는 데니어(실의 굵기)
③ 길이 또는 중량　　④ 제조년월
⑤ 제조자명　　⑥ 수입자명
⑦ 주소 및 전화번호　　⑧ 제조국명

45. 피혁의 세탁 방법에 대한 설명으로 틀린 것은?

① 치수 변화를 최소화하기 위해서 가능한 물세탁을 한다.
② 염료가 용출되어 색상이 변할 수 있으므로 짧은 시간에 세탁을 마쳐야 한다.
③ 탈지성이 적은 석유계 용제를 사용하는 것이 좋다.
④ 세탁하면 원래의 품질보다 떨어지게 되므로 사용 중 청결을 유지하도록 관리하는 것이 좋다.

해설 피혁(가죽)은 물세탁을 하면 치수 변화가 생길 수 있어 웨트크리닝을 한다.

46. 다음 중 저마 섬유에 대한 설명으로 옳은 것은?

① 현미경으로 관찰하면 측면은 리본 모양으로 되어 있고, 꼬임이 있다.
② 열전도성이 적어서 보온성이 좋다.
③ 삼베라고도 하며 섬유의 단면은 삼각형이고 측면에는 마디와 선이 있다.

정답　40. ②　　41. ③　　42. ①　　43. ①　　44. ①　　45. ①　　46. ④

④ 모시라고도 하며 오래전부터 여름 한복감
으로 사용되었다.

해설 ① 측면이 리본 모양의 구조는 면섬유이다.
② 저마는 열전도성이 커서 땀을 잘 흡수하여
잘 발산한다.
③ 대마를 삼베라 하며 대마의 단면은 다각형
이고 측면은 마디가 있다.
④ 저마는 모시이다.

47. 다음 중 양모 섬유로서 품질이 가장 우수한 것은?

① 재래종　　　　② 잡종
③ 산악종　　　　④ 메리노종

해설 메리노종이 양모 섬유 중 품질이 가장 우
수하다.

48. 폴리에스테르계 섬유에 주로 사용되는 염료는?

① 산성 염료　　　② 황화 염료
③ 직접 염료　　　④ 분산 염료

해설 폴리에스테르, 아세테이트 직물은 분산 염
료로 염색한다.

49. 비스코스 레이온의 용도로서 가장 적당한 것은?

① 숙녀복　　　　② 책상보
③ 운동복　　　　④ 안감

해설 레이온은 펄프를 화학 처리한 섬유로서 안
감이나 블라우스 등에 사용된다.

50. 다음 중 직물의 설명에 해당되지 않는 것은?

① 경사와 위사가 직각으로 이루어진 형태이
다.
② 경사와 위사가 교차하는 방법에 따라 여러
가지 무늬를 얻을 수 있다.
③ 직물의 3원 조직은 평직, 능직, 주자직이
있다.
④ 세 가닥 또는 그 이상의 실로 땋은 것도 있
다.

해설 세 가닥 또는 그 이상의 실로 엮은 것은
직물이 아니다.

51. 다음 중 평직의 특성으로 옳은 것은?

① 최소 3올 이상으로 구성된다.
② 직물의 광택이 우수하다.
③ 앞뒤의 구별이 있다.
④ 조직점이 많아서 얇으면서 강직하다.

해설 평직
① 경사와 위사가 1올씩 상하로 교차된 조직
② 조직점이 많아 강하다.
③ 마찰에 강하나 광택은 적다.
④ 앞뒤 구별이 없다.

52. 나일론 섬유의 특성으로 틀린 것은?

① 나일론 6과 나일론 66이 있는데 국내에서
는 주로 나일론 6이 생산되고 있다.
② 염소계 표백제에는 비교적 안정하므로 표
백제를 사용한다.
③ 용도는 강신도가 커서 양말, 스타킹, 기타
의류에 사용한다.
④ 내일광성이 불량하여 직사광선을 쬐면 급
속히 강도가 저하한다.

해설 ① 질소를 포함한 직물(모, 견, 나일론)의
표백제로 염소계 표백제(차아염소산 나트륨
등)를 사용하면 색이 누렇게 변할 수 있다.

정답 47. ④　48. ④　49. ④　50. ④　51. ④　52. ②

② 나일론 섬유는 염소계 표백제를 사용하지 않는다.

53. 다음 중 한 가닥의 실이 고리를 형성해가면서 왕복하거나 원형으로 회전하면서 천을 형성하는 것은?

① 직물
② 편성물
③ 레이스
④ 부직포

해설 편성물: 실의 고리를 만들어 연결하면서 짠 피륙

54. 섬유의 연소시험 확인 방법 중 종이 타는 냄새가 나는 섬유가 아닌 것은?

① 아세테이트
② 면
③ 마
④ 비스코스 레이온

해설 아세테이트는 식초 타는 냄새가 난다.

55. 파우더 클리닝(powder cleaning)을 필요로 하는 섬유는?

① 면
② 모피류
③ 비스코스 레이온
④ 아세테이트

해설 모피류는 파우더 클리닝으로 세탁한다.

56. 위생서비스 수준의 평가에 대한 설명 중 틀린 것은?

① 시 · 도지사는 공중위생 영업소의 위생관리 수준을 향상시키기 위하여 위생서비스 계획을 수립하여 시장, 군수, 구청장, 보건복지부장관 통보하여야 한다.
② 보건복지부 장관은 평가계획에 따라 관할 지역별 세부 평가계획을 수립한 후 공중위생 영업소의 위생서비스 기준을 평가하여야 한다.
③ 시장, 군수, 구청장은 위생서비스 평가의 전문성을 높이기 위하여 필요하다고 인정하는 경우에는 관련 전문기관 및 단체로 하여금 위생서비스 평가를 실시하게 할 수 있다.
④ 위생서비스 수준의 평가의 주기 · 방법 · 위생관리 등급의 기준, 기타 평가에 관하여 필요한 사항은 보건복지가족부령으로 정한다.

해설 위생서비스 기준의 평가는 보건복지부 장관이 아니라 시, 도지사가 해야 한다.

57. 다음 중 세탁업에 대한 설명으로 옳은 것은?

① 세탁업의 영업소는 신고 없이 이전할 수 있다.
② 세탁업의 영업소를 이전하는 경우에는 시장 · 군수 · 구청장에게 변경 신고를 하여야 한다.
③ 세탁업이 변경 신고를 하려는 자는 필요한 서류 없이 신고할 수 있다.
④ 세탁업소의 세탁기를 교체한 경우에도 신고하여야 한다.

해설 세탁업소의 이전의 경우는 시장, 군수, 구청장에게 신고해야 한다.

58. 대통령령이 정하는 바에 의거하여 관계 전문기관 등에 그 업무의 일부를 위탁할 수 있는 자는?

① 구청장
② 군수

정답 53. ②　54. ①　55. ②　56. ②　57. ②　58. ④

③ 시장
④ 보건복지가족부 장관

[해설] 보건복지부 장관은 대통령령이 정하는 바에 따라 관계 전문기관 등에 그 업무의 일부를 위탁할 수 있다.

59. 대통령령이 정하는 바에 의하여 과태료를 부과·징수하는 권한이 없는 자는?

① 구청장　　　　② 군수
③ 시장　　　　　④ 도지사

[해설] 과태료는 대통령령이 정하는 바에 의해서 시장, 군수, 구청장이 과태료를 부과, 징수할 수 있다.

60. 드라이클리닝용 세탁기의 유기용제 누출 및 세탁물에 사용된 세제·유기 용제 또는 얼룩제거 약제가 남거나, 좀이나 곰팡이 등이 생성된 때 2차 위반 시의 행정처분 기준은?

① 경고　　　　　　② 영업정지 5일
③ 영업정지 10일　　④ 영업장 폐쇄 명령

[해설] 드라이클리닝용 세탁기의 유기용제 누출, 세제, 유기 용제, 얼룩 제거 약제, 좀, 곰팡이 등이 생성된 때

1차	2차	3차	4차
경고	영업정지 5일	영업정지 10일	영업장 폐쇄

제4회 해설과 함께 풀어보기

	수험번호	성명
자격종목 **세탁기능사**	문제 수 **60문제**	

1. 보일러의 부피를 일정하게 유지하고 증기의 온도를 상승시켰을 때 압력 변화는?

① 압력과 관계없다.　② 감소한다.
③ 상승한다.　④ 일정하다.

해설 보일러에서 부피를 일정하게 유지하고 증기 온도를 상승시키면 증기의 압력은 증가한다.

2. 다음 청정제 중 탈색, 탈취 효과가 가장 좋은 것은?

① 실리카 겔　② 산성 백토
③ 활성 탄소　④ 규조토

해설 청정제 중 흡착제이면서 탈색제
① 산성 백토: 탈색
② 실리카 겔: 탈색, 탈수
③ 활성 백토: 탈색, 탈수
④ 활성 탄소: 탈색, 탈취

3. 론드리에 가장 많이 쓰이는 표백제는?

① 과망간산 칼륨　② 과산화 수소
③ 차아염소산 나트륨　④ 하이드로설파이트

해설 론드리에는 알칼리에 강한 셀룰로오스 직물이 이용되므로 셀룰로오스 직물의 표백제로 차아염소산 나트륨이 사용된다.

4. 다음 중 세제에 주로 사용되는 계면 활성제는?

① 양성 계면 활성제
② 비이온 계면 활성제
③ 양이온 계면 활성제
④ 음이온 계면 활성제

해설 세제-음이온 계면 활성제

5. 용제의 세척력을 결정해 주는 요소가 아닌 제품은?

① 용해력　② 표면 장력
③ 용제의 비중　④ 분산력

해설 용제의 세척력 ① 표면 장력 ② 용해력 ③ 비중

6. 전문적인 진단이 필요한 특수 가공이 아닌 제품은 ?

① 날염 제품　② 합성 피혁
③ 접착 제품　④ 라메 제품

해설 ① 라메 제품: 경사를 금속실(금실, 은실)로 하고 위사를 면사, 견사로 만든 장식용 의복
② 전문적인 진단이 필요한 특수가공 제품
　ⓐ 합성 피혁 ⓑ 인공 피혁
　ⓒ 접착 제품 ⓓ 라메 제품
③ 부분적으로 염색한 날염 제품은 특수 가공이 아니다.

7. 오점의 분류 중 토사, 매연 등의 무기질과

정답 1. ③　2. ③　3. ③　4. ④　5. ④　6. ①　7. ③

단백질을 비롯한 신진대사 탈락물, 섬유를 비롯한 고분자 화합물 등의 오점은?

① 수용성 오점 ② 유용성 오점
③ 불용성 고형 오점 ④ 친수성 오점

해설 불용성 오점(고체 오점, 고형 오점)−토사(흙), 매연, 등

8. 비누의 특성으로 옳은 것은?

① 산성에서 세탁 효과가 좋다.
② 알칼리성 용액에서 사용할 수 없다.
③ 연수와 반응해서 침전을 만든다.
④ 물에서 가수 분해 해서 알칼리성을 나타낸다.

해설 ① 비누의 단점
ⓐ 산성 용액에서는 비누를 사용할 수 없다.
ⓑ 경수(센물)에서 사용하면 침전물이 생긴다.
ⓒ 가수 분해 되어 유리 지방산을 생성한다.
② 비누는 알칼리 용액에서 사용할 수 있다.
③ 물은 가수 분해 해서 유리 지방산이 생성되며 물이 알칼리성을 나타낸다.

9. 다음의 표면 반사율로 계산된 세척률은?

> −원포의 표면 반사율: 80%
> −세탁 전 오염포의 표면 반사율: 30%
> −세탁 후 오염포의 표면 반사율: 60%

① 20% ② 50%
③ 60% ④ 167%

해설 ① 세척률
$$= \frac{\text{세정 후 반사율} - \text{세탁 전 오염포 반사율}}{\text{원포 반사율} - \text{세탁 전 오염포 반사율}} \times 100\%$$
$$= \frac{60-30}{80-30} \times 100\% = \frac{30}{50} \times 100 = 60\%$$

② 표면 반사율: 세탁한 표면이 깨끗해지는 회복률

10. 약알칼리성 세제에 대한 설명으로 틀린 것은?

① 세탁 효과를 높인다.
② 센물에도 세탁이 잘된다.
③ 경질 세제라고 한다.
④ 면, 마, 합성 섬유 등에 적당하다.

해설 ① 약알칼리성 세제(중질 세제)
ⓐ PH 농도: 10~11
ⓑ 세탁 효과를 높인다.
ⓒ 센물(경수)에서도 세탁이 잘된다.
ⓓ 알칼리 세제에 잘 견디는 면, 마, 합성 섬유 또는 오염이 많이 된 세탁물에 적합하다.
② 경질 세제는 중성 세제이다.

11. 다음 중 기술 진단의 포인트가 아닌 것은?

① 마모 ② 변형
③ 얼룩 ④ 수량

해설 수량은 사무 진단이다.

12. 세정액의 청정 장치에 관한 설명 중 틀린 것은?

① 종류로는 필터식, 청정통식, 카트리지식, 증류식 등이 있다.
② 스프링 필터의 용제는 튜브의 외부로부터 펌프 압력으로 필터 안으로 들어갈 때 청정화한다.
③ 리프 필터의 모양은 8~10매씩 나란히 세운 것이 1세트이다.
④ 튜브 필터의 구조는 가는 철사망으로 짠 원통형이다.

해설 ① 튜브 필터는 튜브 또는 모양이 가는 철사망을 탱크 천장에 매달은 구조이다.

정답 8. ④   9. ③   10. ③   11. ④   12. ②

② 튜브 필터에 외부로부터 펌프 압력으로 용제가 들어갈 때 청정화가 이루어진다(스프링 필터가 아니라 튜브 필터이다).

13. 보일러의 고장이 아닌 것은?

① 수면계에 수위가 나타나지 않는다.
② 보일러의 본체에서 증기나 물이 샌다.
③ 부글부글 물이 끓는 소리가 난다.
④ 작동 중 불이 꺼진다.

해설 물이 끓는 소리는 보일러 고장이 아니다.

14. 다음 기술 진단의 중요한 진단이 아닌 것은?

① 특수품의 진단
② 납기의 진단
③ 고객 주문의 타당성 진단
④ 오염제거 정도의 진단

해설 납기(제품의 납품일)의 진단은 기술 진단과 관계없다.

15. 다음 중 재오염의 원인이 아닌 것은?

① 부착　　　　　② 흡착
③ 염착　　　　　④ 용해

해설 재오염의 원인: 부착, 흡착, 염착

16. 환원 표백제의 얼룩 빼기에 사용할 수 있는 약제는?

① 차아염소산 나트륨　② 과망간산 칼륨
③ 하이드로설파이트　④ 티오황산 나트륨

해설 환원 표백제 ① 아황산가스
　　② 아황산 수소 나트륨
　　③ 하이드로설파이트

17. 다음 중 수용성 오점에 해당되는 것은?

① 그리스　　　　② 화장품
③ 껌　　　　　　④ 간장

해설 ① 유용성 오점: 구두약, 그리스, 껌, 화장품, 인주 등
　　② 수용성 오점: 간장, 커피, 과자, 계란, 땀, 술, 소스 등

18. 다음 중 산화 표백제에 해당되지 않는 것은?

① 차염소산 나트륨　② 아황산 수소 나트륨
③ 아염소산 나트륨　④ 과탄산 나트륨

해설
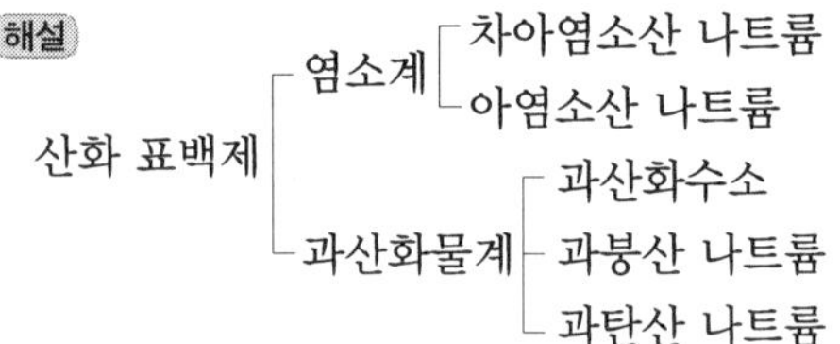

19. 비누의 특성 중 장점이 아닌 것은?

① 합성 세제보다 환경을 적게 오염시킨다.
② 세탁한 직물의 촉감이 양호하다.
③ 거품이 잘 생기고 헹굴 때는 거품이 사라진다.
④ 가수 분해 되어 유리 지방산을 생성한다.

해설 유리 지방산의 생성은 비누의 단점이다.

20. 용제 관리 목적이 아닌 것은?

① 물품을 상하지 않게 한다.
② 재오염을 방지한다.
③ 세정 효과를 높인다.
④ 정전기 발생을 방지한다.

해설 용제 관리의 목적
　① 물품을 상하지 않게 한다.

정답 13. ③　14. ②　15. ④　16. ③　17. ④　18. ②　19. ④　20. ④

② 재오염을 방지한다.

③ 세정 효과를 높인다.

21. 웨트클리닝의 대상이 아닌 것은?

① 합성수지 제품　　② 수지안료 가공 제품

③ 고무를 입힌 제품　④ 슈트나 한복

해설 ① 웨트클리닝 대상품

ⓐ 합성수지 제품, 합성고무 제품

ⓑ 수지안료 가공 제품

ⓒ 고무를 입힌 제품

ⓓ 드라이클리닝에서 오점이 빠지지 않는 제품

ⓔ 염료가 빠지는 제품

② 슈트(긴 양복)나 양복은 드라이클리닝으로 세탁한다.

22. 피혁 제품의 세탁에 대한 설명 중 틀린 것은?

① 파우더 클리닝을 하는 것이 효과적이다.

② 물품에 따라 처리 시간을 조절한다.

③ 탈지성이 적은 용제를 사용하는 것이 좋다.

④ 세탁을 하면 원래 품질보다 떨어지게 된다.

해설 피혁(가죽) 제품은 웨트클리닝으로 세척하고 양모 제품을 파우더 클리닝으로 세척한다.

23. 드라이클리닝을 할 때 탈액을 강하게 할 경우 나타나는 효과가 아닌 것은?

① 건조 및 용제의 회수 효과가 좋아진다.

② 주름이 강하게 남는다.

③ 의류의 형태 변형이나 손상이 일어날 가능성이 있다.

④ 용제 중에 오점과 세제 등이 옷에 남게 된다.

해설 용제 중에 오점과 세제 등이 남는 경우는

탈액을 약하게 하는 경우이다.

24. 론드리 세탁 방법의 설명 중 틀린 것은?

① 마직물로 된 백색 세탁물의 백도를 회복시키기 위한 고온 세탁 방법이다.

② 수지가공 면직물이나 면폴리에스테르 혼방물, 염색물의 중온 세탁 방법이다.

③ 용수가 절약되고 세탁물의 손상이 비교적 적다.

④ 표면 처리된 피혁 제품의 세탁 방법이다.

해설 피혁 제품은 웨트클리닝이나 드라이클리닝으로 세탁한다.

25. 드라이클리닝에 대한 설명으로 틀린 것은?

① 유기 용제를 사용하므로 수용성 오염은 제거하지 못한다.

② 건조가 빠르고 단시간에 세탁 완료가 가능하다.

③ 옷감의 염료가 유기 용제에 잘 용해되므로 다른 옷과의 세탁은 피해야 한다.

④ 용제의 청정 장치와 회수 장치가 필요하다.

해설 옷감의 염료가 유기 용제에 잘 용해되지 않으므로 색상에 관계없이 동시에 드라이클리닝을 할 수 있다.

26. 다음 중 얼룩 빼기가 필요 없는 것은?

① 옷 전체를 세탁할 필요가 없는 부분에 얼룩이 있을 때

② 세탁 시 다른 부분으로 번질 우려가 있는 얼룩이 있을 때

③ 특이한 얼룩은 없고, 옷에서 음식 냄새가 날 때

정답　21. ④　　22. ①　　23. ④　　24. ④　　25. ③　　26. ③

④ 세탁을 하여도 제거되지 아니한 얼룩이 있을 때

해설 음식 냄새는 냄새 제거를 해야 한다.

27. 다음 얼룩 빼기의 약제가 아닌 것은?

① 휘발유
② 아세트산
③ 차아염소산 나트륨
④ 녹말풀

해설 녹말풀 – 풀먹임 재료

28. 다음 중 모터와 컴푸레서에 가장 많이 사용되는 동력원은?

① 휘발유
② 석탄
③ 가스
④ 전기

해설 모터엔진, 컴푸레서 – 공기 압축기

29. 의복의 기능에 해당되지 않는 것은?

① 위생상의 성능
② 관리적 성능
③ 실용적인 성능
④ 감수성의 성능

해설 의복의 기능
① 위생 ② 실용적 ③ 감각적 ④ 관리적

30. 핫머신이라고 하며 합성 용제를 사용하여 세척, 탈액, 건조까지 연속으로 처리되는 세탁 기계는?

① 준밀폐형 세탁기
② 밀폐형 세탁기
③ 자동 론드리 세탁기
④ 개방형 세탁기

해설 핫머신(밀폐형) ① 퍼클로로에틸렌, 트리클로로에탄, 불소계 등이 합성 용제 사용 ② 세척, 탈액, 건조를 연속 처리

31. 다음 중 론드리용 기계가 아닌 것은?

① 프레스기
② 건조기
③ 탈수기
④ 절단기

해설 프레스기 – 마무리용 기계, 건조기 – 건조, 탈수기 – 탈수

32. 단백질, 전분 등의 얼룩을 단백질 분해 효소들로서 제거하는 화학적 얼룩 빼기는?

① 표백제법
② 알칼리법
③ 산법
④ 효소법

해설 효소법: 단백질, 전분(녹말) 등의 얼룩을 효소로 제거하는 방법

33. 론드리에서 백색 의류에 형광 염료가 떨어졌다면 이것의 원인이 되는 공정은?

① 본세탁
② 산욕
③ 건조
④ 헹굼

해설 론드리에서 세탁물을 워셔에 넣고 돌리므로 본세탁에서 형광 염료가 떨어져 나갈 수 있다.

34. 웨트클리닝 처리법 중 탈수와 건조의 설명으로 다른 것은?

① 탈수 시 형의 망가짐에 유의하고 가볍게 원심 탈수한다.
② 늘어날 위험이 있는 것은 둥글게 말아서 말린다.
③ 색 빠짐의 우려가 있는 것은 타월에 짜서 가볍게 손을 눌러 짠다.
④ 가급적 자연 건조한다.

해설 늘어날 위험이 있는 것은 평편한 곳에서 뉘어서 말린다.

정답 27. ④　28. ④　29. ④　30. ②　31. ④　32. ④　33. ①　34. ②

35. 기계 마무리의 주의점으로 틀린 것은?

① 비닐론은 충분히 건조시켜서 마무리한다.
② 마무리할 때 증기를 쏘이면 늘어남의 우려가 있다.
③ 플리츠 가공된 것은 스팀터널이나 스팀 박스에 넣으면 주름이 소실될 수 있다.
④ 고무벨트를 이용한 바지, 스커트는 다리미로 마무리해도 관계없다.

[해설] 고무벨트(고무 허리띠)는 다림질이 곤란하다.

36. 견뢰도와 색상이 좋아 면섬유에 가장 많이 사용하는 염료는?

① 분산 염료   ② 염기성 염료
③ 산성 염료   ④ 반응성 염료

[해설] 면섬유에 견뢰도와 색상이 좋은 염료는 반응성 염료이다.

37. 나일론 섬유의 성질로서 틀린 것은?

① 강도가 크다.   ② 신도가 크다
③ 열가소성이 좋다.   ④ 내일광성이 크다.

[해설] 나일론은 열에 약하므로 내일광성이 작다.

38. 섬유의 분류에서 인피 섬유에 해당하지 않는 것은?

① 면   ② 대마
③ 아마   ④ 모시

[해설] 인피 섬유(껍질 섬유): 아마, 대마, 저마(모시), 황마

39. 다음 중 강도가 가장 큰 섬유는?

① 면   ② 견

③ 아크릴   ④ 나일론

[해설] 나일론은 강도가 크고 강신도가 커서 양말, 스타킹 등에 사용된다.

40. 반합성 섬유의 설명으로 옳은 것은?

① 유기 화합물이 포함되지 않은 섬유
② 섬유용 천연 고분자 화합물에 어떤 화학기를 결합시켜서 에스테르 또는 에테르 형으로 한 섬유
③ 천연 고분자 물을 용해시켜서 모양을 바꾸어 주고 주된 구성 성분 그대로 재생시킨 섬유
④ 섬유를 증류하여 얻은 원료를 합성하여 중합 원료를 얻고 그 중합 원료를 종합하여 얻은 고분자를 용융 방사한 섬유

[해설] 반합성 섬유
① 천연 고분자 화합물에 화학기를 결합시켜 에스테르 또는 에스테르 형으로 한 섬유
② (펄프+코튼린터)에 초산으로 화학 처리

41. 다음 그림과 같은 세탁 관련 기호의 취급 방법에 대한 설명으로 옳은 것은?

① 탄화 수소계 용제로 약하게
② 탄화 수소계 용제로 세탁
③ 용제의 종류에 상관없이 약하게
④ 용제의 종류에 상관없이 세탁

[해설]

Ⓐ	Ⓟ	Ⓕ	⊗
모든 용제로 드라이클리닝 가능	퍼클로로에틸렌 용제 사용 가능	트리클로로에탄 용제 사용	드라이클리닝 금지

---

42. 다음 섬유 중 합성 섬유가 아닌 것은?

① 비스코스 레이온　② 나일론 66
③ 폴리에스테르　④ 아크릴

해설 비스코스 레이온은 재생 섬유이다.

43. 위사와 경사를 조합해서 만든 피륙은?

① 직물　② 편성물
③ 레이스　④ 브레이드

해설 위사와 경사를 조합해서 만든 피륙은 직물이다.

44. 다음 기호의 설명으로 옳은 것은?

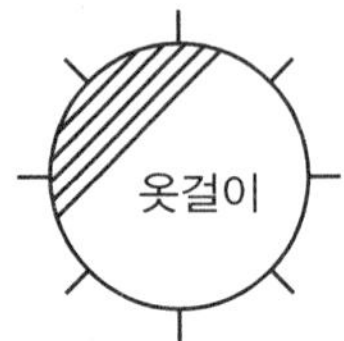

① 옷걸이에 걸고 햇빛에 건조한다.
② 옷걸이에 걸고 그늘에서 건조시킨다.
③ 뉘어서 건조시킨다.
④ 그늘에 뉘어서 건조시킨다.

해설
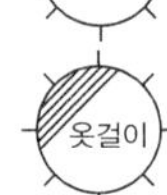

옷걸이에 걸어서 건조시킨다.

옷걸이에 걸어서 그늘에서 건조시킨다.

45. 직접 염료의 설명으로 틀린 것은?

① 산성 하에서 단백질 섬유와 나일론에도 염착된다.
② 색의 종류는 풍부하고 염색법이 간단하다.
③ 색상이 선명하다.
④ 일광 마찰 및 세탁 견뢰도가 나쁘다

해설 직접 염료는 색상이 선명하지 못하다.

46. 면섬유와 아마 섬유의 특징으로 틀린 것은?

① 강도가 크다.　② 탄성이 나쁘다.
③ 내열성이 좋다.　④ 흡습성이 낮다.

해설 면섬유와 아마 섬유는 흡수성이 크다.

47. 다음 직물의 3원 조직이 아닌 것은?

① 평직　② 능직
③ 주자직　④ 두둑직

해설 3원 조직: 평직, 능직(사문직), 주자직(수자직)

48. 클리닝 대상품을 분류한 것 중 틀린 것은?

① 모포 ～ 모포류
② 사무복 ～ 작업 분류
③ 오버 ～ 코트류
④ 방석 커버 ～ 시트류

해설 ① 방석 커버 – 커버류
② 테이블클로스 – 시트류

49. 성인 남자가 긴소매 드레스 셔츠의 염색 견뢰도 중 마찰 견뢰도의 기준으로 옳은 것은?

① 건 – 3급 이상, 습 – 3급 이상
② 건 – 3급 이상, 습 – 4급 이상
③ 건 – 4급 이상, 습 – 3급 이상
④ 건 – 4급 이상, 습 – 4급 이상

50. 다음 중 재생 셀룰로오스 섬유가 아닌 것은?

① 비스코스 레이온　② 폴리노직 레이온

정답　42. ①　43. ①　44. ②　45. ③　46. ④　47. ④　48. ④　49. ③　50. ④

③ 아세테이트   ④ 카세인 섬유

해설 재생 섬유
  ① 셀룰로오스(식물성) 섬유
    ⓐ 레이온: 비스코스, 폴리노직, 구리암모늄
    ⓑ 아세테이트: 디아세테이트, 트리아세테이트
  ② 동물성 섬유: 카세인(우유), 알긴산(해산물)

51. 파스너의 취급 설명 중 틀린 것은?

① 클리닝 및 프레스할 때에는 파스너를 열어 놓은 상태에서 한다.
② 슬라이더의 손잡이를 정상으로 해놓고 프레스한다.
③ 슬라이더에 직접 다림질하지 않는다.
④ 프레스 온도는 130℃ 이하로 유지한다.

해설 클리닝(세탁)과 프레스(마무리)할 때는 파스너(지퍼)를 닫은 상태로 한다.

52. 피혁의 결점에 대한 설명으로 틀린 것은?

① 열에 약하므로 온도 55℃ 이상에서는 굳어지고 수축된다.
② 염색 견뢰도가 나빠서 일광, 클리닝에 의해 퇴색되기 쉽다.
③ 곰팡이가 생기기 쉽다.
④ 인장 굴곡, 마찰에 약하고 보온성이 나쁘다.

해설 피혁은 마찰에 강하고 보온성이 좋은 편이다.

53. 다음 중 아세테이트 섬유를 녹일 수 있는 약제는?

① 알코올   ② 벤젠

③ 에테르   ④ 아세톤

해설 아세테이트 섬유는 아세톤에 녹는다.

54. 면섬유의 온도별 열에 의한 변화가 틀린 것은?

① 100℃ 정도에서 수분을 잃게 된다.
② 160℃에서 탈수작용이 일어난다.
③ 250℃에서 분해하기 시작한다.
④ 320℃에서 연소하기 시작한다.

해설 ① 100℃ - 수분 상실
  ② 140℃ - 강신도 저하
  ③ 160℃ - 탈수작용으로 분해
  ④ 250℃ - 갈색 변화
  ⑤ 320℃ - 연소

55. 탄성 회복이 나빠서 구김이 가장 잘 생기는 섬유는?

① 양모   ② 견
③ 아마   ④ 나일론

해설 구김이 잘 가는 섬유는 아마 섬유이다.

56. 공중위생법령에 따라 공중위생 영업을 신고할 때 신고를 받는 자가 아닌 것은?

① 도시자   ② 시장
③ 군수   ④ 구청장

해설 공중위생 영업을 신고할 때 신고를 받는 자는 시장, 군수, 구청장이다.

57. 다음 중 공중위생 감시원의 업무 범위가 아닌 것은?

① 공중위생법 관련 시설 및 설비의 위생 상태 확인검사

정답 51. ①   52. ④   53. ④   54. ③   55. ③   56. ①   57. ②

② 공중위생 영업소의 영업의 재개명령 이행 여부의 확인

③ 공중위생업자의 위생교육 이행 여부의 확인

④ 공중위생업자의 위생지도 및 개선명령 이행 여부의 확인

해설 영업의 재개 명령은 공중위생 감시원의 업무 범위와 관계없다.

58. 다음 위생지도 및 개선명령을 하는 자가 아닌 것은?

① 도지사　　　　② 군수
③ 구청장　　　　④ 보건소장

해설 위생지도 및 개선 명령자는 시 · 도지사 또는 시장, 군수, 구청장이다.

59. 다음 중 행정 처분권자가 위반 사항에 대한 처분 기준을 경감할 수 없는 경우는?

① 위반 사항의 내용으로 보아 그 위반 정도가 미비한 경우
② 해당 위반 사항에 관하여 검사로부터 기소 유예의 처분을 받은 경우
③ 해당 위반 사항에 관하여 법원으로부터 선고 유예의 판결을 받은 경우
④ 해당 위반 사항에 관하여 법원으로부터 집행 유예의 판결을 받은 경우

해설 ① 선고 유예: 위반 사항이 경미한 경우 형의 선고를 일정기간 동안 미루어 유예기간 동안 사고 없이 지내면 소송이 중지되는 것
② 기소 유예: 정상 참작
③ 집행 유예: 집행 연기
④ 집행 유예를 받은 경우 위반 사항이 있는 경우는 처분 기준을 경감 받을 수 없다.

60. 공중위생업자는 영업소 폐쇄 명령이 있은 후 몇 개월이 경과하지 아니할 때에는 누구든지 그 폐쇄 명령이 이루어진 영업장소에서 같은 종류의 영업을 할 수 없는가?

① 1개월　　　　② 3개월
③ 6개월　　　　④ 12개월

해설 영업소의 폐쇄 명령이 있은 후 6개월 기간에는 동일 업종을 개업할 수 없다.

정답 58. ④　　59. ④　　60. ③

제5회 해설과 함께 풀어보기

자격종목	세탁기능사	문제 수 60문제	수험번호	성명

1. 다음 중 유용성 오점에 해당하는 것은?

① 그리스 ② 간장
③ 점토 ④ 먼지

> **해설** ① 수용성: 간장
> ② 유용성: 그리스
> ③ 불용성(고체, 고형): 점토(흙), 먼지

2. 다음 섬유 중 더러움이 가장 빨리 되는 것은?

① 레이온 ② 모
③ 아세테이트 ④ 비닐론

> **해설** 오염이 잘 되는 순서: 레이온-마-아세테이트-면-비닐론 실크(견)-나일론-양모

3. 스프링 필터식 청정 장치의 스프링에는 다음 중 어느 것이 부착되어 있는가?

① 규조토 ② 분말 세제
③ 비닐 수지 ④ 폴리우레탄

> **해설** 청정 장치의 스프링 필터 안에는 여과제인 규조토를 부착시킨다.

4. 드라이클리닝 석유계 용제의 장점은?

① 매회 증류가 용이하여 용제를 관리하기 쉽다.
② 용해력이 약하고 비점이 낮아 저온 건조가 가능하며 건조가 빠르다.
③ 기름에 대한 용해도와 휘발성이 적정하며

안정적이다.
④ 불연성이므로 화재 위험이 없다.

> **해설** ①, ②, ④는 불소계 용제의 장점이다.

5. 청정제 종류와 뛰어난 성질과의 관계가 틀린 것은?

① 활성 탄소-탈취
② 실리카 겔-탈산
③ 알루미나 겔-탈취
④ 산성 백토-탈색

> **해설** 청정제의 종류
> ① 여과제 - 규조토
> ② 흡착제
> ⓐ 탈색제
>
> | • 활성 탄소 | 탈색, 탈취 |
> |---|---|
> | • 실리카 겔 | 탈색, 탈수 |
> | • 산성 백토 | 탈색 |
> | • 활성 백토 | 탈색, 탈수 |
>
> ⓑ 탄산제
>
> | • 알루미나 겔 | 탈산, 탈취 |
> |---|---|
> | • 경질토 | 탈산, 탈취 |

6. 청정제의 종류 중 오염이 심한 용제 중 용제의 청정에 적합한 것은?

① 필터 ② 카트리지식
③ 청정통식 ④ 증류식

> **해설** 오염이 심한 용제의 경우는 증류식 청정 방식을 사용한다.

정답 1. ① 2. ① 3. ① 4. ③ 5. ② 6. ④

7. 형광 증백제에 대한 설명 중 옳은 것은?

① 형광 증백제는 섬유상에 과도하게 염착되면 오히려 나쁜 효과가 생길 수도 있다.
② 대부분의 형광 증백제는 염소계 표백제에 의해 증백 능력을 상실한다.
③ 증백 효과는 증백제의 양에 따라 비례한다.
④ 형광 증백제는 섬유에 흡착되어 가시광선을 흡수하고 청색계 자외선을 복사한다.

해설 형광 증백제는 흰 옷을 더 희게 만드는 역할을 하는 것인데 보통 합성 세제에 거의 포함되어 있으므로 형광 증백제를 별도로 사용할 필요는 없다.

8. 세제에 첨가되어 있는 표백제는?

① 과탄산 나트륨
② 과산화수소
③ 황산
④ 셀룰로오스

해설 세제에 포함되어 있는 표백제는 주로 과탄산나트륨이다.

9. 가장 전문적 진단이 필요한 특수가공 제품은?

① 모피, 피혁 제품
② 안료 제품
③ 날염 제품
④ 합성섬유 제품

해설 모피, 피혁 제품은 전문적 진단이 필요한 특수가공 제품이다.

10. 기술 진단의 포인트에 해당되지 않는 것은?

① 형태의 변형
② 가공 표시
③ 얼룩
④ 부속품의 유무

해설 부속품의 유무는 사무 진단이다.

11. 의류가 세정 과정에서 용제 중에 분산된 더러움이 의류에 다시 부착되어 흰색이 약간 검게 보이는 현상은?

① 재오염
② 염색
③ 염창
④ 부착

해설 재오염: 세탁 후 용제 중에 분산되어 있는 오염이 의류에 다시 붙는 현상

12. 다음 중 물에 용해시켰을 때 이온화하지 않는 계면 활성제는?

① 비이온 계면 활성제
② 양이온 계면 활성제
③ 음이온 계면 활성제
④ 양성 계면 활성제

해설 종류
① 음이온: 세정제
② 양이온: 유화제, 대전 방지제, 발수제
③ 비이온: 이온화되지 않는다.
④ 양성: 음이온, 양이온 둘 다 존재

13. 게이지 압력이 $4kg/cm^2$인 보일러의 압력을 절대 압력으로 계산하면?

① $5kg/cm^2$
② $4kg/cm^2$
③ $3kg/cm^2$
④ $3kg/cm^2$

해설 절대 압력
$$= 게이지 압력 + 1.033 \times \frac{실제\ 대기압력}{표준\ 대기압력}$$
$$\fallingdotseq 게이지\ 압력 + 1$$
$$= 4 + 1$$
$$= 5kg/cm^2$$

14. 계면 활성제의 종류 중에서 세제로 주로 사용되는 것은?

① 비이온 계면 활성제
② 양성 계면 활성제
③ 음이온 계면 활성제

정답 7. ① 8. ① 9. ① 10. ④ 11. ① 12. ① 13. ① 14. ③

④ 양이온 계면 활성제

해설 세제로 이용되는 계면 활성제는 음이온계
이다.

15. 퍼클로로에틸렌 용제의 단점이 아닌 것은?

① 용해력이 석유계 용제에 비하여 크므로 오
점이 잘 빠지며 세정 시간이 짧다.
② 독성이 강하다.
③ 섬세한 의류에는 적합하지 않는 경우가 있
다.
④ 용제의 안정성이 낮아 열분해하여 기계의
부식이나 의류에 손상을 일으킨다.

해설 용해력이 커서 세정 시간이 짧은 것은 퍼
클로로에틸렌의 장점이다.

16. 세정액의 청정화 방법이 아닌 것은?

① 흡착 방법　　　② 증류 방법
③ 여과 방법　　　④ 중화 방법

해설 세정액의 청정화 방법: 여과, 흡착, 증류

17. 패션 케어(fashion care) 서비스에 해당 되지 않는 것은?

① 대상품의 보전성
② 대상품의 가치성
③ 대상품의 청결성
④ 대상품의 기능성 유지

해설 클리닝 서비스
① 워싱 서비스
　ⓐ 일반적인 세탁 영업
　ⓑ 기능 회복과 가치 보전
② 패션 케어 서비스
　ⓐ 기능 회복과 가치 보전
　ⓑ 더 좋은 상태를 유지

18. 비누의 장점이 아닌 것은?

① 피부를 거칠게 하지 아니하고 합성 세제보
다 환경을 적게 오염시킨다.
② 가수 분해 되어 유리 지방산을 생성한다.
③ 거품이 잘 생기고 헹굴 때에는 거품이 사라
진다.
④ 세탁 효과가 우수하다.

해설 가수 분해 되어 유리 지방산을 생성하는
것은 비누의 단점이다.

19. 수용성 오점에 대한 설명 중 틀린 것은?

① 기름을 주성분으로 이루어진 것이다.
② 종류에는 간장, 겨자, 곰팡이 등이 있다.
③ 물에 쉽게 녹는다.
④ 물에 용해된 물질에 의하여 생긴 오염을 말
한다.

해설 기름을 주성분으로 이루어진 것은 유용성
오점이다.

20. 원통 보일러의 형식으로 옳은 것은?

① 수관 보일러　　　② 주철 보일러
③ 연관 보일러　　　④ 특수 보일러

해설
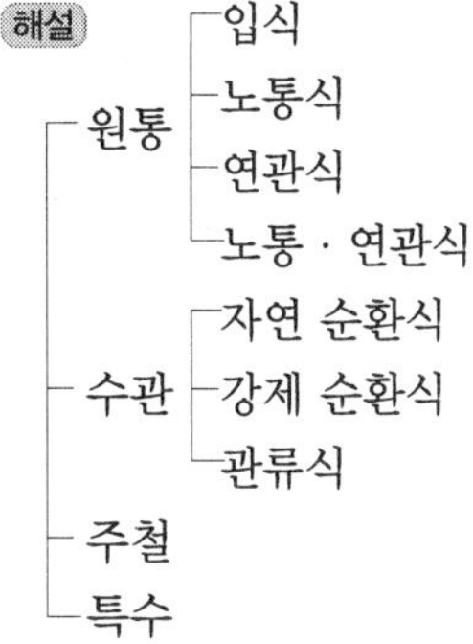

21. 다림질의 3대 요소가 아닌 것은?

① 온도　　　　　　② 수분

---

③ 압력　　　　　④ 전기

해설 ① 다림질의 3대 요소: 온도(열), 수분, 압력

② 기계 마무리의 4대 요소: 온도(열), 수분(스팀), 압력, 증기(공기 흡입)

22. 다음 중 웨트클리닝 대상품이 아닌 것은?

① 합성수지 제품
② 고무를 입힌 제품
③ 수지안료 가공 제품
④ 아세테이트 제품

해설 아세테이트는 드라이클리닝으로 세탁한다.

23. 세정 공정 중 차지 시스템(charge system)에 대한 설명으로 옳은 것은?

① 용제 중에 소량의 물을 첨가하는 것이다.
② 여러 개의 용제 탱크가 필요하다.
③ 매회의 세정 때마다 세정액을 교체하여 새로이 씻는 방법이다.
④ 소프를 첨가하지 않고 용제만으로 세탁하는 방식이다.

해설 세정 공정
① 차지 시스템: ⓐ 용제+소프(비누+물)
　　　　　　　ⓑ 수용성 오점도 제거
② 논 차지 시스템: 용제만 사용하는 경우
③ 배치 시스템: 용제를 사용할 때마다 매번 새로운 용제 사용
④ 배치 차지 시스템: 새로운 용제+소프 사용

24. 론드링에서 알칼리제의 역할이 아닌 것은?

① 산성 비누의 생성을 방지한다.
② 경수를 연화한다.

③ 변질된 당이나 단백질을 제거한다.
④ 황변을 방지한다.

해설 ① 센물(경수)−금속 성분이 있는 물
연수(단물)−금속 성분이 없는 물
② 알칼리제의 역할
　ⓐ 세탁 시 세정을 돕는다.
　ⓑ 산성 오점에 의해 산성 비누가 되는 것을 막는다.
③ 황변을 방지하는 것은 산욕이다.

25. 일반적으로 가장 많이 사용하는 모직물 양복의 세탁법은?

① 물세탁　　　　　② 론드링
③ 드라이클리닝　　④ 웨트클리닝

해설 양복(모직물), 한복은 드라이클리닝을 한다.

26. 론드링 공정의 순서가 옳은 것은?

① 예세 → 본세 → 표백 → 헹굼 → 산세 → 증백→푸새→건조
② 예세 → 본세 → 헹굼 → 산세 → 표백 → 증백→푸새→건조
③ 예세 → 헹굼 → 본세 → 산세 → 표백 → 푸새→증백→건조
④ 예세 → 헹굼 → 표백 → 산세 → 본세 → 푸새→증백→건조

해설 론드리 순서
예세−본빨래−표백 처리(황변 제거)−헹굼−산욕(알칼리 제거, 황변 방지)−풀먹임(수지 가공)−탈수−건조−다림질(마무리)

27. 다음 중 세정률이 가장 높은 섬유는?

① 견　　　　　② 양모
③ 면　　　　　④ 마

정답 22. ④　23. ①　24. ④　25. ③　26. ①　27. ②

해설 세정률이 높은 순서(오염 제거가 잘되는 순서): 양모-나일론-비닐론-아세테이트-면-레이온-마-견(실크)

28. 얼룩 빼기의 주의점 중 틀린 것은?

① 얼룩 빼기 시 생기는 반점을 제거해야 한다.
② 얼룩 빼기 시 기계적 힘을 심하게 가해야 한다.
③ 얼룩 빼기 후에는 뒤처리를 반드시 행하여 섬유 손상을 방지해야 한다.
④ 얼룩이 주위로 번져 나가지 않도록 해야 한다.

해설 ① 얼룩 빼기의 종류
　ⓐ 물리적: 기계적, 분산, 흡착
　ⓑ 화학적: 알칼리, 산, 표백제, 효소
② 얼룩 빼기 시 심한 기계적인 힘을 가하지 않아야 한다.

29. 다림질 후에 바지 주름이 한 쪽으로 삐뚤어져 있다. 그 원인에 가장 해당되는 것은?

① 주머니 다림질이 생략되었기 때문
② 바지의 다림질 온도가 맞지 않아서
③ 바짓가랑이 양쪽 봉제선이 불일치하기 때문
④ 물세탁을 하여 바지 길이가 줄었기 때문

해설 바짓가랑이 봉제선이 일치되지 않으면 바지의 주름이 삐뚤어진다.

30. 드라이클리닝 마무리 기계의 종류 중 성질이 다른 것은?

① 스팀형　　　　② 폼머형
③ 프레스형　　　④ 카트리지형

해설 드라이클리닝 마무리 기계의 종류
① 프레스형 ② 폼머형 ③ 스팀형

31. 모든 섬유에 적당한 세탁액 온도는?

① 10~20℃　　　② 35~40℃
③ 50~60℃　　　④ 80~90℃

해설 세탁액의 온도는 35~40℃가 적당하다.

32. 다음 중 삶아 빨기에 적당한 의류는?

① 흰 폴리에스테르 와이셔츠
② 흰 나일론 양말
③ 흰 아세테이트 블라우스
④ 흰 면 속옷

해설 속옷 등의 면제품이 심하게 오염된 경우 삶아서 빤다.

33. 다음 중 다림질 직업 시의 주의점으로 틀린 것은?

① 보일러의 물을 자주 교체하여 다리미에서 녹물이 나오지 않도록 한다.
② 진한 색상의 의복은 섬유 소재에 관계없이 천을 덮고서 다린다.
③ 편성물은 인체 프레스기를 사용하여 회복 불가 정도로 늘어진다.
④ 섬유의 적정 온도보다 다리미 온도가 낮으면 황변이 일어날 수 있다.

해설 섬유의 적정 온도보다 다리미 온도가 높으면 황변이 일어날 수 있다.

34. 우리나라에서 가장 많이 사용하는 경도 표시법은?

① 미국 경도　　　② 영국 경도
③ ppm　　　　　④ 프랑스 경도

해설 경도: 물에 칼슘과 마그네슘의 양을 탄산칼슘의 PPM으로 환산하여 나타낸 수치

정답 28. ②　29. ③　30. ④　31. ②　32. ④　33. ④　34. ③

35. 다음 중 열에 가장 약한 섬유는?

① 나일론　　　　　② 양모
③ 비스코스 레이온　④ 면

해설 열에 가장 약한 섬유는 나일론이다.

36. 합성 피혁에 주로 사용되는 수지는?

① 폴리우레탄　　　② 폴리아크릴
③ 폴리에스테르　　④ 폴리펩티드

해설 합성 피혁은 주로 폴리우레탄을 사용한다.

37. 피혁에 대한 설명으로 틀린 것은?

① 화학적 조성은 콜라겐이라는 섬유상 단백
　질로 되어 있다.
② 열에 약해서 55℃ 이상의 온도에서는 굳어
　지고 수축된다.
③ 보관은 건조하고 신선한 곳에 한다.
④ 물세탁과 드라이클리닝을 쉽게 할 수 있다.

해설 피혁은 물세탁을 하면 치수의 변화가 우려
　되므로 웨트크리닝을 한다.

38. 3대 합성 섬유에 해당되지 않는 것은?

① 나일론　　　　　② 스판덱스
③ 아크릴　　　　　④ 폴리에스테르

해설 3대 합성 섬유: 나일론(폴리아미드), 폴리
　에스테르, 아크릴

39. 양모 섬유를 비눗물 중에서 비비면 서로
엉키기 쉬워 세탁할 때 특히 주의해야 한다.
이것은 주로 양모의 어떤 형태 구조 때문인
가?

① 스케일　　　　　② 천연 꼬임

③ 케라틴　　　　　④ 세리신

해설 ① 스케일(겉비늘): 양털 표면의 비늘 모
　양의 구조
　② 양모 섬유에 비눗물로 비비면 스케일의 축
　융성에 의해 서로 엉킨다.

40. 양모 섬유로 된 내의를 세탁할 때 부주의
로 인해서 많이 줄어드는 주된 원인은?

① 케라틴이라는 단백질로 되어 있기 때문이
　다.
② 탄성이 좋기 때문이다.
③ 표피층에 스케일 구조를 가지고 있기 때문
　이다.
④ 분자 구조 중 조염 결함을 갖고 있기 때문
　이다.

해설 양모의 표피층에 있는 스케일 구조는 축융
　성이 있어 비눗물로 비비면 수축된다.

41. 양털에 있어서 축융성과 가장 관계가 있
는 것은?

① 파라 내섬유　　　② 켐프
③ 겉비늘과 크림프　④ 오르토 내섬유

해설 양털의 축융성과 관계있는 것은 겉비늘(스
　케일)과 크림프(양털이 곱슬거리는 것)이다.

42. 다음 중 천연 식물성 섬유가 아닌 것은?

① 면　　　　　　　② 모시
③ 아마　　　　　　④ 비스코스 레이온

해설 비스코스 레이온은 재생 섬유이다.

43. 합성 섬유의 방사법으로 가장 많이 사용
되는 것은?

정답 35. ① 　36. ① 　37. ④ 　38. ② 　39. ① 　40. ③ 　41. ③ 　42. ④ 　43. ③

① 건식 방사 　　② 습식 방사
③ 용융 방사 　　④ 에멀션 방사

[해설] 용융 방사
　① 합성수지를 녹여 방사구(작은 구멍)를 통하여 뽑아내어 실로 만드는 것
　② 가장 많이 사용된다.

44. 우리나라에서 주로 사용하고 있는 면섬유는?

① 이집트면 　　② 타자면
③ 미국면 　　④ 인도면

[해설] 미국면: 미국의 해안 지역에서 나는 해도면으로서 우리나라에서 가장 많이 사용되고 있다.

45. 섬유의 세탁 방법에 대한 표시 기호에 대한 뜻으로 틀린 것은?

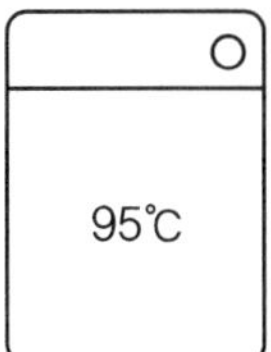

① 물의 온도 95℃를 표준으로 세탁할 수 있다.
② 세제의 종류에 제한을 받지 않는다.
③ 세탁기에 의하여 세탁할 수 없다
④ 삶을 수 있다.

[해설] 세탁기 표시이므로 세탁기에 의해 세탁할 수 있다.

46. 다음 중 면섬유의 주성분에 해당되는 것은?

① 셀룰로오스 　　② 케라틴

③ 피브로인 　　④ 펙틴질

[해설] 주성분
　① 식물성 섬유(면, 마)-셀룰로오스
　② 견섬유-피브로인
　③ 양모-케라틴

47. 다음 중 세탁 견뢰도가 가장 우수한 것은?

① 2급 　　② 3급
③ 4급 　　④ 5급

[해설] 세탁 견뢰도
　① 염색된 옷이 세탁으로 인해 염료가 빠지는 것을 평가하는 것.
　② 1급에서 5급까지 있고 등급이 높을수록 좋다.

48. 다음 중 비중이 가장 작은 섬유는?

① 폴리에스테르 　　② 폴리프로필렌
③ 폴리우레탄 　　④ 폴리아미드

[해설] 폴리프로필렌 합성섬유 중 비중(0.82~0.92)이 가장 가볍다(이불솜, 돗자리).

49. 접착 심지의 설명으로 틀린 것은?

① 다리미 또는 프레스 처리만으로 접착시킬 수 있다.
② 봉제 방법이 간단하다.
③ 겉감의 신축성을 감소시킬 수 있기 때문에 형태 안정성이 증진된다.
④ 내세탁성이 약하다.

[해설] 접착 심지(테이프)
　① 옷감의 형태를 안정시키고 있는 섬유를 붙여 주는 것이다.
　② 접착 심지는 내세탁성이 강하다.

[정답] 44. ③　45. ③　46. ①　47. ④　48. ②　49. ④

50. 다음 중 파일 직물이 아닌 것은?

① 벨벳 ② 코듀로이
③ 우단 ④ 개버딘

해설 파일 직물
① 천에 수직으로 고리를 붙여 맨 것
② 우단, 골덴, 벨벳, 타월
③ 코듀로이: 골이 지게 만든 피륙으로서 골덴을 말한다.

51. 다음 중 평직물에 해당되는 것은?

① 광목 ② 서지
③ 공단 ④ 벨벳

해설 평직물
① 경사와 위사가 한 올씩 교차하여 제직
② 광목, 목양목, 포플린

52. 양모 섬유에 가장 친화성이 좋은 염료는?

① 황화 염료 ② 산성 염료
③ 배트 염료 ④ 형광 염료

해설 양모 섬유에는 산성 염료가 가장 친화성이 좋다.

53. 안전 다림질 온도가 가장 높은 섬유는?

① 나일론 ② 양모
③ 마 ④ 견

해설 안전 다림질 온도

1	마	180~210℃
2	면	180~200℃
3	양모	130~150℃
4	레이온	130~140℃
5	견	120~130℃
6	아세테이트 합성 섬유	100~120℃

54. 양모 섬유의 특징이 아닌 것은?

① 마디가 있고 광택이 좋다.
② 흡수성과 신축성이 좋다.
③ 스케일이 있어 방축 가공에 용이하다.
④ 다공성이 커서 보온성이 좋다.

해설 마디가 있는 것은 아마이다.

55. 오점의 종류가 아닌 것은?

① 유용성 오점 ② 무용성 오점
③ 수용성 오점 ④ 불용성 오점

해설 오점의 종류: 수용성 오점, 유용성 오점, 불용성 오점

56. 공중위생 감시원의 자격이 아닌 것은?

① 위생사 또는 환경기사 2급 이상의 자격이 있는 자
② 대학에서 화학 · 화공학 · 환경공학 또는 위생학 분야를 전공하고 졸업한 자
③ 외국에서 위생사 또는 환경기사 면허를 받은 자
④ 1년 이상 공중위생 행정에 종사한 경력이 있는 자

해설 공중위생 감시원 자격이 있는 사람은 3년 이상 공중위생 행정에 종사한 경력이 있는 자이다.

57. 다음 중 공중위생관리법 시행 규칙을 개정할 수 있는 자는?

① 대통령
② 도지사
③ 시장 · 군수
④ 보건복지가족부 장관

해설 공중위생관리법 시행 규칙은 보건복지부

정답 50. ④ 51. ① 52. ② 53. ③ 54. ① 55. ② 56. ④ 57. ④

장관이 개정할 수 있다.

58. 세탁업을 하고자 하는 자는 공중위생 영업의 종류별로 보건복지가족부령이 정하는 시설 및 설비를 갖추고 시장 · 군수 · 구청장에게 어떤 절차를 받아야 하는가?

① 허가 ② 인가
③ 신고 ④ 등록

해설 세탁업을 하고자 하는 자는 시장, 군수, 구청장에게 신고를 해야 한다.

59. 다음 중 공중위생 영업자의 위생교육 시간은?

① 1개월마다 4시간 ② 6개월마다 4시간
③ 매년 3시간 ④ 2년마다 4시간

해설 위생교육 시간은 매년 3시간이다.

60. 다음 중 공중위생 감시원의 업무 범위가 아닌 것은?

① 시설 및 설비의 확인
② 영업자 준수사항 이행 여부의 확인
③ 영업자의 기술자격 인정 여부 확인
④ 위생지도 및 개선명령 이행 여부의 확인

해설 공중위생 감사원의 업무
① 시설, 설비의 확인
② 시설 및 설비의 위생상태 확인 검사
③ 공중위생 영업자의 위생관리 의무 및 영업자의 준수사항 이행 여부 확인
④ 공중이용시설의 위생관리 상태의 확인 · 검사
⑤ 위생지도 및 개선명령 이행 여부의 확인
⑥ 공중위생 영업소의 영업정지 일부 시설의 사용 중지 또는 영업소의 폐쇄명령 이행 여부의 확인
⑦ 위생교육 이행 여부의 확인

정답 58. ③ 59. ③ 60. ③

제6회 해설과 함께 풀어보기

자격종목	문제 수	수험번호	성명
세탁기능사	60문제		

1. 양이온 계면 활성제의 용도로 가장 적당하지 않은 것은?

① 세척제
② 발수제
③ 유화제
④ 대전 방지제

[해설] 양이온 계면 활성제: 유화제, 대전 방지제, 발수제

2. 클리닝의 효과를 일반적인 효과와 기술적인 효과로 구분할 때 일반적인 효과에 해당되지 않는 것은?

① 오점 제거방법 분류
② 용제, 세제를 사용하여 위생 수준 유지
③ 세탁물의 내구성 유지
④ 고급의류 패션성 보전

[해설] 오점 제거방법 분류는 기술적인 효과이다.

3. 세정액의 청정 장치 중 여과지와 흡착제가 별도로 되어 있고, 여과 면적이 넓고 흡착제의 양이 많아 오래 사용하는 것은?

① 필터식
② 카트리지식
③ 청정통식
④ 증류식

[해설] 세정액의 청정화(청정 장치의 종류 및 기능)
① 필터식—리프 필터, 튜브 필터, 스프링 필터
② 청정통식—여과지와 흡착제가 별도
③ 카트리지식—바깥은 여과지, 속은 흡착제를 사용. 청정 능력이 높아 가장 많이 사용

④ 증류식—더러움이 심한 경우 사용

4. 의류에 대한 기술 진단의 포인트가 아닌 것은?

① 오점
② 가공 표시
③ 부속품
④ 마모

[해설] 부속품의 유무는 사무 진단이다.

5. 수관 보일러의 형식에 해당하는 것은?

① 관류식
② 입식
③ 노통
④ 연관

[해설] 원통 보일러의 종류
① 입식 ② 노통 ③ 연관 ④ 노통 · 연관

6. 천연 섬유 중 세정률이 가장 높은 섬유는?

① 양모
② 면
③ 마
④ 견

[해설] 양모—나일론—비닐론—아세테이트—면—레이온—마—견

7. 계면 활성제 중 세제로 가장 많이 사용되는 계면 활성제는?

① 양성 계면 활성제
② 비이온 계면 활성제
③ 음이온 계면 활성제
④ 양이온 계면 활성제

[해설] 계면 활성제—비누, 세제
음이온—세제

[정답] 1. ① 2. ① 3. ③ 4. ③ 5. ① 6. ① 7. ③

양이온–유화제, 대전 방지제, 발수제
비이온
양성 이온

8. 계면 활성제의 성질로서 틀린 것은?

① 한 개의 분자 내에 친수기와 친유기를 가진
다.
② 물과 공기 등에 흡착하여 계면 장력을 증가
시킨다.
③ 직물의 습윤 효과를 향상시킨다.
④ 직물의 약제에 침투 효과를 증가시킨다.

해설 계면 활성제
① 계면 활성제에서 표면 장력(계면 장력)을
저하시킨다.
② 친수기, 친유기(소수성)로 구성되어 있다.

9. 탄소수소계 용제 중 드라이클리닝용으로 가장 많이 사용하는 것은?

① 석유계 용제　　② 테레빈유
③ 벤젠　　④ 데칸

해설 탄화수소계 용제 중 가장 많이 사용되는
용제는 석유계 용제이다.

10. 셀룰로오스 직물에 주로 사용되는 표백제는?

① 아염소산 나트륨　　② 하이드로설파이트
③ 과탄산 나트륨　　④ 과붕산 나트륨

해설 ① 표백제
산화 표백제
– 염소계: 차아염소산 나트륨(락스), 아염
소산 나트륨
– 과산화물계: 과망간산 칼륨, 과산화 수
소, 과붕산 나트륨, 과탄산

나트륨(옥시크린)
환원 표백제: 아황산 가스, 아황산 수소 나
트륨, 하이드로설파이트
② 셀룰로오스, 나일론, 폴리에스테르, 아크
릴 섬유에는 아염소산 나트륨이 사용된다.

11. 고체 오점만으로 옳게 나열된 것은?

① 곰팡이, 겨자, 과자
② 매연, 시멘트, 석고
③ 간장, 술, 커피
④ 구두약, 인주, 왁스

해설 ① 수용성 오점: 곰팡이, 겨자, 과자
② 고체 오점, 고형물 오점: 매연, 시멘트, 석
고
③ 수용성 오점: 간장, 술, 커피
④ 유용성: 구두약, 인주, 왁스

12. 헹굼 후에도 남아 있는 알칼리를 중화하여 섬유의 황변을 방지하고, 금속 비누와 표백제를 분해하며 철분 등 산에 녹는 오점을 용해, 제거하는 것은?

① 산욕　　② 본세탁
③ 탈수　　④ 풀먹임

해설 ① 예세–본세–표백–헹굼–산세(산욕)–
증백–푸새(풀먹임)–탈수–건조–다림질(마
무리)
② 헹굼 후에 남아 있는 알칼리를 제거하기
위해 산욕(산세)을 한다. 황변 방지와 살균
작용도 한다.

13. 진단 시 고객으로부터 충분한 정보를 충분히 입수해야 할 내용과 가장 관계가 없는 것은?

① 품질 표시가 없는 제품
② 얼룩의 생성 동기
③ 고급 제품의 구입 나라의 번역된 취급 표시
④ 제품에 사용된 염료의 종류

해설 제품에 사용된 염료는 의복의 품질 표시 또는 취급 표시에서 얻을 수 있다.

14. 기술 진단의 내용으로 틀린 것은?

① 세탁물의 진단은 고객 앞에서 해야 한다.
② 진단은 고객으로부터 접수 시 해야 한다.
③ 취급 표시의 정보를 입수하고 작업자 임의 대로 취급해야 한다.
④ 진단 시 고객으로부터 충분한 정보를 입수해야 한다.

해설 취급 표시의 정보에 있는 대로 취급해야 한다.

15. 드라이클리닝 용제의 점검 사항이 아닌 것은?

① 투명도　　　　② 가공제의 탈락 유무
③ 불휘발성 잔유물　④ 산가

해설 용제의 점검 사항은 산가(생산지 가격)와 관계가 없다.

16. 합성 섬유를 착용했을 때 정전기의 발생을 방지하기 위한 가공은?

① 방추 가공
② 방수 가공
③ 증백 가공
④ 대전 방지 가공

해설 대전 방지 가공: 정전기 발생을 방지하기 위한 가공

17. 계면 활성제의 기본적인 성격과 직접 관계하는 작용이 아닌 것은?

① 습윤 작용　　　② 침투 작용
③ 분산 작용　　　④ 살균 작용

해설 계면 활성제의 작용 순서
습윤 – 흡수 –침투 – 분산 – 보호 – 기포

18. 다음 중 흡착제이면서 탈산력이 뛰어난 청정제는?

① 활성 탄소　　　② 실리카 겔
③ 활성 백토　　　④ 알루미나 겔

해설 청정제의 종류
┌ 여과제－규조토
│　　　　　　　┌ 활성 탄소: 탈색, 탈취
│　　　　　　　├ 실리카 겔: 탈색, 탈수
├ 흡착＋탈색 ─┤ 산성 백토: 탈색
│　　　　　　　└ 활성 백토: 탈색, 탈수
└ 흡착＋탈산＋탈취 ┌ 알루미나 겔
　　　　　　　　　　└ 경질토

19. 용제의 청정화 방법이 아닌 것은?

① 여과 방법　　　② 증류 방법
③ 흡착 방법　　　④ 회수 방법

해설 용제의 청정화
① 여과 ② 흡착 ③ 증류

20. 곰팡이 방지 방법으로 틀린 것은?

① 옷의 더러움을 깨끗이 없앤다.
② 의류를 충분히 건조시킨다.
③ 비닐 포장 내부의 산소를 제거하는 포장 업을 이용한다.
④ 보관 장소의 습도를 높게 하고 온도를 20~35℃ 정도로 유지한다.

정답 14. ③　15. ④　16. ④　17. ④　18. ④　19. ④　20. ④

해설 습도를 낮게 하고 온도를 15℃ 이하로 유지한다.

21. 세탁물 소재의 마무리 가공 목적이 아닌 것은?

① 소재의 기능을 보다 더 향상시킨다.
② 소재의 결점을 보완한다.
③ 소재에 새로운 기능을 부여한다.
④ 소재에 영구적인 성능을 주기 위하여 형상을 바꾼다.

해설 소재의 마무리 가공의 목적
① 소재의 기능을 더 향상시킨다.
② 소재의 결점을 보완한다.
③ 소재의 새로운 기능을 부여한다.

22. 물세탁의 본세탁 공정에서 세제와 조제의 pH는 얼마로 유지해야 하는가?

① PH4~5
② PH6~7
③ PH8~9
④ PH10~11

해설 물세탁(론드리)에서 본세탁 시 수소이온농도(pH)는 10~11을 유지한다.

23. 다음 중 세제의 종류를 선택할 때 고려하지 않아도 되는 것은?

① 섬유의 종류
② 오염의 형태
③ 세탁 방법
④ 물의 온도

해설 섬유의 종류, 오염 형태, 세탁 방법에 따라 세제의 종류(알칼리성 세제, 중성 세제 등)가 결정된다.

24. 론드리의 장점으로 틀린 것은?

① 알칼리제를 사용하므로 오점이 잘 빠진다.
② 표백이나 풀먹임이 효과적이며 용이하다.

③ 와셔는 원통형이므로 의류가 상하지 않는다.
④ 마무리에 상당한 시간과 기술이 필요하지 않다.

해설 론드리(물세탁)는 마무리에 상당한 시간과 기술이 필요하다.

25. 다음 중 콜드 머신(cold machine)이 해당하는 것은?

① 론드리
② 웨트클리닝
③ 드라이클리닝
④ 얼룩 빼기

해설 드라이클리닝 기계
① 개방형 세정기(오픈워셔): 세정만 가능
② 준밀폐형 세정기(콜드 머신): 석유계 용제-세정+탈액
③ 밀폐형 세정기(핫머신): 합성 용제-세정+탈액+건조

26. 세탁기의 수류(水流) 방식에 따른 형식에 해당되지 않는 것은?

① 빨래식
② 드럼식
③ 와류식
④ 교반식

해설 가정용 세탁기의 종류
① 와류식 ② 교반식 ③ 드럼식

27. 다음 중 오점을 가장 빼기 어려운 섬유는?

① 나일론
② 면
③ 견
④ 양모

해설 ① 오점 제거가 잘되는 순서(세정률이 높은 순서): 양모-나일론-비닐론-아세테이트-면-레이온-마-견(실크)
② 오점이 가장 안 빠지는 것: 견

---

28. 다음 중 웨트클리닝을 해야 하는 의복이 아닌 것은?

① 합성피혁 제품
② 고무를 입힌 의복
③ 안료 염색된 의복
④ 슈트나 한복

해설 슈트나 한복은 드라이클리닝해야 한다.

29. 론드리에서 건조 시 주의점으로 틀린 것은?

① 화학 섬유의 경우 수축, 황변되기 쉬우므로 60℃ 이하에서 건조시킨다.
② 가열을 정지시킨 후라고 텀블러 안에 물품을 방치해서는 안 된다.
③ 저온의 경우 회전통에 넣는 양을 많게 한다.
④ 비닐론 제품은 젖은 상태로 다림질하는 것을 피해야 한다.

해설 저온의 경우 회전통에 넣는 양을 적게 한다.

30. 손빨래 중 세탁 효과가 가장 좋고 노력이 적게 드는 것은?

① 흔들어 빨기   ② 주물러 빨기
③ 두들겨 빨기   ④ 눌러 빨기

해설 ① 흔들어 빨기-옷감의 손상이 적다
    ② 두들겨 빨기-세탁 효과가 좋고 힘이 덜 든다.

31. 석유계 용제용 드라이클리닝에 대한 설명으로 틀린 것은?

① 사용한 용제를 계속하여 사용할 수 있다.
② 대부분 증류장치 없이 여과하여 사용한다.
③ 일반적으로 세탁 온도는 20~30℃에서 20~30분 동안 세탁한다.
④ 인화성이 있어 용제의 보관과 취급에 주의해야 한다.

해설 석유계 용제는 진공증류 장치가 필요하다.

32. 다음 중 면직물이나 마직물 같은 셀룰로오스 섬유를 해치는 벌레는?

① 애수시렁이   ② 옷좀나방
③ 바퀴벌레   ④ 털좀나방

해설 셀룰로오스 섬유를 해치는 벌레의 종류: 바퀴벌레, 의어(좀), 귀뚜라미

33. 천연 동물성 섬유에 대한 세탁 방법으로 틀린 것은?

① 양모 직물은 드라이클리닝이 안전하다.
② 견직물은 드라이클리닝이 금지되어 있다.
③ 양모 직물은 중성 세제를 사용한다.
④ 견직물은 세탁용수를 연수로 사용한다.

해설 드라이클리닝
    ① 양모, 견, 아세테이트
    ② 슈트, 한복

34. 세탁 작용 중 침투 작용의 설명으로 가장 옳은 것은?

① 천에 젖기 어렵게 하는 것이다.
② 세제는 물의 표면 장력을 높이는 힘을 가지고 있다.
③ 세제액이 천과 오점 사이에 들어가는 작용이다.
④ 오점이 천에서 분리되기 어렵게 하는 작용이다.

해설 침투 작용은 계면 활성제의 작용 중 천과 오점 사이에 들어가는 작용이다.

정답 28. ④   29. ③   30. ③   31. ②   32. ③   33. ②   34. ③

35. 다음 얼룩 중 유기 용제로 제거할 수 없는 것은?

① 매니큐어　　　　② 립스틱
③ 볼펜잉크　　　　④ 인주

해설 ① 유기 용제: 시너, 벤젠, 알코올, 아세톤 등이 있다.
② 인주는 불용성 오점으로서 로드유로 제거한다.

36. 다음 중 안전 다림질 온도가 가장 높은 섬유는?

① 양모　　　　② 아마
③ 폴리에스테르　　　　④ 견

해설 마－180∼210℃
면－180∼200℃
모－130∼150℃
레이온－130∼140℃
견－120∼130℃
합성 섬유·아세테이트－100∼120℃

37. 면섬유의 공정 수분율은?

① 0.4%　　　　② 8.5%
③ 12%　　　　④ 18.25%

해설 ① 공정 수분율: 섬유의 사용 중의 수분의 함수율
② 면섬유의 공정 수분율은 8.5% 정도이다.

38. 천연 피혁의 손질 및 보존 방법에 대한 설명 중 가장 옳은 것은?

① 젖었을 때에는 직사일광 또는 불로 건조시켜야 원형이 보존된다.
② 보존할 때에는 온도나 습도가 높은 곳에 보관해야 한다.

③ 손질할 때에는 기름 수건 또는 알코올 수건을 사용한다.
④ 건조시킬 때는 반드시 응달에서 말려야 한다.

해설 천연 피혁(가죽)의 건조는 응달에서 말려야 변형이 없다.

39. 폴리에스테르 섬유의 염색에 가장 많이 사용되고 있는 염료는?

① 직접 염료　　　　② 산성 염료
③ 염기성 염료　　　　④ 분산 염료

해설 폴리에스테르, 아세테이트 섬유는 분산 염료를 사용한다.

40. 부직포의 특성으로 옳은 것은?

① 방향성이 있다.
② 절단 부분이 풀리지 않는다.
③ 함기량이 적다
④ 내구성이 좋다.

해설 ① 부직포: 섬유에 접착제를 뿌리고 열을 가하여 만든 것
② 부직포의 특징: ⓐ 방향성이 없다.
ⓑ 절단 부분이 풀리지 않는다.
ⓒ 함기량이 크다.

41. 다음 중 전기 절연성이 가장 좋은 섬유는?

① 양모　　　　② 면
③ 마　　　　④ 폴리에스테르

해설 ① 합성 섬유(폴리에스테르 등)가 천연 섬유에 비해 전기 절연성이 크다.
② 절연성: 전기를 통하지 않게 하는 성질

정답 35. ④　　36. ②　　37. ②　　38. ④　　39. ④　　40. ②　　41. ④

42. 면섬유에서 섬유소 내의 탈수작용으로 분해가 시작되는 온도는?

① 160℃ ② 180℃
③ 250℃ ④ 320℃

해설 100℃ – 수분 상실
140℃ – 강신도 저하
160℃ – 탈수작용
250℃ – 갈색
320℃ – 연소

43. 모피와 피혁의 세탁 방법에 대한 설명으로 틀린 것은?

① 피혁류는 드라이클리닝보다 물세탁이 적당하다.
② 피혁류는 지방의 보존이 품질 보존의 중요한 요령 중 하나이다.
③ 모피류는 일반 드라이클리닝이 불가능하므로 모피 전문 세탁업체에 맡겨야 한다.
④ 모피류는 파우더클리닝으로 세탁한다.

해설 피혁(가죽)류는 웨트크리닝을 원칙으로 한다.

44. 여름에 삼베옷을 입으면 시원한 느낌을 주는 가장 큰 이유는?

① 가볍기 때문
② 흡습성이 크기 때문
③ 열전도성이 좋기 때문
④ 촉각이 까칠까칠하기 때문

해설 삼베옷은 땀과 열을 잘 흡수하여 열전도성이 커서 땀과 열을 잘 배출하므로 시원하다.

45. 가죽처리 공정 중 가죽의 촉감 향상을 위하여 털과 표피층의 제거, 불필요한 단백질의 제거, 지방과 기름 등을 제거하는 공정은?

① 유성 ② 산에 담그기
③ 회분 빼기 ④ 석회 침지

해설 ① 가죽처리 공정: 원피–물에 침지–고기 제거–석회 침지–분할–때 빼기–회분 빼기–산성으로 중화–산에 담그기–유성
② 석회 침지: 제육한 원피를 석회에 담그면 털·표피층·불필요한 단백질·지방 등이 제거되어 가죽의 촉감이 향상된다.

46. 다음 중 반합성 섬유에 해당하는 것은?

① 아세테이트 ② 폴리에스테르
③ 스판덱스 ④ 비닐론

해설 ① 반합성 섬유: 아세테이트
② 합성 섬유: 나일론(폴리아미드), 폴리에스테르, 아크릴, 비닐론, 폴리우레탄(스판덱스)

47. 세탁견뢰도 시험에 사용하는 시약이 아닌 것은?

① 무수 탄산 나트륨 ② 메타규산 나트륨
③ 초산 ④ 염화 나트륨

해설 ① 세탁 견뢰도는 옷 염색의 세탁에 견디는 능력이다.
② 염화 나트륨은 염색 견뢰도의 시약이다.

48. 평직에 대한 설명으로 옳은 것은?

① 사문직이라고도 한다.
② 조직점이 적어서 유연하다.
③ 경사와 위사가 한 올씩 상하 교대로 교차되어 있다.
④ 표면이 매끄럽고 광택이 좋다.

정답 42. ① 43. ① 44. ③ 45. ④ 46. ① 47. ④ 48. ③

해설 ① 평직: 경사와 위사가 1올씩 상하 교대
로 교차된 조직
② 사문직은 능직이다.
③ 평직은 조직점이 많아 강하다.
④ 평직은 표면이 거칠고 광택이 적다.

49. 양모 섬유의 성질에 대한 설명으로 옳은 것은?

① 열전도율이 좋다.
② 강도가 천연 섬유 중에서 가장 강하다.
③ 알칼리에 대한 내성이 강하다.
④ 천연 섬유 중에서 흡습성이 가장 크다.

해설 양모 섬유의 성질
① 천연 섬유 중 흡습성이 가장 크다.
② 열전도율이 작다.
③ 신축성이 크다.
④ 알칼리에 약하다.

50. 섬유 제품의 취급에 관한 표시 기호 중 "물세탁은 안 된다"에 해당되는 것은?

① 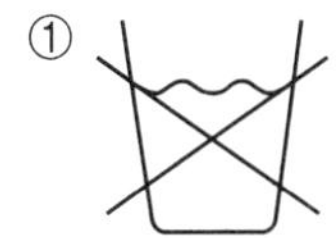 ② 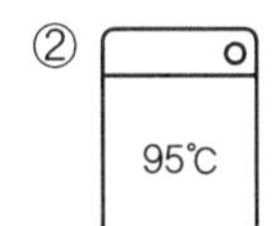

③ 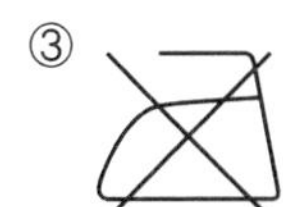 ④ 

해설 ① 물세탁 금지
② 세탁 시 온수의 온도는 95℃를 표준으로
함
③ 다림질 금지
④ 손 또는 원심 탈수기 등으로 짜는 것은 금
지

51. 다음 중 합성 섬유가 아닌 것은?

① 나일론 ② 폴리에스테르
③ 아크릴 ④ 비스코스 레이온

해설 비스코스 레이온은 재생 섬유이다.

52. 다음 중 열가소성이 가장 좋은 섬유는?

① 폴리에스테르 ② 아크릴
③ 비스코스 레이온 ④ 스판덱스

해설 ① 열가소성: 열에 의해 형태를 변형시킨
후 그대로 유지하려는 성질. 열가소성은 의
류의 형태를 안정시킬 수 있다.
② 열가소성 크기: 인조 섬유 > 동물성 섬
유 > 식물성 섬유
③ 폴리에스테르는 열가소성에 의한 형태 안
정성이 크다.

53. 표시의 분류 중 조성 표시의 설명으로 옳은 것은?

① 섬유 소재명과 혼용률을 표시한 것
② 수축률, 난연성 등의 성능을 표시한 것
③ 크기와 같은 치수를 표시한 것
④ 방염 가공 등의 가공한 것을 표시한 것

해설 조성 표시: 섬유 소재명과 혼용률
예) 폴리에스테르 60%, 면 40%

54. 다음 중 비중이 가장 낮은 섬유는?

① 나일론 ② 아크릴
③ 폴리에스테르 ④ 폴리프로필렌

해설 폴리프로필렌은 비중 0.92로서 현존하는
섬유 중 가장 가볍다.

55. 직물의 3원 조직이 아닌 것은?

① 능직 ② 수자직
③ 평직 ④ 리브직

정답 49. ④ 50. ① 51. ④ 52. ① 53. ① 54. ④ 55. ④

해설 직물의 3원 조직: 평직, 능직(사문직), 수자직(주자직)

56. 공중위생 영업을 하고자 하는 자가 신고해야 할 대상자가 아닌 것은?

① 도시자 　　　② 시장
③ 군수 　　　　④ 구청장

해설 공중위생 영업을 하고자 하는 자는 시장, 군수, 구청장에게 신고해야 한다.

57. 공중위생관리법의 궁극적인 목적에 해당되는 것은?

① 국민의 건강 증진에 기여
② 위생관리 서비스 향상에 노력
③ 종사자의 기술 수준을 향상
④ 종사자의 복리 증진

해설 공중위생관리법의 궁극적인 목적은 국민 건강 증진에 기여함이다.

58. 세탁용 기계의 안전 관리를 위하여 밀폐형이거나 용제 회수기가 부착된 세탁용 기계를 사용하여야 할 세제의 종류가 아닌 것은?

① 트리클로로에탄 　② 퍼클로로에틸렌
③ 석유계 용제 　　　④ 불소계 용제

해설 석유계 용제를 사용하는 경우로서 처리 용량이 30kg 이상의 경우는 밀폐형 또는 회수기가 부착된 세탁용 기계를 사용할 수 있다.

59. 세탁업자가 준수하여야 할 위생관리 기준으로 틀린 것은?

① 드라이클리닝용 세탁기는 유기 용제의 누출이 없도록 항상 점검하여야 한다.
② 세탁물에는 세탁물 처리에 사용된 세제, 유기용제 또는 얼룩제거 약제가 남지 않도록 해야 한다.
③ 출입, 검사 등의 기록부를 영업소 밖에 비치하여야 한다.
④ 업소에 보관 중인 세탁물에 좀이나 곰팡이 등이 생기지 않도록 위생적으로 관리해야 한다.

해설 세탁업자가 준수해야 할 위생관리 기준은 출입·검사 등의 기록부와 관계없다.

60. 공중위생업을 하고자 하는 자가 신고를 하지 아니한 경우에 해당되는 벌칙은?

① 3년 이하의 징역 또는 1천만 원 이하의 벌금
② 1년 이하의 징역 또는 1천만 원 이하의 벌금
③ 6개월 이하의 징역 또는 500만 원 이하의 벌금
④ 6개월 이하의 징역 또는 100만 원 이하의 벌금

해설 공중위생을 하고자 하는 자가 시장, 군수, 구청장에게 신고를 하지 않은 경우는 1년 이하의 징역 또는 1천만 원 이하의 벌금의 벌칙이다.

제1회 모의고사

자격종목		문제 수	수험번호	성명
	세탁기능사	60문제		

▶ 본 모의고사는 과년도 출제문제 중에서 출제빈도가 높은 문제만을 엄선하여 실전 모의고사로 재구성하였음을 밝혀 둡니다.

1. 다음 중 오염의 제거가 가장 어려운 섬유는?

① 양모 ② 아세테이트
③ 견 ④ 면

2. 흡착제와 용제의 접촉이 길어 청정 능력이 높아 가장 많이 사용되는 세정액의 청정 장치는?

① 카트리지식 ② 청정통식
③ 증류식 ④ 필터식

3. 드라이클리닝 용제 중 용해력이 강해 오염 제거가 용이하며 세정 시간이 가장 짧은 것은?

① 1,1,1-트리클로로에탄
② 퍼클로로에틸렌
③ 석유계 용제
④ 불소계 용제

4. 비누가 해당되는 계면 활성제는?

① 양이온 계면 활성제 ② 비이온 계면 활성제
③ 양성 계면 활성제 ④ 음이온 계면 활성제

5. 계면 활성제의 성질에 대한 설명 중 틀린 것은?

① 분자가 모여 미셀을 형성한다.
② 한 개의 분자 내에 친수기와 친유기를 가진다.
③ 기포성을 증가하고 세척 작용을 향상시킨다.
④ 물과 공기 등에 흡착하여 계면 장력을 상승시킨다.

6. HLB값이 3~4인 계면 활성제의 용도는?

① 소포제
② 드라이클리닝용 세제
③ 침윤제
④ 세탁용 세제

7. 섬유의 재가공 시 섬유를 부드럽게 하여 착용감을 높이려는 가공 방법은?

① 방추 가공 ② 유연 가공
③ 방오 가공 ④ 표백 가공

8. 세탁용 보일러의 증기 압력과 온도가 옳은 것은?

① 증기압 2.0kg/cm^2, 온도 99.1℃
② 증기압 3.0kg/cm^2, 온도 119.℃
③ 증기압 4.0kg/cm^2, 온도 142.9℃
④ 증기압 6.0kg/cm^2, 온도 151.1℃

9. 용제 청정화 방법이 아닌 것은?

① 여과 방법　　　② 증류 방법
③ 흡착 방법　　　④ 분산 방법

10. 다음 중 세정률이 가장 높은 섬유는?

① 양모　　　　　② 나일론
③ 비닐론　　　　④ 아세테이트

11. 클리닝의 일반적인 공정에서 제일 먼저 해야 할 일은?

① 접수 점검　　　② 대분류
③ 얼룩 빼기　　　④ 포켓 청소

12. 재오염의 원인에 대한 설명으로 틀린 것은?

① 흡착에 의한 재오염에는 정전기에 의한 것이 있다.
② 세정 과정에서 용제 중에 용탈한 염료는 섬유에 염착되지 않는다.
③ 용제의 수분이 과다함에 따라 재오염이 발생한다.
④ 물에 젖은 의류는 수분 과다로 수용성 더러움이 흡착된다.

13. 일반적으로 보일러 수증기의 온도를 약 120℃로 하기 위한 보일러의 압력(kg/cm^2)은?

① 1　　　　　　　② 2
③ 3　　　　　　　④ 4

14. 비누의 단점이 아닌 것은?

① 가수 분해 되어 유리 지방산을 생성한다.

② 산성 용액에서는 사용할 수 없다.
③ 합성 세제보다 환경 오염이 적다
④ 알칼리성을 첨가해야만 세탁 효과가 좋다.

15. 석유계 용제의 장점이 아닌 것은?

① 세정 시간이 짧다.
② 기계 부식에 안전하다.
③ 독성이 약하고 값이 싸다.
④ 섬세한 의류에 적당하다.

16. 경영 관리에 대한 설명 중 옳은 것은?

① 경영 관리란 사람을 통해서 하는 것이므로 협동이라 할 수 있으며 경영은 주로 최고층이 하는 것이며, 관리는 중간층에서 활동하는 것으로 구분된다.
② 자신이 필요로 하고 있는 고객의 계층을 설정하고 지역마다 고객의 특수성을 고려해서 사업 방향을 잡을 필요는 없다.
③ 세탁 영업에서는 사업 방향을 잡을 필요는 없다.
④ 고객에게 서비스는 단 한번으로 끝내고 고가의 물품에 대해서는 가볍게 손질하는 방법을 알려 줘서는 안 된다.

17. 의복이 벌레에 의해 손상을 되는 것을 방지하기 위한 가공은?

① 방충 가공　　　② 방수 가공
③ 방오 가공　　　④ 방염 가공

18. 보일러의 고장 원인으로 틀린 것은?

① 수면계에 수위가 나타난다.
② 증기에 물이 섞여 나온다.
③ 작동 중 불이 꺼진다.

④ 본체에서 증기나 물이 샌다.

19. 다음 중 기술 진단의 포인트가 아닌 것은?

① 장식 단추　② 가공 표시
③ 형태의 변형　④ 부분 변퇴색

20. 다음 중 수관 보일러에 해당되는 형식이 아닌 것은?

① 자연 순환식　② 강제 순환식
③ 관류식　④ 노통 · 연관식

21. 다음 중 론드리에 대한 설명으로 틀린 것은?

① 알칼리제, 비누 등을 사용하여 온수에서 워셔로 세탁하는 가장 세정 작용이 강한 방법이다.
② 론드리 대상품은 직접 살에 닿는 와이셔츠류, 더러움이 비교적 잘 타는 작업복류, 견고한 백색 직물이다.
③ 세탁 온도가 높아 세탁 효과가 좋다.
④ 수질오염 방지 등 배수 시설이 필요 없어 경제적이다.

22. 다음 중 오점제거 방법이 아닌 것은?

① 털어서 제거
② 유기 용제로 제거
③ 빛에 의하여 제거
④ 표백제로 제거

23. 드라이클리닝 마무리 기계 중 폼머형에 해당되는 것은?

① 인체 프레스　② 만능 프레스
③ 스팀터널　④ 스팀박스

24. 다음 중 다림질의 목적이 아닌 것은?

① 디자인 실루엣의 기능을 복원시킨다.
② 의복에 필요한 부분에 주름을 만든다.
③ 살균과 소독의 효과를 얻는 데 있다.
④ 세탁에서 제거되지 아니한 얼룩을 모두 제거 할 수 있다.

25. 다음 중 드라이클리닝의 장점으로 틀린 것은?

① 용제가 저가이며, 독성과 가연성의 문제가 없다.
② 기름 얼룩의 제거가 쉽다.
③ 염색에 의한 이염이 잘 되지 않는다.
④ 세정, 탈수, 건조가 단시간 내에 이루어진다.

26. 다음 중 물의 장점이 아닌 것은?

① 표면 장력이 너무 크다.
② 용해성이 우수하다.
③ 인화성이 없다.
④ 무독, 무해하다.

27. 드라이클리닝의 전처리에 대한 설명 중 틀린 것은?

① 세정에서 제거하기 어려운 오점을 쉽게 제거되도록 세정 전에 하는 처리 과정이다.
② 브러싱액을 묻힌 브러시로 얼룩이 있는 옷을 두드려 더러움을 분산시키는 방법을 브러싱법이라 한다.
③ 더러운 곳에 처리액을 뿌려 오점을 풀리게

하거나 뜨게 한 후 기계에 넣어 오점을 제
거하는 방법을 스프레이법이라 한다.
④ 전처리 액으로 인한 염료의 흐름이나 수축
이 있음을 확인한 다음 석유계 용제를 사용
해야 한다.

28. 얼룩 빼기 방법 중 물리적인 방법이 아닌
것은?

① 기계적인 힘을 이용하는 방법
② 분산법
③ 효소를 사용하는 방법
④ 흡착법

29. 다음 중 마섬유 재킷을 다림질할 때 가장
좋은 것은?

① 스팀다리미　　② 캐비닛형 프레스기
③ 전기다리미　　④ 시트롤러

30. 다음 중 일반적인 손빨래의 방법이 아닌
것은?

① 돌려서 빨기　　② 두들겨 빨기
③ 주물러 빨기　　④ 흔들어 빨기

31. 웨트클리닝 처리 방법에 대한 설명 중 틀
린 것은?

① 물품을 적신 후 단시간 내 끝내야 한다.
② 처리 방법에는 손빨래, 기계빨래, 오염을
닦아내는 것 등이 있다.
③ 대상이 되는 의류는 성질은 다르나 처리 방
법은 모두 같다.
④ 마무리 다림질을 생각하여 형의 망가짐에
유의하여야 한다.

32. 밀폐형 세정기(hot machine)에 대한 설
명 중 틀린 것은?

① 세정, 탈액, 건조까지 연속적으로 처리된다.
② 다양한 안전장치가 있다.
③ 세정만 가능하고 탈수는 원심 탈수기를 사
용한다.
④ 운전 조작이 다양한 컨트롤 시스템이다.

33. 경수를 연수로 바꾸는 방법이 아닌 것은?

① 끓이는 법
② 암모니아를 가하는 법
③ 이온 교환 수지법
④ 알칼리를 가하는 법

34. 용제를 순환시키는 펌프의 능력에서 액심
도 3까지 소요되는 양호한 시간은?

① 1분 30초 이상　　② 60초 이상
③ 45∼60초 이내　　④ 45초 이내

35. 다음 중 론드리의 과정이 아닌 것은?

① 보관　　　　　　② 본세탁
③ 표백 처리　　　　④ 다림질

36. 다음에 해당되는 섬유 제품의 취급에 관
한 표시 기호는?

- 삶을 수 있다.
- 세탁기로 세탁할 수 있다.
- 손빨래도 가능하다.
- 세제 종류에 제한 받지 않는다.

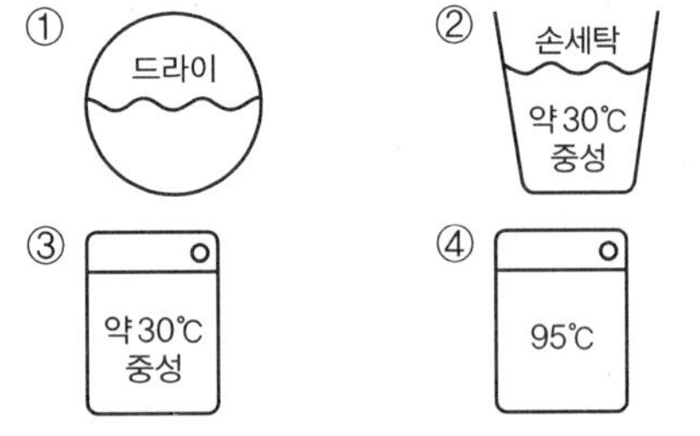

37. 섬유 감별이 대표적인 방법이 아닌 것은?

① 연소에 의한 방법

② 현미경에 의한 방법

③ 용해에 의한 방법

④ 두들기는 방법

38. 면섬유의 정련에 사용할 수 있는 약제로 가장 적당한 것은?

① 수산화 나트륨   ② 초산

③ 질산   ④ 염산

39. 섬유가 구비해야 할 조건과 가장 거리가 먼 것은?

① 섬유 상호 간에 포합성이 있어야 한다.

② 굵기가 굵고 균일하여야 한다.

③ 부드러운 성질이 있어야 한다.

④ 탄성과 광택이 우수하여야 한다.

40. 다음 중 양모 섬유를 용해시키는 용액은?

① 수산화 나트륨   ② 암모니아

③ 규산 나트륨   ④ 인산 나트륨

41. 다음 중 폴리에스테르 섬유에 가장 많이 사용하는 염료는?

① 직접 염료   ② 산성 염료

③ 분산 염료   ④ 배트 염료

42. 면섬유에서 섬유소 내의 탈수작용으로 분해가 시작되는 온도는?

① 160℃   ② 180℃

③ 250℃   ④ 320℃

43. 완성된 의류에 가공을 하여 형태를 고정시키는 방법은?

① 퍼머넌트 프레스 가공

② 샌퍼라이즈 가공

③ 방축 가공

④ 방오 가공

44. 다음 중 2개 이상의 직물을 접착시킨 직물이 아닌 것은?

① 퀼트천   ② 본딩 직물

③ 이중직   ④ 인조 피혁

45. 아세테이트 섬유의 특성으로 옳은 것은?

① 물에 대한 친화성이 크다.

② 강산에 강하다.

③ 장기간 일광에 노출하여도 강도에 변함이 없다.

④ 열가소성이 좋다.

46. 다음 중 능직의 특징에 해당되는 것은?

① 경사와 위사가 한 올씩 상하 교대로 교차되어 있다.

② 광택이 좋고 표면이 고운 직물을 만들 수 있다.

③ 앞뒤의 구별이 없다.

④ 제직이 간단하다.

47. 합성 심지의 특징에 대한 설명으로 틀린 것은?

① 거의 줄지 않을 정도로 내수축성이 우수하다.
② 보강 심지와의 접착성이 좋지 못하다.
③ W&W성이 우수하다.
④ 대전성이 없으므로 때가 잘 타지 않는다.

48. 아마 섬유를 면섬유와 비교하였을 때의 성질로서 틀린 것은?

① 강도가 크다.
② 흡습 속도가 빠르다.
③ 열전도성이 크다.
④ 탄성이 크다.

49. 다음 면 중 가장 우수한 품종은?

① 미국면
② 이집트면
③ 중국면
④ 인도면

50. 직물과 편성물을 비교하였을 때 직물의 특성에 해당하는 것은?

① 가볍고 부드럽다.
② 성형성이 좋다.
③ 형태 안정성이 있다.
④ 신축성이 좋다.

51. 양모 섬유의 구조에 대한 설명으로 옳은 것은?

① 섬유의 단면은 원형이고, 겉비늘이 있다.
② 섬유의 단면은 삼각형이고, 리본 모양이 있다.
③ 섬유의 단면은 5~6각의 다각형이고, 겉비늘이 있다.
④ 섬유의 단면은 원형이고, 리본 모양이 있다.

52. 다음 중 실을 거치지 않은 피륙은?

① 펠트
② 레이스
③ 편성물
④ 직물

53. 생피에서 지질이나 결채 조직을 떼어 내고 남은 가죽 부분을 명반, 기름, 크롬 등으로 처리해서 가죽의 부패를 방지하고 유연성을 부여하는 작업은?

① 알칼리 처리
② 효소 처리
③ 산 처리
④ 무두질

54. 편성물의 장점으로 옳은 것은?

① 코가 풀리면 전선이 생긴다.
② 마찰에 의한 필링이 발생한다.
③ 세탁성은 좋으나 형태가 잘 변한다.
④ 통기성이 좋은 위생적인 옷을 만들 수 있다.

55. 부직포의 특성 중 틀린 것은?

① 통기성이 좋다.
② 보온성이 좋다.
③ 유연성이 좋다.
④ 형태 안정성이 좋다.

56. 공중위생 영업의 종류별 시설 및 설비 기준을 위반한 공중위생 영업자에 대하여 즉시 또는 일정한 기간을 정하여 그 개선을 명령할 수 없는 자는?

① 보건복지부 장관
② 시 · 도지사
③ 시장, 군수
④ 구청장

57. 공중위생 관리상 필요하다고 인정하는 때에 관계 공무원의 출입, 검사, 기타 조치를 거부, 방해 또는 기피한 자에게 부과되는 과태료 기준 금액은?

① 30만 원 ② 50만 원
③ 70만 원 ④ 100만 원

58. 세탁 관련 영업을 하고자 하는 자는 어느 영이 정하는 시설 및 설비를 갖추어야 하는가?

① 국무총리령
② 대통령령
③ 보건복지부령
④ 시 · 도지사령

59. 세탁업자가 소비자 간의 세탁물 관리 사고로 인한 분쟁 조정을 위하여 노력해야 하는 곳은?

① 세탁업자 단체
② 보건 복지부
③ 의류제조업 단체
④ 세탁기 제조업 단체

60. 다음 중 세탁업과 관련한 위생 교육에 대한 설명으로 틀린 것은?

① 위생 교육의 내용은 '공중위생관리법' 및 관련 법규, 소양 교육, 기술 교육, 그밖에 공중위생에 관하여 필요한 내용으로 한다.
② 위생 교육은 매년 3시간으로 한다.
③ 위생 교육을 실시하는 단체는 보건복지부 장관이 고시한다.
④ 위생 교육을 받은 자가 위생 교육을 받은 날로부터 2년 이내에 위생 교육을 받은 업종과 같은 업종의 영업을 할 경우에도 해당 영업에 대한 위생 교육을 다시 받아야 한다.

제2회 모의고사

자격종목	문제 수	수험번호	성명
세탁기능사	60문제		

1. 재오염의 측정결과 원포 반사율이 45%, 세정 후 반사율이 42%일 때 재오염률은?

① 2.35% ② 3.33%
③ 6.67% ④ 7.67%

2. 비누의 특성에 대한 설명으로 틀린 것은?

① 세탁 효과가 우수하나 산성 용액에서 사용할 수 없다.
② 거품이 잘 생기고 헹굴 때는 거품이 사라진다.
③ 세탁한 직물의 촉감이 우수하다.
④ 가수 분해 되어 유리 지방산을 생성하고 산성 용액에서만 사용할 수 있다.

3. 피복의 오염 부착 상태 종류 중 화학 섬유에 먼지가 부착하는 것은?

① 정전기에 의한 부착
② 과망간산 칼륨
③ 화학 결합에 의한 부착
④ 유지 결합에 의한 부착

4. 다음 중 세탁 시 일시적인 대전 방지 효과가 있는 것은?

① 차아염소산 나트륨
② 과망간산 칼륨
③ 아황산 수소 나트륨
④ 양이온계 계면 활성제

5. 다음 중 세탁할 때 세정률이 가장 좋은 섬유는?

① 면 ② 레이온
③ 나일론 ④ 아세테이트

6. 오염이 잘 제거되는 섬유의 순서로 옳은 것은?

① 견>면>아세테이트>양모
② 양모>아세테이트>면>견
③ 아세테이트>양모>견>면
④ 면>견>양모>아세테이트

7. 계면 활성제의 종류에 대한 설명으로 옳은 것은?

① 계면 활성제는 그 친수성의 특성에 따라 음이온계, 양이온계, 양성계 및 비이온계로 나눌 수 있다.
② 계면 활성제는 비누, 고급 알코올, 황산에스테르염, 알킬벤젠술폰산염 등으로 나눌 수 있다.
③ 계면 활성제는 섬유의 유연제, 대전 방지제, 발수제 등으로 나눌 수 있다.
④ 계면 활성제는 아미노산형, 베타형 등으로 나눌 수 있다.

8. 다음 중 흡착제이면서 탈색력이 뛰어난 청정제가 아닌 것은?

① 산성 백토   ② 활성 백토
③ 알루미나 겔   ④ 실리카 겔

9. 보일러의 수명을 오래 유지하고 고장과 손상을 일으키지 않도록 하기 위한 취급 방법의 설명으로 틀린 것은?

① 보일러의 수위와 압력을 항상 살핀다.
② 연료의 완전 연소를 수시로 조정 관찰한다.
③ 공기가 새어 들어가지 않도록 하고, 전열 내외를 청소한다.
④ 연소는 초기에는 급격 연소시켜 단시간에 증기가 발생토록 한다.

10. 의류의 세정은 물론 의류를 보다 좋은 상태로 보전하고 그 가치와 기능을 유지하도록 제공하는 서비스는?

① 워싱 서비스   ② 보통 서비스
③ 패션 케어 서비스   ④ 단독 서비스

11. 클리닝 처리 전 사전진단 사항이 아닌 것은?

① 직물의 조직   ② 가공의 유무
③ 가격 결정   ④ 염색 상태

12. 불소계 용제(F-113)의 장점이 아닌 것은?

① 불연성이므로 화재의 위험이 없다.
② 섬세한 의류에 적합하다.
③ 독성이 약하다.
④ 단열성이 높은 기계 장치가 필요 없다.

13. 기술 진단이 필요한 고액 상품류에 해당되지 않는 것은?

① 모피 제품   ② 날염 제품
③ 피혁 제품   ④ 고급 한복

14. 다음 중 외부에서 펌프 압력에 의해 필터 면을 통과하면서 청정화하는 필터는?

① 코어 필터   ② 스프링 필터
③ 특수 필터   ④ 리프 필터

15. 세정액의 청정 장치에 해당되는 방식이 아닌 것은?

① 필터식   ② 카트리지식
③ 청정통식   ④ 텀블러식

16. 기름을 주성분으로 이루어진 것으로 광물유나 동식물유가 해당되는 오점은?

① 유용성 오점   ② 수용성 오점
③ 고체 오점   ④ 기화성 오점

17. 다음 중 수용성 오점이 아닌 것은?

① 간장, 곰팡이   ② 구토물, 과자
③ 계란, 커피   ④ 식용유, 풀물

18. 보일러의 고장 현상 중 틀린 것은?

① 수면계에 수위가 나타나지 않는다.
② 증기에 물이 섞여 나온다.
③ 작동 중 불이 꺼진다.
④ 압력 게이지가 움직인다.

19. 다음 중 용제 관리의 목적이 아닌 것은?

① 물품을 상하지 않게 한다.

② 재오염을 방지한다.
③ 세정 효과를 높인다.
④ 충분한 양을 항상 확보한다.

20. 직물의 불순물을 알칼리로 제거한 다음 섬유에 남아 있는 천연 색소를 분해하여 직물을 보다 희게 만드는 것은?

① 정련
② 표백
③ 푸새
④ 형광

21. 다음 중 드라이클리닝이 가능한 것은?

① 고무를 입힌 제품
② 수지안료로 가공한 제품
③ 소수성 합성섬유 제품
④ 합성수지 제품

22. 세탁작용 중에서 유화 · 현탁 작용을 가장 옳게 설명한 것은?

① 젖기 쉽게 하는 것
② 오점이 떨어지게 하는 것
③ 세제를 작게 분산시키는 것
④ 오점이 액 중에서 안정화되는 것

23. 텀블러에 대한 설명으로 틀린 것은?

① 뜨거운 공기를 불어 넣어서 세탁물과 뜨거운 공기가 접촉되어 건조시키는 기계이다.
② 취급 표시에 건조 불가 제품이 많으므로 확인 후 작업하는 것이 좋다.
③ 피혁, 토기털, 아크릴 소재의 파일 제품이 젖어 있을 때는 절대 사용을 금지해야 한다.
④ 종류는 캐비닛형과 시어즈형으로 나눌 수 있다.

24. 옷의 변형, 섬유의 손상이 비교적 적고 세탁 효과가 좋아서 면, 마, 인조 섬유 등의 직물에 적합한 손세탁 방법은?

① 흔들어 빨기
② 주물러 빨기
③ 솔로 문질러 빨기
④ 비벼 빨기

25. 론드리의 장점으로 틀린 것은?

① 세탁 온도가 높아 세탁 효과가 좋다.
② 알칼리제를 사용함으로 오점이 잘 빠진다.
③ 수질오염 방지 등 배수 시설이 필요 없다.
④ 표백이나 풀먹임이 효과적이며 용이하다.

26. 커피의 얼룩 제거 방법으로 가장 적당한 것은?

① 온수로 수용성 얼룩을 제거한 후 중성세제 용액으로 씻어 낸다.
② 과산화수소로 표백한다.
③ 글리세롤액으로 씻어 낸 후 20%의 아세트산으로 처리한다.
④ 얼음을 넣는 비닐 주머니로 냉각하여 굳힌 다음 대칼로 긁어낸다.

27. 다음 중 론드리 대상품이 아닌 것은?

① 와이셔츠류
② 타올
③ 작업복류
④ 합성 피혁

28. 직물에 유연 처리하여 정전기의 발생을 방지하는 가공은?

① 방추 가공
② 대전 방지 가공
③ 방수 가공
④ 발수 가공

29. 천연 셀룰로오스 직물의 세탁 방법이 아닌 것은?

① 면, 마직물로 열과 알칼리에 강하므로 어떤 세탁 방법도 무난하다.
② 직접 염료로 염색된 직물이나 수지 가공된 직물은 알칼리성 세제를 사용하고 고온 세탁을 하여야 한다.
③ 백색 직물은 비누나 알칼리성 합성 세제를 사용함이 좋다.
④ 오염이 심한 직물은 탄산 나트륨을 첨가하여 삶아도 좋다.

30. 다음 중 웨트클리닝 대상품이 아닌 것은?

① 합성수지 제품
② 고무를 입힌 제품
③ 수지안료 가공 제품
④ 드라이클리닝이 가능한 제품

31. 유용성 오점을 제거하는 방법으로 옳은 것은?

① 찬물로서 제거한다.
② 중성 세제로 제거한다.
③ 유기 용제나 유성 세제로 제거한다.
④ 비눗물로 제거한다.

32. 기계 마무리의 조건이 아닌 것은?

① 시간
② 스팀
③ 압력
④ 진공

33. 다음 중 얼룩 빼기에서 유기 용제를 사용해서는 안 되는 섬유는?

① 폴리비닐 알코올
② 나일론
③ 아세테이트
④ 폴리에스테르

34. 양모 섬유로 만든 코트를 드라이클리닝할 때의 설명으로 옳은 것은?

① 용제에 수분이 과잉 공급되면 수축과 손상을 받는다.
② 물로 애벌빨래 후 건식 세탁을 한다.
③ 직사광선에 바짝 건조하여야 좋다.
④ 광택, 촉감을 위해 문질러 빤다.

35. 다음 중 다림질 기구가 아닌 것은?

① 컴프레서
② 다리미
③ 다리미판
④ 바큠 프레스대

36. 섬유제품 품질 표시 중 성분 표시에 대한 설명으로 틀린 것은?

① 의류 제품에 사용된 섬유의 성분과 혼용률을 표기해야 한다.
② 의류 제품에 사용된 섬유 제조 국가명을 표기해야 한다.
③ 원단에 가공을 실시한 제품의 경우는 가공의 종류와 취급 시 주의 사항을 표기해야 한다.
④ 두 종류 이상의 섬유가 혼방된 경우에는 혼용률이 큰 것부터 차례로 표기한다.

37. 폴리아크릴 섬유와 양모 섬유가 혼방된 직물에 가장 많이 사용되는 염색법은?

① 분산 염료로 염색 후 배트 염료로 염색
② 분산 염료로 염색 후 황화 염료로 염색
③ 염기성 염료로 염색 후 직접 염료로 염색
④ 염기성 염료로 염색 후 산성 염료로 염색

38. 합성 섬유의 특성에 대한 설명으로 옳은 것은?

① 정전기 발생이 쉽고, 흡습성이 적어서 내의로 적합하지 않다.
② 나일론은 자외선에 강해서 햇빛에 오래 두어도 변색이 없다.
③ 강하고, 가벼우며, 열가소성이 없다.
④ 약품, 해충, 곰팡이에 저항성이 적은 편이다.

39. 다음 중 천연 섬유에 해당되는 것은?

① 비스코스 레이온　　② 캐시미어
③ 나일론　　④ 폴리에스테르

40. 데님 직물의 조직에 해당되는 제품은?

① 평직　　② 능직
③ 수자직　　④ 변화평직

41. 다음 중 벨벳(velvet)에 해당되는 제품은?

① 파일 제품　　② 부직포 제품
③ 편성물 제품　　④ 모피 제품

42. 아크릴 섬유에 주로 사용되는 염료는?

① 카티온 염료　　② 직접 염료
③ 반응성 염료　　④ 황화 염료

43. 세탁 후 다림질로 의복의 주름을 잡는 것은 섬유의 어떤 성질을 이용한 것인가?

① 가소성　　② 내열성
③ 흡습성　　④ 신축성

44. 면양으로부터 털을 깎으면 마치 한 장의 모피와 같은 형태가 되는 것은?

① 선모　　② 플리스
③ 레널린　　④ 스킨울

45. 다음 재생 섬유 중 제조 방법 및 성질이 가장 다른 것은?

① 폴리노직 레이온　　② 구리암모늄 레이온
③ 비스코스 레이온　　④ 아세테이트

46. 다음 중 다리미 온도를 가장 낮게 하여야 하는 섬유는?

① 견　　② 면
③ 폴리프로필렌　　④ 비스코스 레이온

47. 아크릴 섬유에 대한 설명 중 가장 옳은 것은?

① 탄성 회복률이 적어 주름이 잘 생긴다.
② 양모 섬유와 같아 가볍고 보온성이 좋다.
③ 진한 산과 알칼리에는 강하나 세탁제에 의해 침해가 크다.
④ 일광에 대한 견뢰도가 강하나 벌레, 곰팡이의 해도 크다.

48. 가죽처리 공정 중 가죽 제품이 깨끗하고 염색이 잘되게 은면에 남아 있는 모근, 지방 또는 상피층의 분해물을 제거하는 작업은?

① 물에 침지　　② 산에 침지
③ 때 빼기　　④ 효소 분해

49. 능직물에 해당되지 않는 것은?

① 옥양목　　② 개버딘
③ 진　　　　④ 서지

50. 면섬유의 특징으로 틀린 것은?

① 알칼리에 강해서 합성 세제에 비교적 안전하다.
② 물에 젖으면 강도가 증가한다.
③ 산에 강해서 세탁성이 우수하다.
④ 내열성이 우수하여 다림질의 온도가 높다.

51. 한복 세탁에 대한 설명 중 틀린 것은?

① 친수성 오염을 제거할 수 없고 세척률이 낮고 연한 색의 경우는 오염물이 용해·분산되기 때문에 재오염되기 쉽다.
② 오염이 심한 견으로 만든 한복은 물세탁을 하여도 무방하다.
③ 견으로 만든 한복을 물세탁하면 광택이나 촉감이 저하하고, 풀기로 인한 맵시가 알칼리성에 의해 손상 받기 쉽다.
④ 견으로 만든 한복이라도 제품의 품질관리 표시상에 물세탁이 가능한 표시가 없으면 드라이클리닝하는 것이 원칙이다.

52. 가죽처리 공정 중 원피에 붙어 있는 기름 덩어리나 고기를 제거하는 방법은?

① 침지　　　② 분할
③ 제육　　　④ 탈모

53. 다음 중 폴리에스테르 섬유의 용융 온도에 해당되는 것은?

① 215℃　　② 250℃
③ 280℃　　④ 300℃

54. 가죽의 처리 공정으로 옳은 것은?

① 물에 침지→산에 담그기→제육→석회 침지→분할→때 빼기→탈회 및 효소 분해→탈모→유성
② 물에 침지→제육→탈모→석회 침지→분할→때 빼기→탈회 및 효소 분해→산에 담그기→유성
③ 물에 침지→제육→석회 침지→산에 담그기→분할→때 빼기→탈회 및 효소 분해→탈모→유성
④ 물에 침지→산에 담그기→제육→석회 침지→분할→탈모→탈회 및 효소 분해→때 빼기→유성

55. 섬유의 상품 중 실에 표시하는 품질표시 사항이 아닌 것은?

① 섬유의 조성 또는 혼용률
② 실 가공 여부
③ 번수 또는 데니어
④ 길이 또는 중량

56. 공중위생 영업의 하고자 하는 자가 영업 신고를 하지 아니한 경우의 벌칙으로 옳은 것은?

① 6개월 이상의 징역
② 6개월 이내의 징역
③ 1년 이하의 징역
④ 2년 이상의 징역

57. 공중위생 영업자의 매년 위생교육 시간은?(단위 시간)

① 2　　　　② 3
③ 6　　　　④ 8

58. 다음 중 위생 지도 및 개선 명령을 할 수 없는 자는?

① 구청장　　　　② 시장
③ 군수　　　　④ 보건복지부 장관

59. 시장, 군수, 구청장이 부과 · 징수한 과태료 처분에 불복이 있는 자는 그 처분을 받은 날부터 며칠 이내에 처분권자에게 이의를 제기할 수 있는가?(단위 일)

① 5　　　　② 10
③ 15　　　　④ 30

60. 공중위생관리법상 과징금 선정 기준으로 옳은 것은?

① 영업정지 1개월은 30일로 계산한다.
② 영업정지 1개월은 31일로 계산한다.
③ 과징금 부과 기준이 되는 매출 금액은 업주가 산출한다.
④ 처분일이 속한 연도의 전년도 2년 간의 총 매출 금액을 말한다.

제3회 모의고사

	수험번호	성명
자격종목 **세탁기능사** · 문제 수 **60문제**		

1. 석유계 용제의 장점으로 옳은 것은?

① 인화점이 낮아 화재 위험이 전혀 없다.
② 기계 부식성이 있고 독성이 강하다.
③ 세정 시간이 짧다.
④ 약하고 섬세한 의류의 클리닝에 적합하다.

2. 세탁기에 여과 장치가 없거나 용제의 오염이 심할 때 사용되며, 용제 200에 대하여 활성 백토 2.5kg, 탈산제 300~400g, 활성 탄소 2.5~5kg을 넣고 잘 섞은 후 4시간 정도 방치하면 정제되는 청정화 방법은?

① 증류법   ② 흡착법
③ 침투법   ④ 침전법

3. 와류식 세탁기에서 세탁 효율이 최대가 되는 세제의 농도는?

① 0.05%   ② 0.1%
③ 0.2%   ④ 0.3%

4. 퍼클로로에틸렌 용제에 대한 설명으로 틀린 것은?

① 용제가 무거워 세정 중에 두들기는 힘이 강하다.
② 세정 시간은 20~30분이 적합하다.
③ 세정액 온도는 35℃ 이하로 유지시킨다.
④ 의류는 텀블러로 처리하므로 고온 용제의 작용을 받는다.

5. 다음 중 기술 진단의 포인트가 아닌 것은?

① 마모   ② 형태의 변형
③ 얼룩   ④ 수량

6. 보일러의 분류 중 수관 보일러의 형식에 해당되는 것은?

① 관류식   ② 입식
③ 노통식   ④ 연관식

7. 보일러 사용 시 99.1℃에서의 증기압은?

① $0.1kg/cm^2$ ② $0.5kg/cm^2$
③ $1.0kg/cm^2$ ④ $1.5kg/cm^2$

8. 음이온 계면 활성제의 설명 중 옳은 것은?

① 세척력이 적어 세제로는 사용되지 않으나 섬유의 유연제, 대전 방지제, 발수제 등으로 사용된다.
② 세제로 사용되는 계면 활성제는 대부분 음이온 계면 활성제이다.
③ 물에 용해되었을 때, 해리되어 양이온과 음이온으로 계면 활성을 나타내는 것이다.
④ 수신기, 에테르기와 같은 해리되지 않는 친수기를 가진 계면 활성제이다.

9. 피복의 오점 부착 상태가 아닌 것은?

① 기계적 부착

② 정전기에 의한 부착
③ 흡착에 의한 부착
④ 유지 결합에 의한 부착

10. 더러움이 심한 용제의 청정화 방법으로 용제별 적정 회수 방법은?

① 여과법
② 흡착법
③ 흡수법
④ 증류법

11. 드라이클리닝용 유기 용제가 갖추어야 할 조건이 아닌 것은?

① 독성이 없거나 적을 것
② 표면 장력이 작을 것
③ 인화성이 없거나 적을 것
④ 비중이 작을 것

12. 클리닝 처리 전 사전 진단에 관한 사항 중 틀린 것은?

① 고객으로부터 충분한 정보를 얻는다.
② 고객 앞에서 반드시 확인한다.
③ 가능한 한 정밀하게 진단한다.
④ 진단 결과를 고객에게 설명할 필요가 없다.

13. 다음 중 비누의 장점이 아닌 것은?

① 세탁 효과가 우수하다.
② 세탁한 직물의 촉감이 양호하다.
③ 합성 세제보다 환경을 적게 오염시킨다.
④ 가수 분해 되어 유리 지방산을 생성한다.

14. 다음 중 수용성 오점에 해당되는 것은?

① 유지
② 인주
③ 간장
④ 페인트

15. 오점의 종류 중 물에 녹지 않는 오점을 모두 나열한 것은?

① 수용성 오점
② 수용성 오점, 고체 오점
③ 유용성 오점, 수용성 오점
④ 유용성 오점, 고체 오점

16. 다음 중 산화 표백제에 해당되는 것은?

① 아황산 가스
② 하이드로설파이트
③ 아염소산 나트륨
④ 아황산 수소 나트륨

17. 무색의 결정으로 시판되는 공업용 표백제 아염소산 나트륨의 순도 범위는?

① 70~90%
② 50~70%
③ 30~50%
④ 10~30%

18. 클리닝 서비스의 분류에서 패션 케어 서비스(fashion care service)의 설명 중 틀린 것은?

① 의류의 세정은 물론 의류를 보다 좋은 상태로 보전하고 그 가치와 기능을 유지하도록 제공하는 서비스이다.
② 클리닝도 섬유 제품의 소재를 청결히 해주는 단순함에서 고차원적인 기능을 다하는 서비스이다.
③ 옷의 기능도 몸을 보호하기 위해 감싸는 차원에서 사람의 개성, 인품 등을 표현하게 하는 서비스이다.
④ 의류를 중심으로 한 대상품의 가치 보전과 기능 회복이 중요한 포인트인 서비스이다.

19. 일반적으로 오염이 잘 제거되는 섬유의 순서부터 제거되지 않는 섬유로 나열된 것은?

① 양모→나일론→아세테이트→면→비스코스 레이온→견
② 양모→면→나일론→아세테이트→비스코스 레이온→견
③ 견→아세테이트→비스코스 레이온→면→나일론→양모
④ 견→비스코스 레이온→면→아세테이트→나일론→양모

20. 게이지의 압력이 6kg/cm^{2}인 보일러의 절대 압력은?

① 4kg/cm^2
② 5kg/cm^2
③ 6kg/cm^2
④ 7kg/cm^2

21. 직물을 다림질할 때의 설명 중 옳은 것은?

① 견직물은 푸새를 해서 180~200℃에서 다림질을 한다.
② 면직물은 덧 헝겊 없이 표면에 직접 다림질을 한다.
③ 양모 직물은 80~120℃에서 다림질을 한다.
④ 모든 식물성 섬유는 80~120℃에서 다림질을 한다.

22. 드라이클리닝의 마무리 기계의 형식과 종류가 옳게 연결된 것은?

① 스팀형 – 오프세트 프레스
② 프레스형 – 팬츠토퍼
③ 프레스형 – 스팀박스
④ 폼머형 – 인체 프레스

23. 드라이클리닝의 전처리제로서 세제: 물: 석유계 용제의 비율로 가장 적당한 것은?

① 1: 1: 8
② 1: 2: 6
③ 1: 3: 8
④ 2: 7: 2

24. 다음 중 얼룩 빼기 용구가 아닌 것은?

① 솔
② 받침판
③ 주걱
④ 다림질판

25. 드라이클리닝에서 원인을 모르는 얼룩을 제거하려 할 때 제일 먼저 처리할 수 있는 얼룩 빼기 약제는?

① 유기 용제
② 수성 세제
③ 산 또는 알칼리
④ 표백제

26. 세탁 시간에 대한 설명 중 틀린 것은?

① 와류식 세탁기는 드럼식 세탁기보다는 표준 세탁 시간이 짧다.
② 세탁 시간을 길게 하면 할수록 세탁 효과와 결과는 좋아진다.
③ 드럼식 세탁기는 교반식 세탁기보다 표준 세탁 시간이 길다.
④ 오염 제거에 필요한 시간은 오구의 종류, 세탁 온도, 세탁기의 구조에 따라 달라진다.

27. 론드리 공정 중 애벌빨래에 대한 설명이 아닌 것은?

① 물이나 알칼리 세제로 미리 더러움을 제거한다.

② 애벌빨래에 충분한 세제를 넣지 않으면 오히려 재오염될 가능성이 있다.
③ 전분풀로 가공되어 있는 물품은 애벌빨래 하면 전분풀이 떨어진다.
④ 화학섬유 제품은 애벌빨래를 반드시 해야 한다.

28. 본빨래 시 세제의 가장 적합한 욕비는?

① 1 : 1
② 1 : 2
③ 1 : 3
④ 1 : 4

29. 섬유와 얼룩 빼기 약제와의 반응에 대한 설명 중 틀린 것은?

① 면은 진한 무기산을 사용할 수 없고, 염소계 표백제에는 일반적으로 안정하다.
② 폴리에스테르는 진한 산을 사용할 수 없고, 묽은 산은 주의하여야 한다.
③ 양모는 유기 용제에는 안전하고, 염소계 표백제는 사용하지 말아야 한다.
④ 나일론은 진한 알칼리에는 황변할 수 있으므로 주의하여야 한다.

30. 다음 중 면 소재에 가장 적당한 다림질 온도는?

① 80℃
② 130℃
③ 180℃
④ 250℃

31. 다음 중 지우개 고무로 문질러도 상당한 효과가 있는 얼룩은?

① 립스틱
② 향수
③ 접착제
④ 기름

32. 론드리 세탁 시 세제의 가장 적합한 pH 범위는?

① pH6~7
② pH7~8
③ pH8~9
④ pH10~11

33. 다림질 목적이 아닌 것은?

① 디자인 실루엣의 기능을 복원시킨다.
② 소재의 주름살을 펴서 매끈하게 한다.
③ 의복의 필요한 부분에 주름을 만든다.
④ 약품을 사용하여 살균을 하거나 소독한다.

34. 론드리의 세탁 순서로 옳은 것은?

① 애벌빨래→본빨래→헹굼→표백→산욕→풀먹임→탈수
② 애벌빨래→본빨래→표백→산욕→헹굼→풀먹임→탈수
③ 애벌빨래→본빨래→표백→헹굼→풀먹임→산욕→탈수
④ 애벌빨래→본빨래→표백→헹굼→산욕→풀먹임→탈수

35. 다음 중 세탁물의 오점 제거 방법에 해당되지 않는 것은?

① 물세탁으로 제거
② 세제로 제거
③ 유기 용제로 제거
④ 식물성 기름으로 제거

36. 다음 중 단백질로 되어 있는 섬유는?

① 재생 섬유
② 합성 섬유
③ 식물성 섬유
④ 동물성 섬유

37. 아크릴 섬유의 특성 중 틀린 것은?

① 합성 섬유 중에서 강도가 높은 편이다.
② 제품의 종류에 따라 염색성에 차이가 있다.
③ 벌크 가공이 된 아크릴 섬유는 더욱 좋은 리질리언스를 가지고 있다.
④ 열처리하면 그 형태는 상당한 기간 보존된다.

38. 한 올 또는 여러 올의 실을 바늘로 고리를 만들어 엮어서 만든 직물은?

① 수자직물　　　　② 편성물
③ 평직물　　　　　④ 능직물

39. 면섬유의 성질에 대한 설명으로 옳은 것은?

① 강도와 신도는 습윤 상태에서 10~20%가 감소한다.
② 리질리언스가 좋아 형체의 안정성도 좋다.
③ 산에 의해서 쉽게 분해되므로 묽은 무기산에 의해서도 손상된다.
④ 장시간 일광에 노출되면 점차 강도가 늘어난다.

40. 다음 그림과 같은 기호로 표시된 제품의 취급 방법은?

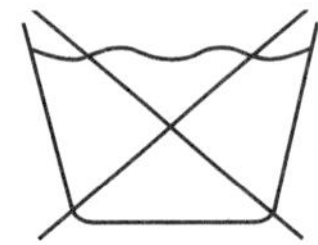

① 물세탁을 하지 않는다.
② 물세탁을 낮은 온도에서 한다.
③ 물세탁은 하되 세제를 사용하지 않는다.
④ 드라이클리닝을 하지 말고 중성 세제로 물세탁한다.

41. 비스코스 레이온의 구조와 성질에 대한 설명 중 틀린 것은?

① 현미경 관찰 시 단면은 톱날 모양이다.
② 셀룰로오스가 주성분이다.
③ 강도가 면보다 나쁘나 흡습성이 우수하다.
④ 정전기가 많이 발생하여 의류의 안감으로 부적합하다.

42. 다음 중 아마 섬유의 구조에 대한 설명으로 옳은 것은?

① 중공이 있으며 천연 꼬임이 있다.
② 길이 방향으로 줄이 있고 섬유의 단면은 다각형이다.
③ 섬유의 단면은 삼각형이고 길이 방향으로 겉비늘이 있다.
④ 섬유의 단면은 원형 또는 삼각형이고 마디가 있다.

43. 다음 그림에 해당되는 직물 조직은?

① 평직　　　　　② 능직
③ 수자직　　　　④ 사직

44. 다음 동물성 섬유가 헤어 섬유가 아닌 것은?

① 양모　　　　　② 모헤어
③ 캐시미어　　　④ 낙타모

45. 다음 중 옷감으로 가장 많이 사용되고 있는 합성 섬유는?

① 폴리에스테르　　② 아크릴
③ 비닐론　　　　　④ 폴리프로필렌

46. 다음 중 비중이 가장 작은 섬유는?

① 폴리아미드계 섬유
② 폴리에스테르계 섬유
③ 폴리우레탄계 섬유
④ 폴리프로필렌계 섬유

47. 파스너의 취급에 대한 설명 중 틀린 것은?

① 클리닝 및 프레스할 때에는 파스너를 열어 놓은 상태에서 한다.
② 슬라이더의 손잡이를 정상으로 해 놓고 프레스한다.
③ 슬라이더에 직접 다림질을 하지 않는다.
④ 프레스 온도는 130℃ 이하로 유지한다.

48. 다음 중 편성포의 특징에 해당되지 않는 것은?

① 함기량이 많고 구김이 생기지 않는다.
② 유연하고 신축성이 크다.
③ 강도가 크고 비교적 강직하다.
④ 생산 속도가 직물에 비해 빠르다.

49. 비스코스 레이온의 가장 큰 결점은?

① 흡습성이 좋지 않다.
② 염색성이 나쁘다.
③ 일광에 견디는 힘이 부족하다.
④ 습윤강도가 약하다.

50. 양모 섬유의 특성이 아닌 것은?

① 섬유 중에서 초기 탄성률이 작아서 섬유 자체는 유연하고 부드럽다.
② 강도는 천연 섬유 중에서 가장 약하다.
③ 흡습성은 모든 섬유 중에서 가장 큰 섬유이다.
④ 염색성이 우수하여 산성 염료와 분산 염료를 주로 사용한다.

51. 다음 중 능직에 해당되는 직물은?

① 광목　　　　　② 목공단
③ 도스킨　　　　④ 개버딘

52. 다음 마크의 옳은 것은?

① 100% 견 제품　　② 100% 양모 제품
③ 100% 면 제품　　④ 100% 나일론 제품

53. 다음 중 필라멘트(filament) 섬유가 아닌 것은?

① 견사　　　　　② 아크릴사
③ 폴리에스테르사　④ 아마사

54. 섬유에 따른 염료의 선택이 틀린 것은?

① 아크릴–염기성 염료
② 양모–산성 염료
③ 아세테이트–직접 염료
④ 폴리에스테르–분산 염료

55. 피혁에 대한 설명 중 틀린 것은?

① 피혁이란 날가죽과 무두질한 가죽의 총칭
이다.

② 원피는 스킨과 하이드로 구별된다.

③ 원피의 단면 구조는 표피층, 진피층, 피하
조직이 있다.

④ 작은 동물의 원피는 하이드, 큰 동물의 원
피는 스킨이라 부른다.

56. 대통령령이 정하는 바에 의거하여 관계
전문기관 등에 그 업무의 일부를 위탁할 수
있는 자는?

① 구청장　　　　② 군수

③ 시장　　　　　④ 보건복지부 장관

57. 세탁업의 신고를 한 자가 폐업신고 시 세
탁업을 폐업한 날로부터 며칠 이내에 신고하
여야 하는가?

① 5일 이내　　　② 10일 이내

③ 20일 이내　　　④ 1개월 이내

58. 세탁업주가 세탁업소의 위생관리 의무를
지키지 아니했을 때 적용되는 과태료의 기준
은?

① 30만 원 이하　　② 50만 원 이하

③ 100만 원 이하　　④ 200만 원 이하

59. 다음 중 공중위생 감시원을 임명할 수 있
는 자는?

① 특별시장 · 광역시장 · 도지사

② 보건복지부 장관

③ 국무총리

④ 대통령

60. 과태료 처분에 불복이 있는 자는 그 처분
의 고지를 받은 날부터 언제까지 처분권자에
게 이의를 제기할 수 있는가?

① 10일 이내　　　② 15일 이내

③ 30일 이내　　　④ 3개월 이내

제4회 모의고사

자격종목	세탁기능사	문제 수 60문제	수험번호	성명

1. 환원 표백제의 얼룩 빼기에 사용할 수 있는 약제는?

① 차아염소산 나트륨
② 과망간산 칼륨
③ 하이드로설파이트
④ 티오황산 나트륨

2. 용제의 구비 조건이 아닌 것은?

① 기계를 부식시키지 않고 인체에 독성이 없을 것
② 건조가 쉽고 세탁 후 냄새가 없을 것
③ 값이 싸고 공급이 안정할 것
④ 인화점이 낮을 것

3. 다음 중 보일러의 정상적인 작동을 위한 주의 사항으로 틀린 것은?

① 수위를 일정하게 유지한다.
② 압력을 일정하게 유지한다.
③ 연료를 불완전하게 연소한다.
④ 새는 것을 방지한다.

4. 비누의 장점이 아닌 것은?

① 세탁 효과가 우수하다.
② 세탁한 직물의 촉감이 우수하다.
③ 가수 분해 되어 유리 지방산을 생성한다.
④ 합성 세제보다 환경 오염이 적다.

5. 기술 진단 중 사무 진단이 아닌 것은?

① 의류 물품의 종류, 수량 색상
② 의류 부속품의 유무
③ 의류에 부착된 장식 단추
④ 의류의 변형에 관한 사항

6. 세탁용 보일러의 증기 압력과 온도로 옳은 것은?

① 증기압 2.0kg/cm^2, 온도 99.1℃
② 증기압 3.0kg/cm^2 온도 119.6℃
③ 증기압 4.0kg/cm^2 온도 142.9℃
④ 증기압 6.0kg/cm^2 온도 151.1℃

7. 다음 중 계면 활성제의 기본적인 성질과 직접 관계하는 작용이 아닌 것은?

① 습윤 작용　　② 침투 작용
③ 유화 작용　　④ 방수 작용

8. 의류를 중심으로 한 대상품의 가치 보전과 기능 회복이 중요한 포인트인 클리닝 서비스는?

① 보전 서비스　　② 특수 서비스
③ 워싱 서비스　　④ 재오염 서비스

9. 용제의 독성을 나타내는 허용 농도(TLV) 값이 가장 작은 것은?

① 퍼클로로에틸렌
② 벤젠
③ 1,1,1-트리클로로에탄
④ 삼염화삼불화에탄

10. 재오염에 대한 설명 중 가장 옳은 것은?

① 재오염은 일명 역오염 중에서 섬유로 이염된 것을 말한다.
② 의류가 세정 과정에서 용제 중에 분산된 더러움이 의류에 다시 부착되어 흰색이나 색물이 거무스레한 회색 기미를 띠는 현상을 말한다.
③ 오염물 중 재부착된 더러움을 다시 헹구는 과정에서 떨어지는 것을 말한다.
④ 용제 중에 분산된 더러움이 의류에 스며들어 붉은 색깔을 띠는 것을 말한다.

11. 다음 중 기술 진단에서 중요한 진단에 해당되지 않는 것은?

① 특수품의 진단
② 오점 제거 정도의 진단
③ 부속품이 유무 진단
④ 고객 주문의 타당성 진단

12. 흡착제이면서 탈산력이 뛰어난 청정제는?

① 실리카 겔
② 활성 백토
③ 경질토
④ 산성 백토

13. 한국 산업 표준에서의 순품 고형 세탁비누의 수분 및 휘발성 물질의 기준량은?

① 30% 이하
② 35% 이하
③ 87% 이하
④ 95% 이하

14. 다음 중 세정액의 청정화 방법에 해당되지 않는 것은?

① 여과법
② 기포법
③ 흡착법
④ 증류법

15. 용제의 청정제 중 흡착제가 아닌 것은?

① 알루미나 겔
② 실리카 겔
③ 산성 백토
④ 규조토

16. 계면 활성제의 역할에 대한 설명 중 틀린 것은?

① 물에 용해되면 물의 표면 장력을 증가시켜 준다.
② 친수기와 친유기를 함께 가지고 있다.
③ 직물에 묻은 오염 물질을 유화, 분산시켜 준다.
④ 기포성을 증가시키고 세척 작용을 향상시킨다.

17. 보일러의 게이지 압력이 6kg/cm^{2}을 나타내고 있을 때의 절대 압력(kg/cm^2)은? (단, 대기 압력은 750mmHg이고, 절대 압력은 $1.033 \times \dfrac{실제\ 대기압력}{표준\ 대기압력} + 게이지\ 압력이다.$)

① 7.033
② 7.019
③ 7.045
④ 7.073

18. 피복의 오염 부착 상태에 대한 설명 중 틀린 것은?

① 화학 결합에 의한 부착-섬유 표면에 오염이 부착된 후 섬유와 오점 간의 결합이 화학 결합하여 부착된 것이며, 섬유 중 면, 레이온, 모, 견에서 화학 결합하는 경우가 많

이 있다.

② 정전기에 의한 부착-오염 입자와 섬유가 서로 다른 대전성(+, −로 나타나는 전기적 성질)을 띠고 있을 때 오염 입자가 섬유에 부착하는 것이며, 화학 섬유에 먼지가 부착하는 것이다.

③ 분자 간 인력에 의한 부착-오염 물질의 분자와 섬유 분자 간의 인력에 의해서 부착된 것이며, 강한 분자 간의 인력으로 인하여 쉽게 제거되지 않는다.

④ 유지 결합에 의한 부착-오염 입자가 물의 엷은 막을 통해서 섬유에 부착된 것이며, 휘발성 유기 용제나 계면 활성제, 알칼리 등으로써 제거된다.

19. 다음 중 산화 표백제가 아닌 것은?

① 차아염소산 나트륨　② 과망간산 칼륨
③ 과산화수소　　　　④ 아황산 수소 나트륨

20. 세탁 시 경수를 사용하는 경우의 세탁 효과는?

① 용수를 가열하면 철분이 무색으로 되어 세탁 효과를 좋게 한다.
② 표백에서 촉매 역할을 하여 표백 효과를 좋게 한다.
③ 섬유의 손상을 방지하며 세탁 효과를 상승시킨다.
④ 비누의 손실이 많아짐은 물론 세탁 효과도 저하시킨다.

21. 다림질의 3대 요소가 아닌 것은?

① 온도　　　　　　② 수분
③ 압력　　　　　　④ 전기

22. 화학적 얼룩빼기 방법에 관한 설명으로 틀린 것은?

① 과즙, 땀, 기타 산성 얼룩을 알칼리로 용해시켜 제거하는 방법이다.
② 물을 사용하여 얼룩을 용해하고 분리시킨 후 분산된 얼룩을 흡수하여 제거하는 방법이다.
③ 흰색 의류에 생긴 유색 물질의 얼룩을 표백제로 제거하는 방법이다.
④ 단백질, 전분 등의 얼룩을 단백질 분해 효소들로써 제거하는 방법이다.

23. 드라이클리닝의 용제의 정제 방법으로 가장 적합한 것은?

① 연서시험법　　　② 여과법과 증류법
③ 자연낙수법　　　④ 검화법

24. 론드리의 세탁 순서가 가장 바르게 된 것은?

① 본빨래→표백→헹굼→산욕→푸새→탈수
② 본빨래→헹굼→표백→산욕→푸새→탈수
③ 본빨래→표백→산욕→푸새→헹굼→탈수
④ 표백→본빨래→헹굼→산욕→탈수→푸새

25. 얼룩 빼기의 주의 사항 중 틀린 것은?

① 얼룩 빼기 시 생기는 반점을 제거해야 한다
② 얼룩 빼기 시 기계적으로 힘을 심하게 가해야 한다.
③ 얼룩 빼기 후에는 뒤처리를 반드시 행하여 섬유 손상을 방지해야 한다.
④ 얼룩이 주위로 번져 나가지 않도록 하여야 한다.

26. 다음 중 모터와 컴퓨레셔에 가장 많이 사용되는 동력원은?

① 휘발유　　　　② 석탄
③ 가스　　　　　④ 전기

27. 비누의 효과에 관한 설명으로 틀린 것은?

① 유성 오염에 효과가 좋다.
② 고형 오염에 효과가 좋다.
③ 양모 세탁에 효과가 좋다.
④ 나일론 세탁에 효과가 적다.

28. 다음 중 흡수력이 강한 무색 결정으로 취급이 간단하여 식품의 방습제로도 많이 사용하는 것은?

① 실리카 겔　　　② 염화 칼슘
③ 나프탈렌　　　④ 장뇌

29. 드라이클리닝의 장점이 아닌 것은?

① 기름의 얼룩을 잘 제거한다.
② 형태 변화가 적으며 원상 회복이 용이하다.
③ 세정, 탈수, 건조를 단시간 내에 할 수 있다.
④ 용제가 저가이며 용제를 깨끗이 하는 장치가 필요 없다.

30. 다음 중 물리적 얼룩빼기 방법에 해당하는 것은?

① 알칼리법　　　② 표백제법
③ 분산법　　　　④ 효소법

31. 웨트클리닝의 탈수와 건조에 대한 설명 중 틀린 것은?

① 형의 망가짐에 상관없이 강하게 원심 탈수한다.
② 늘어날 위험이 있는 것은 평평한 곳에 뉘어서 말린다.
③ 건조는 될 수 있는 대로 자연 건조를 한다.
④ 색 빠짐의 우려가 있는 것은 타월에 싸서 가볍게 손으로 눌러 싼다.

32. 드라이클리닝 시 퍼클로로에틸렌 용제를 사용할 때 유지해야 할 세정액 최대 온도의 기준은?

① 35℃ 이하　　　② 45℃ 이하
③ 60℃ 이하　　　④ 90℃ 이하

33. 제트 스폿의 주 용도로 옳은 것은?

① 얼룩 빼기　　　② 용제 관리
③ 산가 측정　　　④ 소프 측정

34. 기계 마무리의 주의 사항으로 틀린 것은?

① 비닐론은 충분히 건조시켜서 마무리한다.
② 마무리할 때 증기를 쏘이면 수축과 늘어짐의 염려가 있다.
③ 플리츠 가공된 것은 스팀터널이나 스팀박스에 넣으면 주름이 소실될 수 있다.
④ 고무벨트를 사용한 바지, 스커트는 다리미로 마무리해도 관계없다.

35. 오염 직후에는 물만으로 제거되고, 불충분하면 중성 세제로 씻어 내면 잘 제거되는 얼룩은?

① 딸기 얼룩　　　② 쇳물(녹물)
③ 볼펜 자국　　　④ 인주 자국

36. 아마 섬유의 성질을 면섬유와 비교한 설명으로 옳은 것은?

① 아마 섬유의 신도는 면섬유보다 적다.
② 아마 섬유의 길이는 면섬유보다 짧다.
③ 아마 섬유의 강도는 면섬유보다 약하다.
④ 아마 섬유의 신도는 면섬유보다 크다

37. 바늘 또는 보빈 등의 기구를 사용하여 실을 엮거나 꼬아서 만든 무늬가 있는 천은?

① 펠트
② 부직포
③ 파일
④ 레이스

38. 어느 방향에 대해서도 신축성이 없고, 형이 변형되는 일이 적은 것이 특징이며 짜거나 뜨지 않고 섬유를 천 상태로 만든 것은?

① 펠트
② 레이스
③ 부직포
④ 편성물

39. 우리나라에서 가장 많이 생산되는 나일론은?

① 나일론 6
② 나일론 66
③ 나일론 610
④ 나일론 11

40. 폴리에스테르 섬유와 면섬유를 혼방한 직물에 가장 적합한 염료는?

① 분산 염료와 반응성 염료
② 산성 염료와 직접 염료
③ 분산 염료와 산성 염료
④ 염기성 염료와 직접 염료

41. 다음 중 습윤하면 강도가 가장 많이 증가

하는 섬유는?

① 면
② 양모
③ 견
④ 나일론

42. 다음 중 나일론 섬유에 가장 많이 사용하는 염료는?

① 직접 염료
② 산성 염료
③ 분산 염료
④ 배트 염료

43. 면섬유의 온도에 의한 변화에 대한 설명 중 틀린 것은?

① 100~105℃ : 수분을 방출한다.
② 140~160℃ : 변화가 없다.
③ 180~250℃ : 갈색으로 변한다.
④ 320~350℃ : 연소한다.

44. 편성물의 장점이 아닌 것은?

① 함기량이 많아 가볍고 따뜻하다.
② 필링이 생기기 쉽다.
③ 신축성이 좋고 구김이 생기지 않는다.
④ 유연하다.

45. 단섬유를 여러 개 합쳐 실을 뽑아낸 방적사에 해당되지 않는 실은?

① 견사
② 면사
③ 마사
④ 모사

46. 일광 견뢰도에서 가장 좋은 등급은?

① 1급
② 3급
③ 5급
④ 8급

47. 다음 섬유 중 PET 섬유가 해당하는 것은?

① 나일론　　　　② 폴리프로필렌
③ 폴리에틸렌　　④ 폴리에스테르

48. 가죽처리 공정 중 가죽 제품이 깨끗하고 염색이 잘 되지 않은 면에 남아 있는 모근, 지방 또는 상피층의 분해물을 잘 제거하는 것은?

① 물에 침지　　　② 석회 침지
③ 때 빼기　　　　④ 효소 분해

49. 의복의 성능을 향상시키기 위한 재가공에 관한 설명 중 틀린 것은?

① 직물에 유연제 처리를 하여 정전기를 방지한다.
② 대전 방지제로는 음이온 계면 활성제를 사용한다.
③ 직물의 표면을 기모하여 복숭아 껍질의 촉감과 유사한 것이 피치스킨 가공이다.
④ 축융방지 가공은 양모의 스케일을 수지로 엎어 씌운다.

50. 인조 피혁을 만들기 위해 주로 사용된 수지는?

① 폴리우레탄 수지
② 폴리아크릴 수지
③ 폴리에스테르 수지
④ 아크릴 수지

51. 염색 방법에 관한 설명으로 옳은 것은?

① 침염법은 실이나 직물을 염료 용액에 담가

서 열을 가하고 전체를 동일한 색상으로 염색하는 것이다
② 이색 염색법은 두 가지 섬유를 동일한 색상으로 염색하는 것이다.
③ 날염법은 한 가지 섬유에 한 가지 색만 염색하는 것이다.
④ 방염법은 무늬 부분만 표백하여 표현하는 것이다.

52. 다음 중 비중이 가장 높은 섬유는?

① 나일론　　　　② 아크릴
③ 폴리에스테르　④ 폴리프로필렌

53. 단백질 섬유를 구성하는 성분이 아닌 것은?

① 탄소　　　　　② 인
③ 질소　　　　　④ 수소

54. 직물의 3원 조직이 아닌 것은?

① 능직　　　　　② 수자직
③ 평직　　　　　④ 리브직

55. 다음 중 인조 섬유에 해당되지 않는 섬유는?

① 폴리우레탄 섬유　② 폴리염화비닐 섬유
③ 헤어 섬유　　　　④ 아크릴 섬유

56. 공중위생 영업자에 대한 과징금 징수 절차는 무엇으로 정하는가?

① 대통령령　　　② 국무총리령
③ 보건복지부령　④ 행정안전부령

57. 다음 중 공중위생관리법의 목적이 아닌 것은?

① 공중이 이용하는 영업과 시설의 위생관리
② 위생수준 향상
③ 국민의 건강 증진에 기여
④ 업계의 권익 도모

58. 세탁업주의 지위를 승계한 자가 1월 이내에 보건복지부령이 정하는 바에 따라 누구에게 신고해야 하는가?

① 대통령
② 국무총리
③ 보건복지부 장관
④ 시장 · 군수 · 구청장

59. 세탁업을 하는 자가 세제를 사용함에 있어서 국민 건강에 유해한 물질이 발생하지 않도록 기계 및 설비를 안전하게 관리하는 규정을 위반한 경우 부과되는 과태료의 기준 금액은?

① 30만 원   ② 50만 원
③ 70만 원   ④ 100만 원

60. 공중위생 감시원의 자격으로 옳은 것은?

① 1년 이상 공중위생 행정에 종사한 경력이 있는 자
② 위생사 또는 환경기능사 이상의 자격증이 있는 자
③ 「고등교육법」에 의한 대학에서 화학 · 환경공학 또는 위생학 분야를 전공하고 졸업한 자
④ 대통령이 지정하는 공중위생 감시원의 양성 시설에서 소정의 과정을 이수한 자

제5회 모의고사

자격종목	문제 수	수험번호	성명
세탁기능사	60문제		

1. 클리닝 처리 전에 진단할 사전 내용이 아닌 것은?

① 섬유의 종류와 성질
② 직물의 조직
③ 섬유의 염색 상태
④ 직물의 내용 연수

2. 다음 중 오점 제거가 가장 어려운 섬유는?

① 견
② 양모
③ 면
④ 아세테이트

3. 드라이클리닝용 유기 용제로서의 조건이 아닌 것은?

① 피지 등 오점을 용해, 분산하는 능력이 클 것
② 섬유 및 염료를 용해, 손상하지 말 것
③ 회수, 정제가 용이하고 정제 과정에서 변질되지 않을 것
④ 비중이 낮고 드라이클리닝 장치를 부식시키지 않을 것

4. 다음 중 세정률이 가장 높은 섬유는?

① 레이온
② 양모
③ 아세테이트
④ 견

5. 살균 위생 가공의 방법으로 적합하지 않은

것은?

① 침적법
② 가스봉입법
③ 탈산소법
④ 자외선법

6. 보일러의 부피를 일정하게 유지하고 증기의 온도를 상승시켰을 때 압력의 변화는?

① 일정하다.
② 감소한다.
③ 상승한다.
④ 압력과 관계없다.

7. 다음 중 나일론 섬유의 표백에 가장 적합한 표백제는?

① 아염소산 나트륨
② 과탄산 나트륨
③ 과붕산 나트륨
④ 아황산 수소 나트륨

8. 다음 중 여과력은 우수하나 흡착력이 없는 청정제는?

① 활성 탄소
② 산성 백토
③ 규조토
④ 실리카 겔

9. 용제 관리의 목적이 아닌 것은?

① 재오염 방지
② 용제 청정
③ 위생적인 클리닝
④ 기계 부식

10. 흡착에 의한 오염의 원인에 해당되지 않는 것은?

① 염착   ② 정전기
③ 점착   ④ 물의 적심

11. 클리닝의 효과를 일반적인 효과와 기술적인 효과로 구분할 때 일반적인 효과가 아닌 것은?

① 오점 제거로 위생 수준 유지
② 세탁물의 내구성 유지
③ 고급 의류의 패션성 보전
④ 오염물의 종류와 발생 원인의 작업 전 숙지

12. 세정 시 정전기를 방지하고 동시에 살균 효과를 위하여 주로 사용하는 것은?

① 유연제
② 음이온 계면 활성제
③ 형광 증백제
④ 양이온 계면 활성제

13. 세탁물의 상해 예방을 위한 내용으로 틀린 것은?

① 건조기의 온도는 최대한 높게 한다.
② 용제 중의 수분을 적당히 한다.
③ 탈수기 작동 시 덮개 보를 덮고 뚜껑을 덮는다.
④ 손상되기 쉬운 제품은 망에 넣어 처리한다.

14. 섬유제품 표시의 진단 방법으로 가장 옳은 것은?

① 섬유 제품에 부착되어 있는 표시는 그대로 믿어도 된다.
② 표시가 부착되어 있지 않은 것은 실험 없이 물세탁도 가능하다.

③ 등록상표 또는 승인번호 등 회사명이 기록된 표시가 부착되어 있더라도 일단 기초 실험 후 처리한다.
④ 유명회사 제품은 실험 없이 바로 세탁이 가능하다.

15. 다음 중 유용성 오점이 아닌 것은?

① 땀   ② 구두약
③ 화장품   ④ 그리스

16. 기술 진단의 포인트에 관한 내용이 아닌 것은?

① 형태의 변형–신축성이 심한 편성물과 모직물
② 보푸라기–필라멘트사를 사용한 합성 직물
③ 부분 변퇴색–햇빛, 가스, 오점 제거에 의한 변퇴색
④ 마모–가죽, 면, 마, 레이온, 피혁 제품

17. 세제에 가장 많이 사용하는 계면 활성제는?

① 음이온 계면 활성제
② 양이온 계면 활성제
③ 비이온 계면 활성제
④ 양성 계면 활성제

18. 세탁용제의 재오염 측정 시 원포 반사율이 40, 세정 후 반사율이 38일 때 재오염률은?(%)

① 2   ② 3
③ 4   ④ 5

19. 중질 세제라고도 하며, 수용액의 pH를 세탁 효과가 가장 좋은 pH10.5 ~ 11.0 내외가 되도록 한 세제는?

① 다목적 세제
② 중성 세제
③ 약알칼리성 세제
④ 유연제 배합 세제

20. 보일러의 분류 중 원통 보일러에 해당하는 형식은?

① 자연 순환식　　② 입식
③ 강제 순환식　　④ 관류식

21. 다음 중 웨트클리닝 처리 방법에 해당하는 것은?

① 손빨래　　② 애벌빨래
③ 본빨래　　④ 산욕

22. 다음 의류 중 유성페인트 얼룩을 제거하기가 불가능한 것은?

① 폴리에스테르 정장
② 면 블라우스
③ 비닐 우의
④ 나일론 점퍼

23. 일반적인 세탁 방법으로 불가능한 의류에 행해지는 세탁 방법으로 풍부한 경험과 기술을 필요로 하는 것은?

① 드라이클리닝　　② 웨트클리닝
③ 론드리　　④ 차지클리닝

24. 드라이클리닝의 특징에 관한 설명 중 틀린 것은?

① 기름얼룩 제거가 쉽다.
② 수용성 얼룩은 제거가 곤란하다.
③ 특수 의류의 진단과 처리 기술이 필요하다.
④ 사전 얼룩 빼기와 용제 관리의 기술은 필요 없다.

25. 다음 기호의 설명으로 틀린 것은?

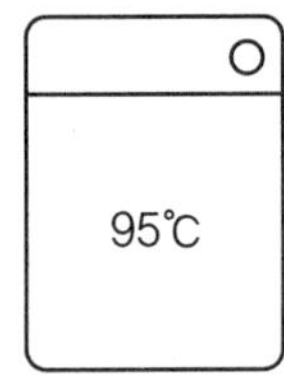

① 물의 온도 95℃를 표준으로 세탁할 수 있다.
② 세탁기로 세탁할 수 있다.
③ 세제 종류에 제한을 받지 않는다.
④ 손세탁은 불가능하다.

26. 론드리 건조 시 주의할 내용 중 틀린 것은?

① 저온의 경우 회전통에 많은 양의 세탁물을 넣는다.
② 고온 텀블러를 사용할 경우 가열을 정지시킨 후라도 텀블러 안에 물품을 방치하면 안 된다.
③ 화학 섬유의 경우 수축, 황변되기 쉬우므로 60℃ 이하에서 건조시킨다.
④ 비닐론 제품은 고온 건조를 피하고 작업 종료 후 냉풍으로 5~10분간 회전한다.

27. 다음 중 얼룩을 털거나 닦아내는 데 사용

하는 얼룩 빼기 용구는?

① 솔   ② 주걱
③ 면봉   ④ 인두

28. 다음의 드라이클리닝 공정 중 가장 먼저 해야 할 것은?

① 건조   ② 탈액
③ 본세   ④ 전처리

29. 론더링에 사용되는 세탁기에 관한 설명으로 옳은 것은?

① 워셔(waher)라고 하며, 대형 일중 드럼식이 사용된다.
② 세탁기는 세탁물을 투입하는 위치에 따라 드럼의 측면이 열리게 된 사이드로딩형과 드럼의 끝에서 넣은 엔드로딩형이 있다.
③ 워셔의 용량은 2회에 세탁할 수 있는 세탁물의 건조 중량(kg)을 표시하고 있다.
④ 워셔의 내부 드럼의 회전 속도는 세탁 효과와는 상관이 없다.

30. 준밀폐형 세정기(콜드 머신)에 관한 설명으로 옳은 것은?

① 석유계 용제를 사용하는 자동 기계이며 세정과 탈액이 가능하다.
② 세정만 가능하고 탈액은 되지 않는다.
③ 세정, 탈액, 건조까지 연속적으로 처리되는 기밀 구조로 되어 있다.
④ 개방형 세탁기이다.

31. 다음 중 의복에 기능에 해당되지 않는 것은?

① 위생상의 성능   ② 상품상의 성능
③ 관리적 성능   ④ 감각적 성능

32. 세탁의 원리에 관한 설명 중 옳은 것은?

① 세탁은 물과 세제를 섞어 반드시 기계의 힘을 받아야만 이루어진다.
② 세탁의 기본 원리에는 침투, 흡착, 분산, 유화 · 현탁 작용이 있다.
③ 세제를 용해하면 계면 활성제의 작용으로 물의 계면 장력이 증가한다.
④ 세탁 과정은 세제의 양, 세제의 온도, 섬유의 두께, 거품의 양에 따라 달라진다.

33. 론드리 공정 중 산욕의 작용 효과에 해당하는 것은?

① 천을 광택 있게 팽팽하게 한다.
② 천을 질기게 하고 내구성을 좋게 한다.
③ 오점이 섬유에 직접 붙지 않도록 한다.
④ 의류를 살균, 소독한다.

34. 웨트클리닝 처리 방법에 관한 설명 중 틀린 것은?

① 색이 빠지거나 형이 일그러지는 것에 주의해야 한다.
② 처리 방법에는 솔빨래, 기계빨래, 오염을 닦아내는 것 등이 있다.
③ 대상이 되는 의류는 종류가 많고 성질은 다르나 처리 방법은 모두 같다.
④ 마무리 다림질을 생각하여 형이 망가짐에 유의하여야 한다.

35. 다음 중 적정 다림질 온도가 가장 낮은 섬유는?

① 아세테이트　　② 양모
③ 면　　④ 모

36. 가죽처리 공정 순서를 나열한 것은?

① 원피-고기 제거-물에 침지-분할-때 빼기-탈모
② 원피-물에 침지-고기 제거-탈모-석회 침지-분할-때 빼기-회분
③ 물에 침지-탈모-때 빼기-석회 침지-탈회-산에 담그기
④ 원피-효소 분해-제육-침지-분할-때 빼기-유성

37. 비스코스 레이온의 주성분으로 옳은 것은?

① 석유와 석탄
② 셀룰로오스
③ 초산과 황산
④ 섬유를 재생할 수 있는 단백질

38. 다음 중 탄성 회복률이 가장 우수한 섬유는?

① 면　　② 아마
③ 견　　④ 양모

39. 면섬유의 특성에 관한 설명 중 틀린 것은?

① 비중은 1.54로 비교적 무거운 섬유에 해당된다.
② 산에는 약하나 알칼리에는 강하다.
③ 현미경으로 보면 단면은 다각형이고 중공이 있다.
④ 다림질 온도는 비교적 높은 편이다.

40. 마섬유의 종류 중 일명 모시라고도 하며 오래전부터 한복감으로 사용된 것은?

① 아마　　② 저마
③ 대마　　④ 황마

41. 섬유를 불꽃 속에 넣었을 때 지글지글 녹으면서 서서히 타고 머리카락 타는 냄새가 나는 것은?

① 면　　② 양모
③ 견　　④ 나일론

42. 의류의 취급에 대한 표시 방법 중 표시자가 필요치 않다고 판단하면 생략할 수 있는 것은?

① 세탁 방법　　② 표백 방법
③ 탈수 방법　　④ 다림질 방법

43. 단추의 종류에 관한 설명 중 틀린 것은?

① 폴리에스테르 단추는 열과 드라이클리닝에 강하다.
② 나일론 단추는 다양한 색상과 형태로 만들 수 있다.
③ 나무 단추는 여러 종류의 나무로 만들며, 가볍고 열과 수분에 강하다.
④ 금속 단추는 놋쇠, 니켈, 알루미늄을 조각하거나 압형하여 만든다.

44. 다음과 같은 표시가 된 제품을 드라이클리닝하는 방법은 ?

① 용제의 종류는 구별하지 않아도 된다.

② 석유를 섞은 물을 조금 넣어 세탁한다.

③ 용제의 종류는 석유계에 한하여 드라이클리닝할 수 있다.

④ 용제의 종류는 석유계를 제외하고 모두 사용할 수 있다.

45. 천연 섬유 중 광물성 섬유로 분류하는 것은?

① 금속　　　　② 탄소

③ 석면　　　　④ 유리

46. 다음 중 일광 견뢰도의 등급 중 가장 우수한 것은?

① 0급　　　　② 1급

③ 5급　　　　④ 8급

47. 다음 중 실을 거치지 않은 피륙은?

① 펠트　　　　② 레이스

③ 편성물　　　④ 직물

48. 면섬유와 비교한 아마 섬유의 성질이 틀린 것은?

① 공정 수분율은 면보다 높다.

② 비중은 면보다 낮다.

③ 내일광성은 면보다 좋다.

④ 신도는 면보다 낮다.

49. 평직물에 관한 설명 중 틀린 것은?

① 조직이 간단하다.

② 마찰에 강하나 광택이 적다.

③ 유연해서 주름이 잘 생기지 않는다.

④ 실용적인 옷감으로 사용되고 광목, 옥양목, 포플린 등이 있다.

50. 다음 중 견섬유의 특성이 아닌 것은?

① 누에고치로부터 얻은 섬유이다.

② 강한 알칼리에 의해 쉽게 손상된다.

③ 햇볕에 의해 별로 변색이 되지 않는다.

④ 우수한 촉감과 광택이 있다.

51. 한국 산업 표준에서 다림질 온도가 가장 높은 온도의 범위는?

① 60~80℃　　　② 80~120℃

③ 140~160℃　　④ 180~210℃

52. 다음 중 파일 직물이 아닌 것은?

① 벨벳　　　　② 코듀로이

③ 우단　　　　④ 개버딘

53. 다음 중 면섬유에 염색이 되지 않는 염료는?

① 직접 염료　　② 반응성 염료

③ 배트 염료　　④ 산성 염료

54. 아세테이트 섬유에 관한 설명 중 틀린 것은?

① 아크릴 섬유 대용으로 개발한 소재이다.

② 목재 펄프를 아세트산으로 처리한 소재이다.

③ 촉감이 부드러우며 광택이 좋다.

④ 여성용 옷감, 양복 안감 등에 주로 사용된다.

55. 섬유가 녹으면서 탈 때 약간 달콤한 냄새가 나는 것은?

① 면
② 폴리에스테르
③ 아세테이트
④ 마

56. 세탁용 기계의 안전 관리를 위하여 밀폐형이거나 용제 회수기가 부착된 세탁용 기계에 사용하는 용제가 아닌 것은?

① 퍼클로로에틸렌
② 불소계 용제
③ 석유계 용제
④ 트리클로로에탄

57. 공중위생 영업자가 영업소 폐쇄 명령을 받고도 계속하여 영업을 하는 때에 관계 공무원으로 하여금 조치를 할 수 있는 것이 아닌 것은?

① 당해 영업소의 간판, 기타 영업표지물의 제거
② 당해 영업소가 위법한 업소임을 알리는 게시물 등의 부착
③ 영업을 위하여 필수 불가결한 기구 또는 시설물을 사용할 수 없게 하는 봉인
④ 영업소에 고객이 출입할 수 없도록 출입문 폐쇄

58. 세탁업을 하는 자가 정당한 이유 없이 위생 교육을 받지 않은 경우 1차 위반 시 행정 처분은?

① 경고
② 영업정지 5일
③ 영업정지 10일
④ 영업장 폐쇄 명령

59. 공중위생 영업의 신고 및 폐업 신고에 관한 설명으로 옳은 것은?

① 공중위생 영업은 품목별로 행정안전부령이 정하는 시설 및 설비를 갖추어야 한다.
② 공중위생 영업 신고는 반드시 군수, 읍장, 동장에게 하여야 한다.
③ 공중위생 영업을 신고한 자는 공중위생 영업을 폐업한 날로부터 20일 이내에 시장, 군수, 구청장에게 신고하여야 한다.
④ 신고의 방법 및 절차에 관하여 필요한 사항은 시, 도지사가 정한다.

60. 세탁업을 하는 자가 시설 및 설비 기준을 위반하여 영업장 폐쇄 명령이 부여되는 때는?

① 1차 위반
② 2차 위반
③ 3차 위반
④ 4차 위반

모의고사 해답

[제1회 모의고사]

1. ③

해설 ① 오염 제거가 잘되는 순서(세탁이 잘되는 순서): 양모-나일론-비닐론-아세테이트-면-레이온-마-견

② 오염 제거가 가장 어려운 섬유는 견(실크)이다.

2. ①

해설 용제의 청정화 방식 중 카트리지식은 주름 여과지 안에 흡착제가 있는 방식으로 청정 능력이 높아 가장 많이 사용되는 방식이다.

3. ①

해설 ① 용제 중 1,1,1-트리클로로에탄이 강하며 세정 시간이 짧다.

② 세정 시간

석유	퍼클로로에틸렌	불소계	1,1,1 트리클로로에탄
20~30분	7분 정도	5분 정도	3~5분 정도

4. ④

해설 음이온 계면 활성제는 주로 세정제(비누, 세제)로 사용된다.

5. ④

해설 물이나 공기의 계면 장력을 저하시킨다.

6. ②

해설 HLB ① 물과 기름에 대한 친화성

② 0~20:   0 친유성

20 친수성

1~3 소포제(유해한 기름 제거)

3~4 드라이클리닝

4~8 유화제(기름 속에 물 분산)

7~9 친유성

8~18 유화제(물속에 기름 분산)

13~15 세탁용 세제

15~18 가용화

7. ②

해설 ① 방추 가공: 면, 마, 레이온-수지 처리-구김 방지

② 유연 가공: 재가공 시 섬유를 부드럽게 하는 것

③ 방오 가공: 오염 방지

8. ③

해설 보일러의 증기 압력과 온도

온도℃	압력(kg/cm²)
99.1	1.0
119.6	2.0
132.9	3.0
142.9	4.0
151.1	5.0
158.1	6.0
164.2	7.0

9. ④

해설 청정화 방법: 여과, 흡착, 증류

10. ①

해설 ① 세정률이 가장 높은 순서(세탁이 잘되는 순서): 양모-나일론-비닐론-아세테이트-면-레이온-마-견

② 세정률이 가장 높은 섬유는 양모이고 가장 낮은 섬유는 견이다.

11. ①

해설 클리닝 공정: 접수 점검-마킹-대분류-포켓 청소-세분류-얼룩 빼기-클리닝-얼룩 빼기-최종 점검-포장

12. ②

해설 ① 재오염: 부착, 흡착(정전기, 점착, 물에 적심)

② 염착: 용탈한 염료는 섬유에 염착된다.

13. ②

해설 온도 119.6℃ (약 120℃)=2kg/cm²

14. ③

해설 비누가 합성 세제보다 환경 오염이 적은 것은 단점이 아니라 장점이다.

15. ①

해설 세정 시간이 가장 길다(세정 시간 20~30분).

16. ①

해설 경영 관리에서 경영은 최고층(사장), 관리는 중간층이 한다.

17. ①

해설 ① 방충 가공: 벌레에 의한 손상을 막기 위한 것
② 방염 가공: 직물이 불꽃을 내며 연소되는 것을 방지하는 가공

18. ①

해설 수면계에 수위가 나타나면 정상이다.

19. ①

해설 장식 단추의 확인은 사무 진단이다.

20. ④

해설

원통 보일러 ─ 입식
─ 노통식
─ 연관식
─ 노통 · 연관식

수관 보일러 ─ 자연 순환식
─ 강제 순환식
─ 관류식

21. ④

해설 배수 시설이 필요해서 비경제적이다.

22. ③

해설 ① 오점제거 방식: 털어서, 두드려서, 물, 세제, 유기 용제, 표백
② 오점은 빛으로 제거할 수 없다.

23. ①

해설 품머형(드라이클리닝 마무리 기계)
인체 프레스기─상의, 코트
팬츠토퍼─하의

24. ④

해설 다림질과 얼룩 제거는 거리가 멀다.

25. ①

해설 드라이클리닝은 용제가 고가이며 독성과 가연성의 문제가 있다.

26. ①

해설 ① 물은 표면 장력이 커서 세탁물을 잘 적시지 못한다.
② 물에 세제를 풀면 표면 장력이 저하된다.

③ 표면 장력이 큰 것은 물의 단점이다.

27. ④

해설 ① 드라이클리닝 공정 순서: 전처리─세장 공정─탈액 및 건조
② 전처리: ⓐ 브러싱법 ⓑ 스프레이법
③ 전처리액으로 인한 염료의 흐름이나 수축이 있는 경우 용제를 사용하면 안 된다.

28. ③

해설 얼룩 빼기
① 물리적
ⓐ 기계적 힘을 사용 ⓑ 분산법 ⓒ 흡착법
② 화학적
ⓐ 알칼리법 ⓑ 산법 ⓒ 표백제법 ⓓ 효소법

29. ③

30. ①

해설 손빨래 종류에 돌려서 빨기는 없다.

31. ③

해설 웨트클리닝 방법은 대상이 되는 의류에 따라 처리 방법이 다를 수 있다.

32. ③

해설 세정만 가능하고 탈액은 원심 탈수기를 사용하는 것은 개방형 세정기(오픈워셔)이다.

33. ②

해설 경수를 연수로 만드는 법: 끓이는 법, 알칼리 첨가, 이온 교환 수지법

34. ④

해설 펌프의 성능
액도심도(10등분)─3까지 도달하는 시간
45초 이내─양호
45~60초─한계
60초 이상─불량

35. ①

해설 예세─본세─표백─헹굼─산욕─풀먹임(수지 가공)─탈수─건조─다림질(마무리)

36. ④

해설 ①은 드라이클리닝
②는 손세탁(중성세제 사용)
③은 세탁기 사용(중성세제 사용)

④는 세탁기 사용(세제 종류에 제한을 받지 않음)

37. ④

해설 섬유 감별 방법의 종류
① 연소 ② 현미경 관찰 ③ 용해

38. ①

해설 면섬유의 정련(불순물 제거)은 묽은 수산화 나트륨, 탄산 나트륨으로 한다.

39. ②

해설 섬유는 굵기가 가늘고 균일해야 한다.

40. ①

해설 수산화 나트륨은 강한 알칼리이므로 단백질 성질인 양모를 용해시킨다.

41. ③

해설 폴리에스테르 · 아세테이트 섬유는 분산성 염료를 사용한다.

42. ①

해설 100℃-수분 상실, 140℃-강신도 저하 160℃-탈수작용, 250℃-갈색으로 변함, 320℃-연소 시작

43. ①

해설 ① 퍼머넌트 프레스 가공: 옷감에 수지를 먹이고 옷을 만든 다음 높은 온도로 다려서 형태를 고정(와이셔츠, 블라우스)
② 센퍼라이즈: 면포를 물리적 힘으로 미리 줄여 두는 방축 가공
③ 방축 가공: 미리 줄여 놓은 것

44. ③

해설 이중직: 위사나 경사 중 하나가 2개의 실로 만들어진 것

45. ④

해설 아세테이트의 특징
① 흡수성이 적다.
② 산에 약하다.
③ 열가소성이 좋다.
④ 장기간 일광에 노출되면 강도가 작아진다.

46. ②

해설 능직(사문직): 경사와 위사를 2올 이상씩 상하로 교차점을 만드는 방식으로 마찰에 약하나 광택이 좋다.

47. ④

해설 ① wash&wave 가공-주름이 발생하지 않도록 수지 가공한 것
② 심지: 실루엣을 부여함. 착용 및 세탁에 의한 변형을 방지해 주는 부속 재료
ⓐ 종류-구성에 의한 분류: 직물, 부직포
-소재에 의한 분류: 면, 마, 모, 혼방, 합성 심지
ⓑ 접착 방식: 일반 접착심지
③ 합성 심지는 합성 섬유로 만들었으므로 대전성이 있어 때가 잘 탄다.

48. ④

해설 ① 탄성: 원래 상태로 돌아가려는 성질
② 아마 섬유는 면섬유보다 탄성이 적다.

49. ①

해설 면은 목화솜에서 얻은 실인데 미국 해도면(해안가)의 면이 가장 우수한 품종이다.

50. ③

해설 ① 직물: 위사와 경사로 짠 섬유
② 편성물: 고리를 만들어 고리를 연결하여 만든 것
③ 편성물은 형태가 좋지 않다.

51. ①

해설 ① 면: 측면은 리본 모양, 단면은 평편하고 중앙에는 중공이 있다.
② 아마: 단면은 5~6각의 다각형이고, 측면에 적당한 간격으로 마디가 있다.
③ 양모 단면은 원형이고 바깥쪽에는 겉비늘(스케일)이 있다.

52. ①

해설 ① 펠트: 양모 섬유에 알칼리를 섞어 비벼 주면 스케일이 엉켜 펠트가 만들어진다.
② 부직포: 섬유에 합성수지를 가하여 천을 만든 것.
③ 실을 거치지 않는 피륙은 펠트와 부직포이다.

53. ④

해설 무두질 가공: 생피를 가죽으로 사용할 수 있도록 하는 작업이다.

54. ④

해설 ① 전선: 계속 풀리는 현상
② 필링: 보풀(실에서 일어나는 잔털)
③ 통기성이 좋은 위생적인 옷을 만들 수 있는 것은 편성물의 장점이다.

55. ③

해설 부직포는 실 또는 천에 합성수지를 가하여 만들었으므로 유연성이 나쁘다.

56. ①

해설 시설 및 설비 기준을 위반한 공중위생 영업자에게 개선 명령을 할 수 있는 자(시·도지사 또는 시장, 군수, 구청장)

57. ④

해설 ① 과태료: 행정상의 금전적 벌금
② 관계 공무원의 출입·검사 등을 거부 또는 방해하는 자의 과태료: 100만 원

58. ③

해설 세탁업을 하고자 하는 자는 보건복지부령이 정하는 시설·설비를 갖추고 시장, 군수, 구청장에게 신고해야 한다.

59. ①

해설 분쟁의 조정: 세탁업자의 단체는 세탁업자와 소비자 간의 분쟁 조정을 위하여 노력해야 한다.

60. ④

해설 위생 교육을 받은 자가 위생 교육을 받은 날로부터 1년 이내에 위생 교육을 받은 업종과 같은 업종의 영업을 할 경우에는 위생 교육을 다시 받을 필요는 없다.

[제2회 모의고사]

1. ③

해설 재오염률 측정(%)

$$=\frac{\text{원포 반사율}-\text{세정 후 반사율}}{\text{원포 반사율}}\times100(\%)$$
$$=\frac{45-42}{45}\times100(\%)=6.67\%$$

2. ④

해설 비누=지방(폐식용유)+수산화 나트륨(양잿물)
비누를 사용하고 나면 유리 지방산이 생성되고 산성 용액에서는 사용할 수 없다.

3. ①

해설 화학 섬유(인조 섬유)에 먼지가 붙는 것은 정전기에 의한 부착이다.

4. ④

해설 양이온계 계면 활성제는 유화제, 대전 방지제, 발수제로 이용된다.

5. ③

해설 ① 세정률이 높은 순서(세탁이 잘되는 순서): 양모-나일론-비닐론-아세테이트-면-레이온-마-견
② 오염이 잘 되는 순서(빨리 더러워지는 순서): 레이온-마-아세테이트-면-비닐론-실크-나일론-양모

6. ②

해설 ① 세척이 가장 잘되는 섬유는 양모이다.
② 세척이 가장 안 되는 것은 견(실크)이다.

7. ①

해설 계면 활성제-비누, 세제-표면 장력을 저하시킨다.
① 음이온-세제
② 양이온-유화제, 대전 방지제, 발수제
③ 비이온-이온이 생기지 않는다.
④ 양성-음이온, 양이온이 존재

8. ③

해설 흡착제이면서 탈취제
알루미나 겔·경질토

9. ④

해설 보일러의 연소 초기에는 서서히 연소시켜, 장시간에 증기가 발생하도록 한다.

10. ③

해설 클리닝
① 워싱 서비스: 의류의 세정 작업
② 패션 케어 서비스: 세정 작업뿐만 아니라 의류의 가치를 높이고 기능을 유지시키는 서비스

11. ③

해설 클리닝 전에 사전 진단을 해야 할 사항
직물의 조직, 가공 유무, 염색 상태

12. ④

해설 발열성이 높은 기계 장치가 필요한 것은 불소계 용제의 단점이다.
장점: 불연성이며 독성이 적다.
섬세한 의류에 적합하다.
매회 증류가 가능하고 관리가 쉽다.
단점: 용해력이 작다.
단열성이 높은 기계 장치가 필요
대기 환경을 파괴시킨다.

13. ②

해설 ① 날염: 직물을 부분적으로 착색하여 필요한 무늬가 나타나게 하는 기술
② 날염 제품은 비교적 저가 제품이다.

14. ④

해설 리프 필터: 펌프의 압력에 의해서 8~10개 철망의 리프 필터 안으로 용제가 유입되면서 청정화되는 방식

15. ④

해설 청정 장치의 종류: 필터식, 카트리지식, 청정통식, 증류식

16. ①

해설 유용성 오점
① 기름을 주성분으로 이루어진 것
② 유기 용제로 제거한다.
③ 그리스, 구두약, 기계유, 니스, 껌, 락카, 화장품, 립스틱, 버터, 식용유, 양초, 인주, 피지 등

17. ④

해설 수용성 오점
① 물에 용해되는 물질에 의해서 생기는 오점

② 간장, 설탕, 겨자, 소스, 커피, 과일주스, 케첩, 아이스크림, 곰팡이, 술, 구토물, 배설물 등

18. ④

해설 압력 게이지가 움직이는 것은 보일러의 고장 원인이 아니다.

19. ④

해설 용제 관리의 목적
① 물품(세탁물)을 상하지 않도록 해야 한다.
② 재오염을 방지한다.
③ 세정 효과를 높인다.

20. ②

해설 ① 푸새 가공: 풀먹임하는 것
② 형광: 흰 직물을 보다 희게 하는 것
③ 정련: 섬유를 깨끗이 하는 것
④ 표백: 색소를 분해해서 희게 만드는 것

21. ③

해설 웨트클리닝 대상품
① 합성수지 제품(합성수지로 코팅한 합성 피혁 등 포함)
② 고무를 입힌 제품
③ 수지안료 가공 제품
④ 드라이클리닝에서 오점이 빠지지 않는 것
⑤ 염료가 빠지는 직물

22. ④

해설 유화·현탁: 오점이 액 중 분산되어 안정화된 것

23. ④

해설 캐비닛형(상자형)과 시어즈형(가위형)은 면 프레스기(마무리 기계)의 종류이다.

24. ②

해설 주물러 빨기
① 면, 마, 인조 섬유(레이온, 아세테이트)
② 세탁 효과가 좋고, 섬유의 손상이 적은 편이다.

25. ③

해설 수질오염 방지 시설과 물을 빼는 배수 시설이 필요하다.

26. ①

해설 ① 중성 세제: 세정력은 다소 떨어지나 색상의 변화가 적다.
② 커피는 수용성 오점이므로 얼룩을 제거한 후 중성세제 용액으로 씻어 낸다.

27. ④

해설 ① 론드리 대상품: 와이셔츠류, 작업복, 타올 등
② 웨트클리닝–합성 피혁, 합성수지, 고무를 입힌 제품, 수지안료 가공 제품

28. ②

해설 ① 대전 방지 가공: 정전기 발생 방지가공
② 방추 가공: 면, 마, 레이온 등을 열처리하여 의류 형태를 고정하는 가공
③ 방수 가공: 물이 스며들지 않고 통기성만 유지시키는 가공

29. ②

해설 천연 셀룰로오스 식물(면, 마) 중 직접 염료로 염색된 직물이나 수지 가공된 직물은 알칼리성 세제나 고온 세탁은 금지한다.

30. ④

해설 웨트클리닝은 드라이클리닝을 할 수 없는 경우 사용한다.

31. ③

해설 유용성 오점은 기름을 주성분으로 이루어진 것으로 유기 용제(시너, 솔벤트)나 유성 세제로 제거한다.

32. ①

해설 ① 다림질의 3대 요소: 열(온도), 압력, 수분
② 기계마무리 조건: 열, 압력, 진공(공기 흡입), 수분(스팀)

33. ③

해설 얼룩 빼기에 사용되는 유기 용제는 솔벤트, 시너 등으로서 아세테이트 섬유는 유기 용제에 약하다.

34. ①

해설 양모 섬유를 드라이클리닝할 때 용제에 물을 과잉 첨가 시 물에 의해 수축과 손상이 올 수 있다.

35. ①

해설 다림질 기구의 종류
① 다리미
② 다리미판
③ 바큠 프레스판(공기 흡입 장치)

36. ②

해설 의류 제품의 성분 표시에는 섬유 제조 국가명은 표기하지 않는다.

37. ④

해설 염기성 염료(카티온)–아크릴 섬유
산성 염료–동물성 섬유(양모, 견)

38. ①

해설 합성수지의 특성
① 합성 섬유는 정전기 발생이 쉽고 땀 등의 흡수성이 적어 내의(속옷)으로 적합하지 않다.
② 나일론은 자외선에 약하다.
③ 합성수지(나일론 등)는 열가소성이 크다.
④ 약품, 해충, 곰팡이에 대한 저항성이 큰 편이다.

39. ②

해설 ① 캐시미어: 산양의 양모로 짠 능직 섬유
② 비스코스 레이온: 재생 섬유(인견)
③ 나일론, 폴리에스테르: 합성 섬유

40. ②

해설 능직 섬유
① 개버딘(레인코트)
② 데님(청바지)
③ 서지(교복)

41. ①

해설 파일 제품(첨모직물)
① 바람천에 수직으로 입모나 고리(루프)가 있는 것
② 종류: 우단, 골덴, 벨벳, 타월

42. ①

해설 염기성 염료(카티온 염료): 동물성 섬유, 아크릴 섬유에 염착이 잘 된다.

43. ①

해설 ① 가소성: 원래의 형태로 돌아오지 않는 것

② 가소성이 있는 섬유는 다림질에 의해 주름을 잡을 수 있다.

44. ②

해설 플리스는 면양에서 털을 깎으면 한 장의 모피처럼 된다.

45. ④

해설 ① 재생 섬유의 종류: 폴리노직, 구리암모늄, 비스코스 레이온

② 반합성 섬유: 아세테이트

46. ③

해설 섬유의 다림질 온도

① 마 180~210℃

② 면 180~200℃

③ 모 130~150℃

④ 레이온 130~140℃

⑤ 견 120~130℃

⑥ 합성 섬유(폴리프로필렌 등), 아세테이트 100~120℃

47. ②

해설 아크릴 섬유의 특징

① 벌키성(bulkimess)이 좋다(가벼운 것에 비하여 보온성이 좋다).

② 양모 섬유와 비슷하여 양모 대신 사용된다.

③ 내일광성이 가장 우수하다.

④ 벌레 · 곰팡이에 대한 해가 적다.

48. ③

해설 ① 가죽 구분 ┌ 표피
├ 진피(은면층 · 망양층)
└ 지방질

② 때 빼기: 은면(진피)에 남아 있는 모와 지방을 제거하고 상피층의 분해물을 제거하는 작업

49. ①

해설 ① 평직: 광목, 옥양목, 포플린

② 능직: 개버딘, 데님(진), 서지

50. ③

해설 ① 면섬유는 목화솜에서 얻은 실로 알칼리에 강하다.

② 면의 다림질 온도는 180~200℃이다.

③ 알칼리에 강해서 세탁성이 우수하다.

51. ②

해설 한복은 동물성 섬유(견섬유)이므로 물세탁을 하면 섬유의 수축이 생길 우려가 있으므로 물세탁에 유의한다.

52. ③

해설 제육: 원피에 붙은 기름 덩어리나 고기를 제거하는 것

53. ②

해설 폴리에스테르 섬유의 용융 온도: 230 ℃이상

54. ②

해설 ① 가죽처리 공정

원피-물에 침지-고기 제거(제육)-탈모-석회 침지(석회액에 침지)-분할-때 빼기-탈회-산에 담그기

② 유성: 진피에 남아 있는 털과 기름을 제거하고 광택을 주기 위해 기름을 바르는 것

③ 무두질-원피를 가죽으로 만드는 공정

55. ②

해설 ① 실에 표시하는 품질표시 사항

ⓐ 섬유의 조성 또는 혼용률

ⓑ 번수 및 데니어(실의 굵기)

ⓒ 길이 또는 중량

② 실의 가공 여부는 섬유(천) 또는 의류 제품 시 품질 표시를 한다.

56. ③

해설 공중위생업자(세탁업자 등)가 영업 신고를 하지 않고 영업하는 경우 1년 이하의 징역

57. ②

해설 위생교육 시간은 매년(1년)에 3시간이다.

58. ④

해설 시 · 도지사 또는 시장, 군수, 구청장은 위

생 지도 및 개선 명령을 할 수 있다.

59. ④

해설 과태료 처분에 대한 이의 제기는 30일 이내

60. ①

해설 ① 과징금의 선정 기준에서 과징금은 1개월을 30일로 계산한다.
② *과징금–부당 이득에 대한 환수 조치

[제3회 모의고사]

1. ④

해설 ① 석유계 용제는 비중이 작아 약하고, 섬세한 의류(모, 견)에 적합하다.
② 석유계 용제의 장점
ⓐ 기계의 부식이 없다.
ⓑ 독성이 약하다.
ⓒ 값이 싸다.
ⓓ 약하고 섬세한 의류(모, 견)에 적합하다.

2. ④

해설 청정화 방법 중 침전법
① 여과 장치가 없는 경우
② 용제+활성 백토+탈산제+활성 탄소를 혼합하여 4시간 방치

3. ③

해설 와류식 세탁기(임페럴식)
① 바닥의 원판에 임페럴식 날개가 부착된 것
② 최대 세제농도: 0.2%

4. ②

해설 퍼클로로에틸렌의 용제의 세정 시간은 7분 이내

5. ④

해설 ① 사무 진단: 옷의 종류, 수량, 색상, 부속품, 장식품 등
② 기술 진단: 얼룩, 마모, 변형, 오점과 얼룩, 가공 표시, 누른 자국, 곰팡이 등

6. ①

해설 보일러
① 원통 보일러–입식, 노통식, 연관식, 노통·연관식
② 수관 보일러–자연 순환식, 강제 순환식, 관류식

7. ③

해설 보일러 온도 99.1℃ → 압력(증기압) 1kg/cm²

8. ②

해설 세척(세정)에 이용되는 계면 활성제는 음이온 계면 활성제이다.

9. ③

해설 오염의 부착 상태
① 기계적 부착(단순 부착)
② 정전기에 의한 부착
③ 화학 결합에 의한 부착
④ 유지 결합에 의한 부착
⑤ 분자 간 인력에 의한 부착

10. ④

해설 더러움이 심한 용제의 청정화 방법은 증류법이다.

11. ④

해설 유기 용제의 비중은 다소 커야 세척력이 있다.

12. ④

해설 진단 결과를 고객에게 설명해야 한다.

13. ④

해설 ① 비누를 만들 때 지방산에 재물을 사용하여 만들어 사용하므로 비누를 사용하고 나면 지방산이 생성된다.
② 유리 지방산의 생성은 비누의 단점이다.

14. ③

해설 유지, 인주, 페인트는 유용성 오점이다.

15. ④

해설 유용성 오점과 고체(고형물, 불용성) 오점은 물에 녹지 않는다.

16. ③

해설 환원 표백제: 아황산 가스

아황산 수소 나트륨
하이드로설파이트

17. ①

해설 아염소산 나트륨(공업용 표백제)의 순도 범위: 70~90%

18. ④

해설 ① 워싱 서비스: 세척(가치 보전+기능 회복)

② 패션 케어 서비스: 세척+더 좋은 상태로 보전, 기능 유지

③ 의류를 중심으로 한 대상품의 가치 보존과 기능 회복의 중요한 포인트는 워싱 서비스이다.

19. ①

해설 ① 세척이 잘되는 순서

양모-나일론-비닐론-아세테이트-면-레이온-마-견

② 오염이 잘 되는 순서

레이온-마-아세테이트-면-비닐론-실크-나일론-양모

20. ④

해설 보일러의 절대 압력

$=게이지\ 압력+1=6+1=7kg/cm^2$

$=게이지\ 압력+\dfrac{실제\ 대기압력}{표준\ 대기압력}\times1.033$

21. ②

해설 ① 견직물 120~130℃

② 양모 130~150℃

③ 마(식물성) 180~210℃

섬유의 다림질 온도

ⓐ 마 180~210℃

ⓑ 면 180~200℃

ⓒ 모 130~150℃

ⓓ 레이온 130~140℃

ⓔ 견 120~130℃

ⓕ 아세테이트 · 합성수지 100~120℃

22. ④

해설 폼머형 ① 인체 프레스: 상의, 코트

② 팬츠토퍼: 하의

23. ①

해설 세제: 물: 석유계 용제=1: 1: 8

24. ④

해설 얼룩 빼기 공구 ① 솔(블러시) ② 주걱 ③ 받침판 ④ 면봉 ⑤ 인두 ⑥ 분무기

25. ①

해설 얼룩(오염)이 생긴 원인을 모르는 경우는 제일 먼저 유기 용제(시너 · 솔벤트)로 얼룩을 제거한다.

26. ②

해설 세탁 시간을 길게 할수록 세탁물의 결과는 나빠진다.

27. ④

해설 화학섬유(인조섬유) 제품은 애벌빨래를 할 필요가 없다.

28. ④

해설 욕비 ① 섬유와 물의 중량 비

② 섬유 : 물=1 : 4

29. ②

해설 폴리에스테르는 산, 알칼리, 표백제에 대하여 비교적 안전하다.

30. ③

해설 면의 다림질 온도: 180~200℃

31. ①

해설 립스틱은 고무지우개로 문질러도 지워진다.

32. ④

해설 론드리 본세탁에서 pH(소수이온 농도)는 10~11 정도로 한다.

33. ④

해설 ① 실루엣: 사람의 외형 또는 윤곽

② 다림질 자체가 살균과 소독 작용이 있다.

34. ④

해설 론드리 순서

애벌빨래(예세)-본빨래(본세)-표백-헹굼-산욕-풀먹임(수지 가공)-탈수

35. ④

해설 오점 제거-물세탁, 세제, 유기 용제

36. ④

해설 동물성 섬유(단백질로 구성)-모, 견

37. ①

해설 ① 아크릴 섬유는 합성 섬유 중 강도가 적은 편이다.
② 벌크 가공: 아크릴 섬유와 다른 섬유를 혼합하여 단섬유로 하며 보온성이 있게 한 것
③ 리질리언스: 회복력

38. ②

해설 편성물(편물): 실을 바늘로 고리(코)를 만들어 연결하여 만든 직물

39. ③

해설 면섬유
① 알칼리에 강하나 산에는 약하다.
② 습윤 시 강도는 10~20%, 신도는 10% 정도 증가한다.

40. ①

41. ④

해설 비스코스 레이온
① 펄프(셀룰로오스)를 화학 처리한 것
② 정전기가 없어 의류의 안감, 블라우스 등에 사용

42. ②

해설 아마 섬유
① 길이 방향으로 가는 줄이 있고, 섬유의 단면은 5~6각의 다각형이다.
② 열전도성이 좋아 여름용 의류로 쓰인다.

43. ①

해설 한 올씩 교차하므로 평직이다.

44. ①

해설 헤어 섬유(양모 이외의 섬유)
① 모헤어: 앙고라. 염소에서 얻는 털
② 캐시미어: 염소로부터 얻는 털
③ 낙타모: 낙타의 털갈이 털

45. ①

해설 3대 합성 섬유
① 나일론(폴리아미드)
② 폴리에스테르(가장 많이 사용)
③ 아크릴(내일광성이 가장 크다.)

46. ④

해설 가장 가벼운 섬유(비중이 작은 섬유): 폴리프로필렌계 섬유

47. ①

해설 클리닝(세탁) 및 프레스(마무리)할 때에는 파스너(지퍼)를 닫은 상태로 처리한다.

48. ③

해설 편성포
① 실을 바늘로 코를 만들어 연결한 직물
② 강도가 작고 비교적 약하다.

49. ④

해설 비스코스 레이온은 펄프로 만든 것이므로 물을 흡수하면 강도가 약해진다(습윤강도가 약하다).

50. ④

해설 염색성이 우수하여 산성 염료 또는 반응성 염료를 사용하나 분산 염료는 사용하지 않는다.

51. ④

해설 ① 평직: 광목, 옥양목, 포플린
② 능직(사문직): 개버딘, 데님(진), 서지

52. ②

해설 순모 100%

53. ④

해설 단섬유(짧은 실) - 스테이플(면, 모, 마)
장섬유(긴 실) - 필라멘트(합성 섬유, 견, 재생 섬유, 반합성 섬유)

54. ③

해설 아세테이트는 직접 염료로는 불가하다.

55. ④

해설 ① 스킨: 작은 동물의 원피
② 하이드: 큰 동물의 원피

56. ④

해설 보건복지부 장관은 관계 전문기관(영업자 단체 등)에 위생 교육을 위탁할 수 있다.

57. ③

> **해설** 폐업한 날로부터 20일 이내에 신고해야 한다.

58. ④

> **해설** 위생관리 의무를 지키지 않았을 때 과태료는 200만 원 이하이다.

59. ①

> **해설** 특별시장, 광역시장, 도지사, 시장, 군수, 구청장은 공중위생 감시원을 임명할 수 있다.

60. ③

> **해설** 과태료 처분에 대한 불복 이의 제기: 고지를 받은 날로부터 1개월(30일) 이내

[제4회 모의고사]

1. ③

> **해설** 환원 표백제
> 아황산 가스, 아황산 수소 나트륨, 하이드로 설파이트

2. ④

> **해설** ① 용제: 드라이클리닝에 사용되는 석유, 퍼클로로에틸렌 등의 용제
> ② 인화점이 높아야 한다(인화점이 낮으면 쉽게 불이 붙는다).
> ③ 인화점: 불이 붙는 온도

3. ③

> **해설** 연료를 완전하게 연소시켜야 한다.

4. ③

> **해설** ① 가수 분해 되어 유리 지방산을 생성하는 것은 단점이다.
> ② 비누=지방산(폐식용유)+수산화 나트륨(재물)으로 구성되어 있어 때(오염)와 수산화 나트륨이 반응하여 없어지고 지방산이 분리 되어 생성된다.

5. ④

> **해설** 의류의 변형에 관한 사항은 기술 진단이다.

6. ③

> **해설** 보일러의 증기 압력과 온도

증기압(kg/cm²)	온도(℃)
1.0	99.1
2.0	119.6
3.0	132.9
4.0	142.9
5.0	151.1
6.0	158.1

7. ④

> **해설** 계면 활성제의 역할: 습윤-침투-흡착-분산-보호-유화-현탁

8. ③

> **해설** ① 워싱 서비스: 세척(가치 보전+기능 회복)
> ② 패션 케어 서비스: 세척+더 좋은(가치 보전+기능 회복)

9. ②

> **해설** TLV(허용 농도)
> ① 화학 물질의 허용 농도: 작업 중 공기 중의 농도가 작업자에게 영향을 미치지 않는 정도
> ② 용제 중 허용 농도가 가장 작은 것은 벤젠이다.
> ③ 벤젠은 독성이 약하다.

10. ②

> **해설** 용제 중 분산된 오염이 의류에 재부착되어 흰색이나 회색 기미를 띠는 현상

11. ③

> **해설** 부속품의 유무 진단은 사무 진단이다.

12. ③

> **해설** 흡착제이면서 탈산제는 알루미나 겔과 경질토이다.

13. ①

> **해설** 고형(고체) 세탁비누의 수분 및 휘발성 물질은 30% 이하이다.

14. ②

> **해설** 세정액의 청정화 방법 ① 여과법 ② 흡착법 ③ 증류법

15. ④

해설 규조토는 여과제로는 우수하나 흡착력이 없다.

16. ①

해설 계면 활성제가 물에 용해되면 물의 표면 장력이 저하된다.

17. ②

해설 ① 표준 대기압력=760mmHg

② 절대 압력

$$=1.033\times\frac{\text{실제 대기압력}}{\text{표준 대기압력}}+\text{게이지 압력}$$

$$=1.033\times\frac{750}{760}+6=7.019$$

18. ④

해설 ① 유지 결합에 의한 부착은 오염 입자가 물이 아닌 기름의 엷은 막을 통해서 섬유에 부착된 것

② 화학 결합: 섬유와 오점 간의 화학 결합

③ 정전기에 의한 부착: 대전성(화학 섬유에 먼지 부착)

④ 인력: 분자 간의 인력

19. ④

해설 환원 표백제: 아황산 가스, 아황산 수소 나트륨, 하이드로설파이트

20. ④

해설 ① 물

ⓐ 경수(센물)-지하수 물, 산속의 물, 금속 화합물이 많다.

ⓑ 연수(단물)-수돗물

② 경수를 사용하면 금속 화합물이 많아 비누의 손실이 많아지고 세탁률이 저하된다.

21. ④

해설 ① 다림질 3대 요소: 온도(열), 압력, 수분(스팀)

② 기계식 마무리: 온도(열), 압력, 수분(스팀), 진공(공기 흡입)

22. ②

해설 ① 얼룩 빼기

ⓐ 물리적

ⓐ 기계적(솔, 칼, 주걱 등을 이용)

ⓑ 분산법(얼룩을 분산)

ⓒ 흡착법(얼룩을 흡착)

ⓑ 화학적

ⓐ 알칼리

ⓑ 산

ⓒ 표백제

ⓓ 효소법(전분 등을 단백질 분해 효소로 분해)

② 얼룩을 물로 분산시켜 분산된 얼룩을 헝겊 등으로 흡수시키는 방식은 분산법이다.

23. ②

해설 용제의 정제법: 여과, 흡착, 증류

24. ①

해설 론드리 순서: 애벌빨래-본빨래-표백-헹굼-산욕-푸새-탈수

25. ②

해설 얼룩 빼기 시 기계적인 힘을 심하게 가하면 섬유가 찢어진다.

26. ④

27. ③

해설 ① 양모 제품은 양모 표면의 스케일이 비누의 알칼리 성분에 서로 얽혀 축융성 때문에 줄어드는 경우가 있다.

② 양모 제품은 비누보다 중성 세제가 좋다.

28. ①

해설 실리카 겔: 흡수력이 강하고 취급이 간단하여 식품의 방습제로도 사용된다.

29. ④

해설 용제가 고가이며 용제의 재사용을 위해서 용제를 깨끗이 하는 장치가 필요하다(청정 장치가 필요하다).

30. ③

해설 물리적 얼룩 빼기: 기계적, 분산법, 흡착법

31. ①

해설 웨트클리닝에서 탈수 시 형의 망가짐을 유의하고 가볍게 원심 탈수한다.

32. ①

해설 퍼클로로에틸렌 용제: 세정 시간은 7분 이내이고 세정액의 최대 온도는 35℃ 이하이다.

33. ①

해설 얼룩 빼기용 기계
㉠ 스포팅 머신: 액을 바르고 압력과 스팀을 이용해서 얼룩 빼기
㉡ 제트 스폿: 액류를 총으로 쏘는 방식

34. ④

해설 ① 플리츠 가공: 주름치마를 만드는 것
② 고무벨트는 다리미의 열을 가하면 안 된다.
③ 스커트: 여성의 짧은 치마

35. ①

해설 수용성 오점(딸기 얼룩)은 오염 직후 물로 제거하고 불충분하면 중성 세제를 사용한다.

36. ①

해설 ① 신도: 늘어나는 성질
② 아마 섬유의 신도는 면섬유보다 작다.
③ 아마 섬유의 길이가 길다.
④ 아마 섬유의 강도가 크다.

37. ④

해설 ① 파일 직물(첨모직물 종류): 우단, 골덴(코듀로이), 밸벳, 타월 등
② 펠트: 양모 섬유에 비누 용액을 묻히고 압력을 가하면 피륙이 만들어지는 것
③ 부직포: 섬유에 접착제를 뿌려서 열처리한 것
④ 레이스: 바늘, 보빈 등의 기구로 실을 꼬아서 만든 것으로 옷 장식 등에 이용된다.

38. ③

해설 부직포는 섬유에 접착제를 뿌려서 열처리한 것이다.

39. ①

해설 나일론을 합성 섬유로 쓰이고 있는 것은 나일론 6과 나일론 6.6이다. 이 중 우리나라에서 가장 많이 생산되고 있는 것은 나일론 6이다.

40. ①

해설 ① 아세테이트, 폴리에스테르-분산 염료
② 면-직접 염료(엷은 색), 반응성 염료(중간 색)

41. ①

해설 목화솜으로 만든 면은 습윤 시 강도가 증가된다.

42. ②

해설 나일론 섬유는 동물성 섬유와 같이 아미노 성분이 있어 산성 염료를 사용한다.

43. ②

해설 면섬유
① 100℃-수분 방출
② 140℃-강신도 저하
③ 160℃-탈수작용
④ 250℃-갈색(검은 빛 주황색)
⑤ 320℃-연소

44. ②

해설 ① 편성물(편물): 실을 코로 만들어 코를 연결하여 만든 것
② 함기량: 공기 포함량
③ 필링: 보풀
④ 필링이 생기기 쉬운 것은 편성물의 단점이다.

45. ①

해설 ① 단섬유(짧은 실)-(방적사)스테이플(면, 모, 마)
② 장섬유(긴 실)-필라멘트(견, 재생, 반합성 섬유, 합성 섬유)

46. ④

해설 일광 견뢰도
① 의류가 일광에 견디는 정도이다.
② 1급에서 8급까지 있고 숫자가 높을수록 일광 견뢰도가 좋다.

47. ④

해설 ① PET-폴리에스테르
② PE-폴리에틸렌
③ PP-폴리프로필렌
④ N-나일론

48. ③

해설 때 빼기 ① 은면(진피의 상층)에 남아 있는

모근 지방, 상피층의 제거

② 가죽이 깨끗하고 염색을 잘되게 하기 위해
서이다.

49. ②

해설 대전 방지제로는 양이온 계면 활성제를 사
용한다.

50. ①

해설 인조 피혁은 면이나 기포 위에 염화비닐 수
지, 폴리우레탄 수지를 입힌 것이다.

51. ①

해설 ① 침염법: 염료 용액에 실 또는 직물을 담
가 전체를 동일한 색상으로 염색하는 것

② 날염: 섬유에 여러 가지 색상으로 무늬 모
양을 내는 것

③ 방염법: 부분적으로 염색되지 않게 하는 것

④ 이색 염색(크로스 염색): 혼방 직물의 경우
염색성의 차이를 이용한 염색

52. ③

해설 크기 순서: 폴리에스테르(1.38) > 아크릴
(1.14) > 나일론(1.14) > 폴리프로필렌(0.91)

53. ②

해설 단백질 섬유의 원소는 탄소(C), 수소(H),
산소(O), 질소(N), 황(S)이다.

54. ④

해설 3원 조직: 평직, 능직(사문직), 주자직(수자
직)

55. ③

해설 헤어 섬유

① 양모 이외의 동물 털에서 얻은 섬유

② 천연 섬유이다.

③ 종류: ⓐ 낙타모 ⓑ 모헤어(앙고라산양)
ⓒ 캐시미어(인도의 염소)

56. ③

해설 과징금

① 행정법상 의무 위반에 대한 제제로서 행정
적 처분 대신 금전적 부담.

② 과징금의 징수 절차는 보건복지부령으로 정
한다.

57. ④

해설 공중위생 관리법의 목적

① 위생관리

② 위생수준 향상

③ 국민의 건강 증진에 기여

58. ④

해설 세탁업 지위를 승계한 자는 1개월(30일) 이
내에 시장, 군수, 구청장에게 신고해야 한다.

59. ①

해설 세제를 사용하여 국민의 건강에 유해한 물
질을 발생하게 한 경우 과태료는 30만 원 이하
이다.

60. ③

해설 공중위생 감시원 자격

① 3년 이상 공중위생 행정 경력자

② 위생사 또는 환경기사 2급 이상 자격증 소
지자

③ 대학에서 화학, 환경공학, 위생학 분야 졸
업자

④ 외국에서 위생사 또는 환경기사의 면허를
받은 자

[제5회 모의고사]

1. ④

해설 ① 클리닝 처리 전 사전 진단: 오염의 종류
를 확인하고 세탁 방법을 결정하는 것

② 진단 내용

ⓐ 섬유의 종류와 성질

ⓑ 직물의 조직 및 가공 상태

ⓒ 염색 상태

ⓓ 오점의 종류와 제거 방법

2. ①

해설 ① 오점 제거가 쉬운 순서(오염이 잘 제거
되는 순서): 양모–나일론–비닐론–아세테이
트– 면–레이온–마–견

② 오염이 잘 되는 순서(빨리 더러워지는 순서): 레이온–마–아세테이트–면–비닐론–실크(견)–나일론–양모

3. ④

해설 ① 비중이 다소 큰 것이 좋다.

② 드라이클리닝용 유기 용제의 종류: 석유, 퍼클로로에틸렌, 불소계 용제, 1,1,1-트리클로로에탄

4. ②

해설 세정률이 가장 높은 섬유(세척이 가장 잘되는 섬유): 양모–나일론–비닐론–아세테이트–면–레이온–마–견

5. ①

해설 살균 위생 가공(방 곰팡이 가공법)

① 탈산소법(가장 좋은 방법) ② 가열법

③ 자외선 살균법 ④ 가스법(산화에틸가스)

⑤ 약품 처리

6. ③

해설 보일러의 부피를 일정하게 하고 증기의 온도를 상승시키면 압력은 상승한다.

7. ①

해설 합성 섬유(나일론, 폴리에스테르, 아크릴 등)의 표백제는 아염소산 나트륨

8. ③

해설 여과력은 우수하나 흡착력이 없는 청정제는 규조토이다.

9. ④

해설 용제 관리의 목적

① 용제의 청정 ② 재오염 방지

③ 위생적인 클리닝

10. ①

해설 재오염의 원인

① 부착 ② 흡착(정전기, 점착, 물의 적심) ③ 염착

11. ④

해설 클리닝의 일반적 효과

① 위생 수준 유지 ② 내구성 유지

③ 패션성 유지

12. ④

해설 ① 정전기 방지와 살균 효과로 대전 방지 역할을 하는 계면 활성제는 양이온 계면 활성제이다.

② 음이온: 세제

양이온: 유화제, 대전 방지제, 발수제

비이온: 물에 이온화되지 않는다.

양성 이온: 양이온, 음이온이 공존한다.

13. ①

해설 ① 건조기(텀블러)의 온도는 60~80℃ 정도이며 20~30분 간 처리된다.

② 세탁물의 손상 예방을 위해서는 온도를 가급적 낮게 한다.

14. ③

해설 등록상표가 있어도 기초 실험 후 처리(본세탁)해야 한다.

15. ①

해설 ① 수용성 오점: 물에 용해된 물질에 의해서 생긴 오점(간장, 겨자, 곰팡이, 과자, 계란, 땀, 술, 커피 등)

② 유용성 오점: 기름을 주성분으로 이루어 진 오점(구두약, 그리스, 니스, 락카, 화장품, 버터, 인주 등)

③ 고체 오염: 유기 용제와 물에 녹지 않는 오점(매연, 점토, 흙, 시멘트, 석고 등)

16. ④

해설 기술진단 포인트

① 마모(한복의 허리띠, 옷의 매, 깃 부분 등의 마모 확인)

② 곰팡이–가죽, 면, 마, 레이온, 피혁 제품

③ 편성물: 실로 코(고리)를 만들어 코에 실을 걸어 만드는 피륙(뜨개질)

④ 보푸라기: 섬유에 일어나는 잔털

⑤ 필라멘트: 길이가 긴 섬유(견, 합성 섬유, 반합성 섬유)

17. ①

해설 세제(세탁)로 가장 많이 사용하는 것은 음이온 계면 활성제이다.

18. ④

> **해설** 재오염율
>
> $$= \frac{\text{원포 반사율} - \text{세정 후 반사율}}{\text{원포 반사율}} \times 100(\%)$$
>
> $$= \frac{40 - 38}{40} \times 100 = 5\%$$

19. ③

> **해설** 세제 종류
>
> ① 용액의 수소이온 농도(pH)
>
> $\boxed{1}$ 2 3 4 5 6 $\boxed{7}$ 8 9 10 11 12 13 $\boxed{14}$
>
> 산성　　　중성　　　알칼리성
>
> ② 약알칼리성 세제(중질 세제): PH 10.5~11
>
> ⓐ 센물에서도 세탁이 잘된다.
>
> ⓑ 면, 마, 합성 섬유(알칼리에 강한 섬유)
>
> ⓒ 때가 많이 묻은 옷
>
> ③ 중성 세제(경질 세제)
>
> ⓐ PH 6~8
>
> ⓑ 알칼리에 약한 양모, 견, 아세테이트

20. ②

> **해설** ① 원통 보일러: 입식, 노통, 연관, 노통·연관식
>
> ② 수관 보일러: 자연 순환식, 강제 순환식, 관류식

21. ①

> **해설** 웨트클리닝
>
> ① 론드리나 드라이클리닝으로 할 수 없는 경우 세탁하는 방식
>
> ② 손빨래, 솔빨래, 기계빨래

22. ③

> **해설** 유성 페인트의 얼룩은 시너로 지우는 데 바탕이 비닐이면 비닐 섬유를 손상시킬 수 있다.

23. ②

> **해설** 세탁 방식
>
> ① 론드리: 와이셔츠, 작업복
>
> ② 드라이클리닝: 한복, 양복
>
> ③ 웨트클리닝: 론드리, 드라이클리닝을 사용할 수 없는 경우

24. ④

> **해설** 드라이클리닝에서 오염이 심한 경우는 사전 얼룩 빼기를 하고 사용하는 용제관리 기술이 필요하다.

25. ④

> **해설** 손세탁도 가능하다.

26. ①

> **해설** 론드리 건조 시 저온의 경우 회전통에 넣는 양을 적게 한다.

27. ①

> **해설** 얼룩 빼기용 공구: 솔, 주걱, 받침판, 면봉, 인두, 분무기

28. ④

> **해설** ① 드라이클리닝 공정: 전처리-세정 공정-탈액-건조
>
> ② 전처리-세척이 어려운 오점을 쉽게 제거할 수 있도록 처리
>
> ③ 전처리 공정 ⓐ 브러싱법 ⓑ 스프레이법

29. ②

> **해설** 론더링(론드리 기계)
>
> ① 일중드럼식이 아니라 2중 드럼식으로 되어 있다.
>
> ② 측면에서 열리면 사이드로딩, 끝에서 열리면 엔드로딩이다.
>
> ③ 워셔의 용량 1회 세탁물의 건조 중량(kg)으로 표시하고 있다.
>
> ④ 드럼의 회전 속도가 빠르면 세탁 효과가 크다.

30. ①

> **해설** 드라이클리닝 기계
>
> ① 개방형 세정기(오픈워셔): 세정만 가능, 탈액은 원심 탈수기 사용.
>
> ② 준밀폐용 세정기(콜드 머신)
>
> ⓐ 석유계 용제 사용 ⓑ 세정+탈액
>
> ③ 밀폐형 세정기(핫머신): 세정, 탈액, 건조

31. ②

> **해설** 의복의 기능: 실용적, 위생적, 관리적, 감각적이어야 한다.

32. ②

> **해설** ① 세탁은 기계의 힘이 없어도 물과 세제로

가능하다.

② 세제를 용해하면 물의 표면 장력이 저하된다.

③ 세탁 과정은 섬유의 종류와 오염 정도에 따라 달라진다.

33. ④

해설 ① 산욕 효과

ⓐ 알칼리를 중화한다.

ⓑ 물속의 철분을 녹여 제거한다.

ⓒ 살균, 소독한다.

ⓓ 광택을 주고, 황변을 방지한다.

② 풀먹임(푸새): 전분, CMC, PVA, PVAC 등을 사용한다.

ⓐ 팽팽하게 하고 광택을 준다.

ⓑ 오점이 섬유에 직접 붙지 않도록 한다.

ⓒ 부착된 오점은 쉽게 떨어진다.

34. ③

해설 웨트클리닝 처리 방식은 의류마다 처리 방법이 모두 다르다.

35. ①

해설 아세테이트와 합성 섬유가 100~120℃로 가장 낮다.

36. ②

해설 가죽처리 공정: 원피-물에 침지-고기 제거(제육)-탈모-석회 침지-분할-때 빼기-탈회(회분 빼기)

37. ②

해설 비스코스 레이온은 펄프(셀룰로오스)를 화학처리한 것이다.

38. ④

해설 탄성 회복률

① 원래 상태로 돌아가려는 성질

② 양모가 가장 크다.

39. ③

해설 ① 면섬유의 주성분은 셀룰로오스이고, 중앙 단면은 평편하고 중공 상태이다.

② 면의 다림질 온도 180~200℃

40. ②

해설 마섬유

① 줄기 섬유(인피 섬유)-아마, 저마(모시), 대마(삼베), 황마

② 잎 섬유-마닐라마

41. ②

해설 머리카락 타는 냄새

① 견-빨리 탄다.

② 양모-서서히 탄다.

42. ③

해설 의류표시 방법 중 탈수 방법은 생략할 수 있다.

43. ③

해설 나무 단추는 열과 수분에 약하다.

44. ③

해설 용제는 석유계 용제를 사용하고 드라이클리닝을 한다.

45. ③

해설 천연 섬유

① 식물성 섬유-면, 마

② 단백질 섬유-양모, 견

③ 광물성 섬유-석면

46. ④

해설 염색 견뢰도

① 염색된 염료가 일광, 세탁, 마찰에 견디는 정도

② 등급이 높을수록 견뢰도가 높다.

ⓐ 일광 견뢰도는 1~8등급까지

ⓑ 세탁 견뢰도는 1~5등급까지

ⓒ 마찰 견뢰도는 1~5등급까지 있다.

47. ①

해설 ① 펠트: 양모 섬유를 얽히게 하여 만든 것

② 레이스: 실을 엮거나 꼬아서 만든 것

③ 편성물: 코를 만들어 코를 연결한 직물

④ 직물: 실을 교차하여 만든 피륙

⑤ 실을 거치지 않은 것: 펠트, 부직포

48. ③

해설 ① 내일광성은 면보다 아마가 나쁘다.

② 비중: 면 1.54, 아마 1.5

③ 공정 수분율(사용 중 물의 양): 면 8, 마 9

49. ③

해설 평직물은 교차점이 많아 주름이 잘 생긴다.

직물
- ① 평직: 경사와 위사가 1올씩 교차－광목, 옥양목, 포플린
- ② 능직(사문직): 경사와 위사가 2올씩 교차－개버딘, 데님, 서지
- ③ 수자직(주자직): 경사와 위사가 5올씩 교차－공단, 양단, 도스킨

50. ③

해설 견섬유는 햇볕에 의해 변색이 잘 된다.

51. ④

해설 ① 다림질 온도가 가장 높은 온도는 180~210℃(마섬유)이다.

② 다림질 온도
  ⓐ 마－180~210
  ⓑ 면－180~200
  ⓒ 모－130~150
  ⓓ 레이온－130~140
  ⓔ 견－120~130
  ⓕ 합성 섬유, 아세테이트－100~120℃

52. ④

해설 ① 파일 직물: ㉠ 우단 ㉡ 골덴(코듀로이)
  ㉢ 벨벳 ㉣ 타월
② 파일 직물(첨모직물): 천에 실을 입모 또는 고리를 세운 직물

53. ④

해설 면섬유－연한 색(직접 염료), 중색(반응성 염료, 배트 염료), 검은색(황화 염색)

54. ①

해설 아세테이트 섬유
① 펄프＋아세트산(초산)
② 습윤 시 강도 저하가 생기는 레이온의 결점을 보안하기 위해 생산되었다.
③ 양복의 안감, 블라우스 등에 사용된다.

55. ②

해설 폴리에스테르는 검은 연기를 내면서 달콤한 냄새가 난다.

56. ③

해설 석유계는 준밀폐형 세정기(콜드 머신)에서 사용할 수 있다.

57. ④

해설 폐쇄 명령 후 계속 영업할 때라도 영업소에 고객의 출입을 막을 수는 없다.

58. ①

해설 위생 교육은 받지 않을 경우 1차 위반 시: 경고

59. ③

해설 폐업한 날로부터 20일 이내에 시장, 군수 구청장에게 신고해야 한다.

60. ④

해설

시설·설비 기준을 위반	행정 처분			
	1 차	2 차	3 차	4 차
	개선 명령	영업정지 15일	영업정지 1월	영업장 폐쇄 명령

|세|탁|기|능|사|

과년도 문제

2013년도 시행 문제

2013년 1월 27일 시행

자격종목	문제 수	수험번호	성명
세탁기능사	60문제		

1. 다음 중 세정률이 가장 높은 섬유는?

① 견　　　　② 아세테이트
③ 양모　　　④ 레이온

> **해설** 세정률이 높은 순서: 양모–나일론–비닐론–아세테이트–면–레이온–마–견

2. 세정액의 청정화 방법 중 오염이 심한 용제의 청정에 가장 효과적인 방법은?

① 여과식　　② 흡착식
③ 증류식　　④ 표백식

> **해설** 세정액의 청정화 방법: 여과 · 흡착 · 증류 중 오염이 심한 용제의 청정 방식은 증류식이다.

3. 드라이클리닝 용제 중 세정 시간이 길고 인화점이 낮아 화재의 위험성이 있는 것은?

① 퍼클로로에틸렌
② 불소계 용제
③ 1,1,1–트리클로로에탄
④ 석유계 용제

> **해설** 세정 시간이 길고, 인화점이 낮아 화재의 위험성이 있는 용제는 석유계 용제이다.

4. 계면 활성제의 HLB와 그 용도가 잘못 짝지어 진 것은?

① HLB 1~2 : 소포제
② HLB 3~4 : 유화제
③ HLB 7~9 : 침윤제
④ HLB 13~15 : 세탁용 세제

> **해설** HLB: 물과 기름에 대한 친화성(0: 친유성, 20 친수성)
> HLB 3~4: 드라이클리닝 용제

5. 다음 중 외부에서 펌프 압력에 의해 필터면을 통과하면서 청정화하는 필터는?

① 튜브 필터　　② 스프링 필터
③ 특수 필터　　④ 리프 필터

> **해설** 리프 필터: 평면상 8~10매 정도의 스크린 망을 세워 놓고 외부에서 펌프의 압력에 의해 스크린 망을 통과시켜 청정화하는 방법

6. 푸새의 효과가 아닌 것은?

① 광택이 난다.
② 오염을 방지한다.
③ 세척 효과를 향상시킨다.
④ 구김이 생기지 않는다.

> **해설** 푸새(풀먹임) 효과
> ① 광택이 좋아진다.
> ② 섬유를 팽팽하게 한다.
> ③ 세탁 효과를 좋게 한다.
> ④ 내구성이 좋게 한다.
> ⑤ 섬유에 오염이 직접 붙지 않도록 한다.
> ⑥ 부착된 오점을 세탁물에서 쉽게 떨어지도록 한다.

정답 1. ③　2. ③　3. ④　4. ②　5. ④　6. ④

7. 다음 중 해리되지 않은 친수기를 가진 계면 활성제는?

① 음이온 계면 활성제
② 양이온 계면 활성제
③ 양성 계면 활성제
④ 비이온 계면 활성제

해설 ① 해리(이온화되지 않음)
② 해리되지 않는 친수기는 비이온 계면 활성제이다.

8. 다음 중 재오염의 원인이 아닌 것은?

① 부착　　　　② 압착
③ 흡착　　　　④ 염착

해설 재오염의 원인
① 부착 ② 흡착(정전기, 점착, 물의 적심)
③ 염착

9. 다음 중 환원 표백제에 해당하는 것은?

① 아염소산 나트륨　　② 과붕산 나트륨
③ 아황산 나트륨　　④ 과산화 수소

해설 환원표백제
① 아황산 가스 ② 아황산 수소 나트륨
③ 하이드로설파이트

10. 표백 가공에서 단백질 섬유에 가장 적합한 표백제는?

① 차아염소산 나트륨
② 아염소산 나트륨
③ 아황산 수소 나트륨
④ 과산화수소

해설 단백질 섬유(동물성 섬유)의 표백제: 과산화수소

11. 피복에 부착되는 오염 중 휘발성 유기 용제나 계면 활성제, 알칼리 등으로 제거되는 오염 입자의 부착 원인은?

① 분자 간 인력에 의한 부착
② 정전기에 의한 부착
③ 화학 결합에 의한 부착
④ 유지 결합에 의한 부착

해설 ① 유지 결합에 의한 부착: 섬유에 기름의 엷은 막이 부착된 것이므로 유기 용제, 계면 활성제, 알칼리로 제거할 수 있다.
② 정전기에 의한 부착: 화학 섬유에 먼지가 부착하는 것

12. 다음 중 스프링 필터식 청정 장치의 스프링에 부착되어 있는 것은?

① 규조토　　　　② 분말 세제
③ 비닐 수지　　　　④ 폴리우레탄

해설 코일 모양의 스프링에 규조토를 설치하여 오염을 여과한다.

13. 흡착제이면서 탈색력이 뛰어난 청정제가 아닌 것은?

① 활성 탄소　　　　② 실리카 겔
③ 규조토　　　　④ 산성 백토

해설 규조토는 흡착제가 아니고 여과제이다.

14. 세탁용 세제를 알칼리성에 따라 구분할 때 해당되지 않는 것은?

① 중성 세제
② 다목적 세제
③ 강알칼리성 세제
④ 약알칼리성 세제

정답 7. ④　8. ②　9. ③　10. ④　11. ④　12. ①　13. ③　14. ③

해설 세제의 구분
 ① 약알칼리성 세제(PH 10.5~11): 알칼리
  에 잘 견디는 섬유(면, 마, 합성수지)
 ② 다목적 세제(PH 9.5~9.7): PH를 약간
  낮추어 모든 섬유에 사용 가능
 ③ 중성 세제(경질 세제; PH 6~8): 알칼리
  에 약한 섬유(견, 양모, 아세테이트)

15. 용해성에 따른 오점의 분류가 틀린 것은?
 ① 커피: 유용성 오염　② 간장: 수용성 오점
 ③ 버터: 유용성 오염　④ 석고: 고체 오점

 해설 커피는 물에 의해 용해되므로 수용성 오점
  이다.

16. 유기 용제와 물에 녹지 않으며 매연, 점
토, 흙 등이 해당되는 오점은?
 ① 유용성 오점　　　② 고체 오점
 ③ 수용성 오점　　　④ 기화성 오점

 해설 불용성 오점(고체 오점)
  ① 유기 용제나 물에 녹지 않는다.
  ② 매연, 점토, 흙, 석고 등

17. 계면 활성제가 물에 용해되었을 때 해리
되며, 세제로 가장 많이 사용되는 것은?
 ① 음이온계 계면 활성제
 ② 양이온계 계면 활성제
 ③ 비이온계 계면 활성제
 ④ 양성이온계 계면 활성제

 해설 세제(비누 또는 합성 세제)로 사용되는 것
  은 음이온 계면 활성제이다.

18. 불소계 용제의 장점으로 틀린 것은?

 ① 불연성이다.
 ② 독성이 약하다.
 ③ 용해력이 강해 오염 제거가 충분하다.
 ④ 매회 증류가 용이하여 용제 관리가 쉽다.

 해설 불소계 용제는 용해력이 약해 오염 제거가
  불충분하다.

19. 클리닝 서비스 중 패션 케어 서비스에 대
한 설명이 아닌 것은?

 ① 섬유 제품의 소재를 청결히 해주는 단순함
  에서 고차원적인 기능을 부여토록 하는 것
  이다.
 ② 의류의 세정은 물론 의류를 보다 좋은 상태
  로 보전하는 것이다.
 ③ 의류의 가치와 기능을 유지토록 하는 것이
  다.
 ④ 의류를 중심으로 한 대상품의 가치 보전과
  기능 회복이 중요한 포인트이다.

 해설 ① 대상품의 가치 보존과 기능 회복은 워
   싱 서비스이다.
  ② 워싱 서비스: 세척(가치 보존+기능 회복)
  ③ 패션 케어 서비스: 세척(가치 보존+기능
   회복)+보다 좋은 상태로의 보전, 기능 유
   지

20. 클리닝 용제의 관리 목적이 아닌 것은?
 ① 의류를 부드럽게 하여 마모율을 높인다.
 ② 재오염을 방지한다.
 ③ 세정 효과를 높인다.
 ④ 의류를 상하지 않게 한다.

 해설 용제의 관리 목적
  ① 세정 효과를 높인다.
  ② 의류를 상하지 않게 한다.
  ③ 재오염을 방지한다.

정답 15. ①　16. ②　17. ①　18. ③　19. ④　20. ①

21. 다음 중 웨트클리닝에 해당되지 않는 것은?

① 손빨래 ② 솔빨래
③ 기계빨래 ④ 애벌빨래

해설 웨트클리닝
① 론드리나 드라이클리닝으로 할 수 없는 경우에 사용하는 방식
② 종류: 손빨래, 솔빨래, 기계빨래

22. 론드리의 세탁 순서 중 가장 먼저 해야 하는 공정은?

① 애벌빨래 ② 본빨래
③ 표백 ④ 헹굼

해설 론드리에서 가장 먼저 해야 할 공정은 애벌빨레(애세)이다.

23. 합성 세제의 특성에 대한 설명 중 틀린 것은?

① 용해가 빠르고 헹구기가 쉽다.
② 거품이 잘 생기지 않으며 침투력이 우수하다.
③ 세탁 시 센물을 사용해도 무방하다.
④ 값이 싸고 원료의 제한을 받지 않는다.

해설 합성 세제는 세탁 시 거품이 잘 생긴다.

24. 다림질의 목적으로 틀린 것은?

① 디자인 실루엣의 기능을 복원시킨다.
② 살균과 소독의 효과를 얻는다.
③ 소재의 주름을 펴서 매끈하게 한다.
④ 의복에 남아 있는 얼룩을 뺀다.

해설 다림질 목적
① 실루엣(곡선미)의 기능을 복원시킨다.

② 주름을 편다.
③ 주름을 만든다.
④ 살균과 소독 효과를 얻는다.
⑤ 솔기(이음새) 부분과 전체 형태를 바로 잡아 외관을 아름답게 한다.

25. 세탁 온도와 세탁 효과에 대한 설명 중 틀린 것은?

① 세탁 온도가 올라가면 섬유와 오점의 결합력이 약해져서 세탁 효과가 좋아진다.
② 세탁 온도는 오점이 옷에 묻을 때보다 약간 낮은 온도가 적합하다.
③ 고체 상태의 피지를 액체 상태로 완전 용해할 수 있는 온도는 37℃이다.
④ 오점을 섬유로부터 제거하기 위해서는 외부로부터 에너지가 필요하다.

해설 세탁 온도는 오점이 옷에 묻을 때보다 높은 온도로 세탁하여야 오염이 제거된다.

26. 다음 중 작업장 환경으로 가장 적합한 것은?

① 스팀이 충분하여 습도가 높은 곳
② 직사광선이 많이 들어와 밝기가 충분한 곳
③ 전압이 적당하여 기계적 소음이 많은 곳
④ 통풍이 잘되고 조명이 적당한 곳

해설 작업장 환경: 채광, 통풍이 좋아야 하고 습도가 적당해야 하며 소음이 적어야 한다.

27. 웨트클리닝을 해야 하는 의복의 소재나 종류가 아닌 것은?

① 고무를 입힌 것
② 안료 염색된 것
③ 수지 가공된 면직물

정답 21. ④ 22. ① 23. ② 24. ④ 25. ② 26. ④ 27. ③

④ 합성피혁 제품

[해설] ① 웨트클리닝을 해야 하는 경우
  ⓐ 합성수지 제품
  ⓑ 고무를 입힌 제품
  ⓒ 수지안료 가공 제품
  ⓓ 드라이클리닝을 할 수 없는 제품
  ⓔ 염료가 빠져 용제를 오염시킬 수 있는 제품
 ② 수지 가공된 면직물은 면직물에 다른 기능을 부여하기 위해 수지로 가공한 것으로 론드리로 세탁한다.

28. 드라이클리닝의 탈액과 건조에 대한 설명으로 옳은 것은?

① 탈액에서 원심 분리가 심하면 구김이 생기고 피복에 변형이 생길 가능성이 있다.
② 회수된 용제는 다시 사용할 수 없다.
③ 건조는 가능한 고온에서 풍량을 많이 사용한다.
④ 열에 약한 의복은 햇빛에서 건조하도록 한다.

[해설] 드라이클리닝에서
① 회수된 용제는 다시 사용할 수 있다.
② 건조는 적당한 온도에서 풍량을 많이 사용한다.
③ 열에 약한 의복은 그늘에서 건조시킨다.

29. 립스틱 얼룩 빼기에 가장 적당한 방법은?

① 유기 용제로 두드린다.
② 뜨거운 물로 씻어낸다.
③ 지우개로 지운다.
④ 찬물로 씻어 낸다.

[해설] 립스틱은 지우개로 지울 수도 있으나 유용성 오점이므로 유기 용제를 두드리면서 제거하는 것이 가장 적당하다.

30. 얼룩빼기 방법 중 화학적 방법이 아닌 것은?

① 표백제를 사용하는 방법
② 스팀건을 사용하는 방법
③ 특수 약품을 사용하는 방법
④ 효소를 사용하는 방법

[해설] ① 화학적 얼룩 빼기
  ⓐ 알칼리법 ⓑ 산법
  ⓒ 표백제법 ⓓ 효소법
 ② 물리적 얼룩 빼기
  ⓐ ㉠ 기계적 방법: 스포팅 머신(스팀 건), 제트 스폿 ㉡ 분산법 ㉢ 흡착법
  ⓑ 스팀건은 물리적 얼룩 빼기이다.

31. 세탁 방법에 대한 설명 중 틀린 것은?

① 세탁 방법은 크게 건식 방법과 습식 방법으로 나눈다.
② 세탁물의 분류에 따라 혼합 세탁, 분류 세탁, 부분 세탁으로 나눈다.
③ 적은 양을 세탁할 때는 손빨래보다 세탁기를 이용하면 경제적이다.
④ 부분 세탁은 세탁물을 분류한 후에 극소 부분의 세탁을 할 필요가 있을 때 그 부분만을 세탁하는 방법이다.

[해설] 적은 양의 세탁은 손빨래가 경제적이다.

32. 다림질의 3대 요소가 아닌 것은?

① 시간   ② 수분
③ 압력   ④ 온도

[해설] 다림질의 3대 요소
① 열(온도) ② 수분(스팀) ③ 압력

33. 다음 중 드라이클리닝의 장점에 해당하는 것은?

① 용제 값이 싸다.
② 용제의 독성과 가연성에 문제가 없다.
③ 재오염되지 않는다.
④ 형태 변화가 적다.

해설 드라이클리닝을 사용하면 옷감이 덜 상하고 옷의 형태가 변하지 않는다.

34. 우리나라에서 사용하는 경도 방식은?

① 영국식　　　　② 독일식
③ 미국식　　　　④ 프랑스식

해설 ① 경도: 물속의 칼슘, 마그네슘의 함유량을 표시
② 우리나라에서 사용하는 경도법은 독일식이다.

35. 세탁 작용 중 침투 작용에 대한 설명으로 가장 옳은 것은?

① 천이 젖기 어렵게 하는 것이다.
② 세제는 물의 표면 장력을 높이는 힘을 가지고 있다.
③ 세제액이 천과 오염 사이에 들어가는 작용이다.
④ 오점이 천에서 분리되기 어렵게 하는 작용이다.

해설 계면 활성제
① 습윤－침투－흡착－분산－유화·현탁
② 천과 오염 사이에 세제액이 들어가는 것이 침투 작용이다.

36. 물에 작 녹으며 중성 또는 약산성에서 단백질 섬유에 잘 염착되고 아크릴 섬유에도

염착되는 염료는?

① 반응성 염료　　　② 직접 염료
③ 염기성 염료　　　④ 산성 염료

해설 아크릴 섬유는 염기성 염료(카티온 염료)를 사용한다.

37. 아세테이트 섬유의 염색에 가장 적합한 염료는?

① 산성 염료　　　② 직접 염료
③ 분산 염료　　　④ 배트 염료

해설 아세테이트 섬유, 폴리에스테르 섬유－분산염료

38. 품질 표시 중 표시자가 필요치 않다고 판단되면 생략할 수도 있는 것은?

① 건조 방법　　　② 세탁 방법
③ 표백 방법　　　④ 다림질 방법

해설 품질 표시 중 생략 가능한 것: 건조 방법, 탈수 방법

39. 레이스의 특성에 해당하는 것은?

① 광택이 우아하여 공단에 이용된다.
② 강직하여 유연성이 부족하다.
③ 통기성이 좋아 시원하다.
④ 신축성이 좋고 구김이 생기지 않는다.

해설 레이스
① 바늘 또는 보빈 등의 기구로 만든 무늬가 있는 천
② 통기성이 좋아 시원하다.
③ 커텐, 식탁보 등에 사용한다.

40. 천연 섬유 중 유일하게 필라멘트 섬유인

것은?

① 면   ② 양모
③ 마   ④ 견

해설 필라멘트
　① 장섬유(섬유 길이가 긴 것)
　② 종류: 합성 섬유, 재생 섬유, 반합성 섬유, 견
　③ 필라멘트 중 천연 섬유는 견이다.

41. 한 올 또는 여러 올의 실을 바늘로 고리를 만들어 엮어 만든 피륙은?

① 부직포   ② 레이스
③ 직물   ④ 편성물

해설 ① 편성물: 실로 코(고리)를 만들고 코를 연결하여 만든 것
　② 부직포: 섬유에 접착제를 사용하여 접착시킨 것

42. 비스코스 원액을 일정 온도에서 일정 시간 방치하여 점도를 저하시키는 것은?

① 노성   ② 숙성
③ 침지   ④ 정제

해설 비스코스 레이온 생성 시 원액을 일정 시간 방치하는 것이 숙성이다.

43. 다음 중 장식적인 부속품에 해당하는 것은?

① 단추   ② 지퍼
③ 비즈   ④ 스냅

해설 ① 비즈: 구멍 뚫린 작은 구슬
　② 단추류: 단추, 지퍼, 스냅(똑딱단추), 벨크로(찍찍이)
　③ 장식적 부속품: 스팽글(빛나는 작은 조

각), 비즈, 모조 진주

44. 면섬유의 성질로 옳은 것은?

① 흡습성이 나쁘다.
② 산에 의해 쉽게 분해된다.
③ 염색하기가 곤란하다.
④ 내구성이 약하다.

해설 면의 특성
　① 알칼리에 강하나 산에 약하다.
　② 흡수성이 좋다.
　③ 염색하기가 좋다.
　④ 내구성이 좋다.

45. 세탁 견뢰도에 대한 설명 중 틀린 것은?

① 염색된 옷이 세탁에 견디는 능력을 말한다.
② 세탁으로 인해 옷의 물감이 빠지는 것을 평가한다.
③ 견뢰도 등급 숫자가 높을수록 물감이 잘 빠지고 숫자가 낮을수록 물감이 빠지지 않는다는 것이다.
④ 세탁 의약품 중에는 용해 견뢰도가 낮은 의복이 많으므로 주의하여야 한다.

해설 견뢰도는 등급이 높을수록 견뢰도가 좋으므로 견뢰도가 높을수록 물감이 빠지지 않는다.

46. 마섬유의 종류 중 모시는 어디에 해당되는가?

① 아마   ② 저마
③ 대마   ④ 황마

해설 마섬유
　① 줄기(인피) 섬유: 아마, 저마(모시), 대마(삼베), 황마
　② 잎 섬유: 마닐라삼

---

47. 경사 또는 위사가 2올 또는 그 이상이 계속 업(UP) 다운(Down)되어 조직점이 대각선 방향으로 연결된 선으로 나타나는 직물의 기본 조직은?

① 평직　　　　　② 능직
③ 수자직　　　　④ 변화조직

해설 조직점이 대각선으로 나타나는 선은 사문선, 능선이다. 사문직, 능직이라 표현한다.

48. 인조 섬유에 해당되지 않은 것은?

① 재생 섬유　　　② 합성 섬유
③ 무기 섬유　　　④ 광물성 섬유

해설 ① 인조 섬유
　　ⓐ 재생 섬유(비스코스 레이온)
　　ⓑ 합성 섬유(나일론, 폴리에스테르, 아크릴 등)
　　ⓒ 무기 섬유(유리 섬유, 금속 섬유 등)
　② 광물성 섬유(석면 등)는 천연 섬유이다.

49. 실의 품질을 표시하는 기준 항목으로만 되어 있는 것은?

① 섬유의 혼용률, 실의 번수
② 섬유의 가공 방법, 섬유의 지름
③ 섬유의 생산지, 섬유의 너비
④ 섬유의 혼용률, 치수 또는 호수

해설 섬유의 혼용률, 실의 번수(실의 굵기)는 실의 품질 표시의 기준 항목이다.

50. 항중식 번수 중 공통식 번수인 것은?

① 영국식 면 번수　　② 영국식 마 번수
③ 미터번수　　　　　④ 재래식 모사 번수

해설 실의 번수(실의 굵기)

① 항중식　ⓐ 영국식
　　　　　ⓑ 면 번수
　　　　　ⓒ 공통식 번수(미터번수 사용)
② 공통식 번수는 실의 굵기를 미터번수(Nm)로 나타낸다.

51. 다음 중 합성 섬유로 만들어진 실이 아닌 것은?

① 나일론사　　　② 폴리에스테르사
③ 레이온사　　　④ 아크릴사

해설 레이온은 펄프를 화학 처리하여 만든 재생 섬유이다.

52. 가죽의 특성 중 틀린 것은?

① 부패하지 않는다.
② 유연성과 탄력성이 크다.
③ 화학 약제에 대한 저항력이 크다.
④ 생피에 비해 수분의 흡수도가 현저히 변화하지 않는다.

해설 ① 가죽의 수분 흡수도는 생피에 비해 현저히 변화된다.
　② 생피보다 가죽이 수분 흡수도가 작다.
　③ 생피: 가공하지 않은 가죽(무두질하지 않은 가죽)

53. 부직포의 특성이 아닌 것은?

① 함기량이 많다.
② 절단 부분이 풀리지 않는다.
③ 탄성과 리질리언스가 좋다.
④ 방향성 있다.

해설 부직포: 섬유와 섬유를 접착제로 붙인 것으로, 심감으로 주로 사용된다.
　① 함기량(공기량)이 많다.

정답　47. ②　48. ④　49. ①　50. ③　51. ③　52. ④　53. ④

② 탄성과 리질리언스가(회복력)이 좋다.
③ 방향성이 없다.
④ 절단 부분이 풀리지 않는다.

54. 다음 중 축합중합체 섬유가 아닌 것은?

① 나일론　　　　② 스판덱스
③ 아크릴　　　　④ 폴리에스테르

해설 축합중합체 섬유
① 물 또는 다른 분자의 제거와 함께 단위체의 결합에 의해 형성되는 중합체
② 종류: 폴리아미드(나일론), 폴리에스테르, 폴리우레탄(스판덱스)

55. 붕대와 거즈에 가장 적합한 마섬유는?

① 아마　　　　② 대마
③ 저마　　　　④ 황마

해설 저마의 용도: 모시(여름철 옷감), 셔츠, 블라우스, 붕대, 거즈, 손수건 등

56. 세탁업자가 영업정지 처분을 받고 그 영업정지 기간 중 영업을 할 때 행정처분 기준은?

① 개선 명령　　　　② 경고
③ 영업정지 5일　　　④ 영업장 패쇄 명령

해설 영업정지 기간 중 영업을 할 때에는 영업장의 폐쇄 명령을 받는다(영업정지 기간 중 영업을 하다 걸리면 영업장 폐쇄 명령).

57. 세탁업자가 신고를 하지 아니하고 영업소의 명칭 및 상호 또는 영업장 면적의 3분의 1 이상을 변경한 때 1차 위반 시 행정처분 기준은?

① 경고 또는 개선 명령　　② 경고

③ 영업정지 5일　　　④ 영업장 폐쇄 명령

해설 신고를 하지 않고 영업장 면적의 1/3 이상을 변경할 때 1차 위반 시: 경고 또는 개선 명령

58. 공중위생관리법의 시행령 기준 과징금 산정기준 중 영업정지 1월의 기준일로 옳은 것은?

① 28일　　　　② 29일
③ 30일　　　　④ 31일

해설 영업정지 1개월의 기준일은 30일로 한다.

59. 다음 중 공중위생관리법 시행 규칙은 어느 영으로 정하는가?

① 훈령　　　　② 보건복지부령
③ 국무총리령　　④ 대통령령

해설 공중위생관리법 시행 규칙은 보건복지부령으로 정한다.

60. 세탁업자의 행정처분 기준 중 1차 위반 시 영업정지 10일에 해당하는 위반 사항은?

① 시장, 군수, 구청장이 하도록 한 필요한 보고를 하지 않은 경우
② 시장, 군수, 구청장의 개선 명령을 이행하지 아니한 때
③ 영업자의 지위를 승계한 후 1월 이내에 신고하지 아니한 때
④ 위생 교육을 받지 아니한 때

해설 1차 위반 시 영업정지 10일
① 시장, 군수, 구청장에게 해야 하는 보고를 하지 않은 경우 또는 거짓 보고
② 관계 공무원의 출입, 검사의 거부, 기피하거나 방해한 때

2013년 7월 21일 시행

	수험번호	성명
자격종목 **세탁기능사** / 문제 수 **60문제**		

1. 비누의 장점으로 틀린 것은?

① 산성 용액에서도 사용할 수 있다.
② 세탁 효과가 우수하다.
③ 세탁한 직물의 촉감이 양호하다.
④ 거품이 잘 생기고 헹굴 때에는 거품이 사라진다.

[해설] ① 비누는 산성 용액에서는 사용할 수 없다.
② 비누를 산성 용액에서 사용하면 알칼리가 중화되어 세척의 효과를 얻을 수 없다.

2. 오점의 성분 중 충해의 원인이 되는 것은?

① 염류
② 무기물
③ 요소
④ 단백질

[해설] 오점의 성분 중 충해는 단백질을 좋아하는 해충에 의해서 발생한다.

3. 다음 중 표백 가공의 설명으로 틀린 것은?

① 표백제는 산화 표백제와 환원 표백제로 나눈다.
② 산화 표백제는 동물성 섬유에 주로 사용한다.
③ 표백은 유색 물질을 화학적으로 파괴시켜 색소를 제거하는 것이다.
④ 착용과 세탁에서 생기는 황변 또는 염색물의 오염 상태를 제거한다.

[해설] ① 산화 표백제 ⓐ 셀룰로오스 직물(면, 마): ㉠ 치아염소산 나트륨
㉡ 아염소산 나트륨
ⓑ 단백질 직물: 과산화수소
② 동물성 섬유의 표백에는 환원 표백제가 쓰인다.

4. 흡착에 의한 재오염에 해당하지 않은 것은?

① 정전기
② 점착
③ 물의 적심
④ 염착

[해설] 재오염 ① 부착 ② 흡착(정전기, 점착, 물의 적심) ③ 염착

5. 세정액의 청정장치 방식 중 여과지와 흡착제가 별도로 되어 있고 여과 면적이 넓고 흡착제의 양이 많아 오래 사용하는 것은?

① 청정통식
② 카드리지식
③ 증류식
④ 필터식

[해설] ① 여과지와 흡착제가 별도로 있는 것은 청정통식이다.
② 주름여과지 안에 흡착제가 있고 청정 능력이 높아 가장 많이 사용되는 것은 카트리지식이다.

6. 피복의 오염 부착 상태 중 마찰이나 물리적 작용으로 직접 오염이 부착되거나 중력 등에 의하여 오염 입자가 침전하여 피복의 표면에 부착되는 것은?

① 유지 결합에 의한 부착
② 정전기에 의한 부착

[정답] 1. ① 2. ④ 3. ② 4. ④ 5. ① 6. ④

③ 화학 결합에 의한 부착

④ 기계적 부착

[해설] ① 기계적 부착: 마찰, 물리적 작용, 중력에 의한 오염

② 섬유와 오염 입자가 서로 다른 대전성(+, −)인 경우 부착

③ 화학 결합에 의한 부착: 섬유와 오점이 화학 결합을 하여 부착

④ 유지 결합에 의한 부착: 기름의 엷은 막을 통해서 섬유 부착

7. 계면 활성제의 기본적인 성질과 직접 관계하는 작용이 아닌 것은?

① 기포 작용 ② 침투 작용

③ 분산 작용 ④ 살균

[해설] 계면 활성제 성질: 습윤, 침투, 유화, 분산, 가용화, 기포

8. 다음 중 산화 표백제가 아닌 것은?

① 아황산 나트륨 ② 차아염소산 나트륨

③ 과산화수소 ④ 과탄산 나트륨

[해설] 산화 표백제: 차아염소산 나트륨, 아염소산 나트륨, 과탄산 나트륨, 과산화수소

9. 용제 공급펌프의 성능에 대한 설명 중 틀린 것은?

① 액심도 3까지 60초 이상 요하는 펌프는 불량이다

② 액심도 3까지 45~60초를 요하는 펌프는 한계이다.

③ 액심도 3까지 60초까지는 이상이 없다.

④ 액심도 3까지 45초 이내는 양호하다.

[해설] 액심도 3까지 45~60초는 펌프의 한계이다.

10. 보일러에서 0℃의 물 1mL를 1℃ 올리는 데 필요한 열량은?

① 0kcal ② 1kcal

③ 2kcal ④ 5kcal

[해설] 1kcal는 0℃의 물 1mL(cc)를 1℃ 올리는 데 필요한 열량이다.

11. 다음 중 세정률이 가장 높은 섬유는?

① 양모 ② 아세테이트

③ 견 ④ 비닐론

[해설] 세척률이 높은 순서: 양모−나일론−비닐론−아세테이트−면−레이온−마−견

12. 고객으로부터 세탁물을 접수 받을 때 점검할 사항이 아닌 것은?

① 고객으로부터 얼룩의 종류와 부착 시기 등을 묻고 접수증에 기록한다.

② 의류의 형태 변화 및 탈색, 변색, 클리닝 대상 여부를 판별한다.

③ 기호나 성명 등을 마킹종이에 기입해서 일일이 세탁물에 부착하는 것은 시간 낭비이다.

④ 카운터에서 고객과 함께 진단 처방한 주의점은 처방지에 기록한다.

[해설] 세탁물에는 성명 등을 표시한 마킹 종이가 부착되어야 한다.

13. 퍼클로로에틸렌에 대한 설명 중 틀린 것은?

① 화재 폭발의 위험이 없다

② 끓는점이 121℃로 낮아서 증류 정제가 쉽다.

[정답] 7. ④ 8. ① 9. ③ 10. ② 11. ① 12. ③ 13. ③

③ 세탁 시간이 짧아서 피혁이나 견직물 클리닝에 좋다.
④ 독성이 커서 밀폐 장치가 필요하다.

해설 퍼클로로에틸렌은 비중이 커서 견직물, 한복 등의 섬세한 의류에는 적합하지 않다.

14. 직물에 유연 처리하여 정전기를 방지하는 가공은?

① 발수 가공   ② 방수 가공
③ 방오 가공   ④ 대전 방지 가공

해설 대전 방지 가공: 의복을 착용했을 때 정전기 발생을 방지하기 위한 가공

15. 다음 중 수용성 오점이 아닌 것은?

① 그리스   ② 커피
③ 겨자   ④ 간장

해설 그리스는 유용성 오점이다.

16. 세탁물의 진단 중 주요 내용이 아닌 것은?

① 특수품의 진단
② 고객 주문의 타당성 진단
③ 요금의 진단
④ 광고의 진단

해설 기술 진단에서의 진단 내용
① 특수 제품의 진단
② 고객 주문의 타당성 진단
③ 오점 제거의 판단
④ 요금의 진단

17. 계면 활성제의 종류 중 대전 방지제로 가장 많이 사용하는 것은?

① 음이온계 계면 활성제
② 양성계 계면 활성제
③ 비온계 계면 활성제
④ 양이온계 계면 활성제

해설 계면 활성제
① 음이온: 세정(비누, 합성 세제)
② 양이온: 유연제, 대전 방지제, 발수제
③ 비이온: 이온이 해지되지 않는다.
④ 양성 이온: 살균제

18. 용제의 청정화가 불충분하여 재오염되었더라도 깨끗한 용제로 헹구면 제거될 수 있는 것은?

① 점착   ② 흡착
③ 염착   ④ 부착

해설 재오염
① 종류: 부착, 흡착(정전기, 점착, 물의 적심), 염착
② 부착에 의한 재오염은 깨끗한 용제로 헹구면 제거될 수 있다.

19. 형광 증백제에 대한 설명 중 틀린 것은?

① 흰색 의류를 더욱 희고 밝게 보이게 한다.
② 미량(0.1% 이하)으로 증백 효과를 기대할 수 없어 0.5% 이상 사용해야 한다.
③ 증백제 처리를 잘못했을 때 바람직하지 못한 녹색을 띄는 경우가 있다.
④ 내일광성이나 내염소성에 비교적 취약한 편이다.

해설 형광 증백제 0.1% 이하(미량)로 증백 효과를 얻을 수 있다.

20. 세정액의 청정장치 방식이 아닌 것은?

① 필터식   ② 카트리지식
③ 청정통식   ④ 텀블러식

해설 ① 청정 장치: 필터식, 카트리지식, 청정통식, 증류식
② 텀블러는 건조기이다.

21. 세탁물의 상해 예방에 대한 설명 중 옳은 것은?

① 용제 중의 수분을 많게 한다.
② 원심탈수기 작동 시 뚜껑을 덮지 않는다.
③ 손상되기 쉬운 제품은 망에 넣어 처리한다.
④ 건조 시 온도를 고온으로 하여 빨리 처리한다.

해설 ① 용제 중에 수분을 적게 한다.
② 원심탈수기 작동 시 뚜껑을 덮어야 한다.
③ 건조 시 온도를 저온으로 하여 서서히 처리한다.

22. 론드리 공정 중 표백 온도로 가장 적합한 것은?

① 20~30℃   ② 40~50℃
③ 60~70℃   ④ 80~90℃

해설 론드리 공정에서 표백 온도는 60~70℃로 10분 정도 처리한다.

23. 얼룩의 판별 수단으로 옳은 것은?

① 외관: 사람의 후각, 촉각에 의하여 판별한다.
② pH 시험지: 얼룩 부분을 물로 분무하여 친수성, 친유성, 얼룩 여부를 조사한다.
③ 분무: 산성, 알칼리성 여부를 조사한다.
④ 현미경: 미립자는 생물현미경(300~600배), 보통 입자는 실체현미경(5~60배)으로

관찰한다.

해설 ① 외관: 육안으로 오염의 색·형성·위치를 판별한다.
② PH 시험지: 산성 또는 알칼리성 여부를 판별한다.
③ 분무, 물로 분사하다.
④ 냄새: 후각(냄새)으로 식별한다.

24. 다림질 방법에 대한 설명 중 틀린 것은?

① 모직물은 위에 덧 헝겊을 대고 물을 뿌려 다린다.
② 혼방물은 내열성이 낮은 섬유를 기준하여 다린다.
③ 풀 먹인 직물을 너무 고온 처리하면 황변이 될 수 있다.
④ 광택을 필요로 하는 옷은 다리미판이 부드러운 것을 사용한다.

해설 ① 혼방(폴리에스테르+면): 폴리에스테르는 100~120℃, 면은 180~200℃이므로 100~120℃로 다림질한다.
② 광택을 필요로 하는 옷은 다리미판이 딱딱한 것을 사용한다.

25. 다음 중 의복의 기능에 대한 설명으로 틀린 것은?

① 위생상의 성능이 있다.
② 실용적인 성능이 있다.
③ 상품화 성능이 있다.
④ 감각적 성능이 있다.

해설 의복의 기능: 위생적, 실용적, 관리적, 감각적

26. 웨트클리닝용 세제로 가장 적합한 것은?

---

① 알칼리성 세제   ② 경성 세제
③ 연성 세제   ④ 중성 세제

해설 웨트클리닝에 적합한 세제는 pH가 6~8인 중성 세제를 사용한다.

27. 드라이클리닝 기계 중 합성 세제를 사용하며 세정, 탈액, 건조까지 연속적으로 처리되는 것은?

① 개방형 세정기
② 반개방형 세정기
③ 준밀폐형 세정기
④ 밀폐형 세정기

해설 드라이클리닝
① 개방형(오픈 워셔)
ⓐ 론드리에 주로 사용 ⓑ 세정만 가능
② 준밀폐형(콜드 머신)
ⓐ 석유계 용제 ⓑ 세정+탈액
③ 밀폐형 세정기(핫머신)
ⓐ 세정+탈액+건조 ⓑ 용제
ⓒ 퍼클로로에틸렌, 불소계
ⓓ 1,1,1-트리클로로에탄

28. 다음 중 세탁에 적정한 알칼리성 농도로 가장 적합한 pH는?

① pH7   ② pH9
③ pH11   ④ pH14

해설 수소이온 농도(pH)가 11 정도인 약알칼리성 세제가 가장 세탁 효과가 좋다.

29. 다음 중 웨트클리닝 대상품이 아닌 것은?

① 합성수지 제품
② 고무를 입힌 제품
③ 수지안료 가공 제품
④ 아세테이트 제품

해설 아세테이트 제품은 드라이클리닝으로 세척한다.

30. 론드리에 대한 설명으로 옳은 것은?

① 수질오염 방지를 사용하며 가볍게 손세탁을 하는 작업이다.
② 중성 세제를 사용하며 가볍게 손세탁을 하는 작업이다.
③ 휘발성 유기 용제로 모, 견 등을 클리닝하는 작업이다.
④ 알칼리제, 비누를 사용하여 온수에서 와셔로 세탁하는 가장 세정 작용이 강한 작업이다.

31. 다음 중 얼룩빼기 용구가 아닌 것은?

① 주걱   ② 제트 스폿
③ 받침판   ④ 분무기

해설 ① 얼룩빼기 기계-스포팅 머신, 제트 스폿
② 얼룩빼기 공구-솔(브러시), 주걱, 반침판, 면봉, 인두, 분무기
③ 받침판: 얼룩 빼기를 할 때 얼룩이 번지는 것을 방지하기 위하여 얼룩 밑에 받치는 판

32. 견직물 한복의 세탁에 대한 설명 중 틀린 것은?

① 물세탁만 하면 변색, 수축이 된다.
② 기름세탁만 하면 수용성 오점이 제거되지 않고 세정 효율이 낮다.
③ 발수법을 이용한 기름세탁 후 물세탁 방법이 바람직하다.
④ 다른 세탁물과 혼합해서 세탁하면 경제적이고 간편하다.

해설 견을 다른 세탁물과 혼용하면 용제 및 세

제가 맞지 않으므로 비경제적이다.

33. 론드리 공정 중 건조에 대한 설명으로 틀린 것은?

① 수분을 완전히 제거하고 말린다.
② 살균, 소독 작용이 있다.
③ 두꺼운 옷감일 때는 그냥 말려 마무리를 한다.
④ 화학 섬유의 경우 수축, 황변하기 쉬우므로 60℃ 이상에서 건조시킨다.

[해설] 화학 섬유(인조 섬유)의 세탁 온도는 40℃ 이하. 건조는 60℃ 이하가 적당하다.

34. 다음 중 화학적 얼룩빼기 방법이 아닌 것은?

① 알칼리법　　　② 분산법
③ 표백제법　　　④ 효소법

[해설] ① 물리적 얼룩 빼기: 기계, 분산, 흡착
② 화학적 얼룩 빼기: 산, 알칼리, 표백제, 효소

35. 다림질의 3대 요소에 해당하지 않는 것은?

① 온도　　　　　② 진공
③ 압력　　　　　④ 수분

[해설] 다림질 3대 요소: 온도(열), 압력, 수분(증기)

36. 다음 중 실로 만들어진 피륙이 아닌 것은?

① 브레이드　　　② 레이스
③ 부직포　　　　④ 편성물

[해설] 실로 만들어진 피륙이 아닌 것: 부직포, 펠트

37. 폴리에스테르(polyester) 섬유의 단점으로 틀린 것은?

① 내약품성이 좋지 않다.
② 염료를 흡착할 만한 활성기가 없어 염색이 어렵다.
③ 정전기를 잘 발생한다.
④ 흡습성이 낮다.

[해설] 약품에 잘 견디는 내약품성이 좋다.

38. 아미드 결합(–CONH–)에 의해서 단량체가 연결된 긴 사슬 모양 고분자를 이룬 합성 섬유는?

① 폴리에스테르　　② 나일론
③ 아크릴　　　　　④ 비닐론

[해설] 아미드 결합은 폴리아미드(나일론)를 말한다.

39. 셀룰로오스 섬유의 염색에 적합하지 않은 염료는?

① 직접 염료　　　② 분산 염료
③ 반응성 염료　　④ 배트 염료

[해설] 셀룰로오스 섬유(면, 마 등): 연한 색(직접 염료), 중간색(배트, 반응성 염료), 검은색(황화 염료)

40. 편성물의 특성으로 틀린 것은?

① 신축성이 좋고 구김이 생기지 않는다.
② 함기량이 많아 가볍고 따뜻하다.
③ 세탁 후 다림질이 크게 필요 없다.

[정답] 33. ④　34. ②　35. ②　36. ③　37. ①　38. ②　39. ②　40. ④

④ 조직이 튼튼하고 간단한 조직이다.

해설 편성물은 조직이 약한 구조이다.

41. 나일론 섬유의 특성 중 틀린 것은?

① 강도가 크고 마찰에 대한 저항도가 크다.
② 비중은 1.14로 양모 섬유에 비해 가볍다.
③ 햇빛에 의한 황변이 일어나지 않는다.
④ 흡습성이 적어서 빨래가 쉽게 마른다.

해설 나일론은 햇볕에 약해서 황변이 일어나기 쉽다.

42. 다음 중 내일광성이 가장 좋은 섬유는?

① 나일론 　② 폴리에스테르
③ 아크릴 　④ 비닐론

해설 3대 합성섬유 중 내일광성 순서
아크릴 > 폴리에스테르 > 나일론

43. 다음 섬유의 물세탁 방법 표시기호에 대한 설명으로 틀린 것은?

① 물의 온도는 30℃를 표준으로 한다.
② 약하게 손세탁할 수 있다.
③ 세탁기로 세탁할 수 있다.
④ 세제는 중성 세제를 사용한다.

해설 세탁기로 할 수 있는 경우는 세탁기 그림이 있어야 한다.

44. 다음 중 산에 가장 약한 섬유는?

① 면 　② 양모
③ 견 　④ 폴리에스테르

해설 셀룰로오스(면, 마)는 알칼리에 강하나 산에 약하다.

45. 재생 셀룰로오스 섬유로만 나열된 것은?

① 비스코스 레이온, 폴리노직 레이온, 구리암모늄 레이온
② 폴레에틸렌, 폴리프로필렌, 폴리염화 비닐
③ 아세테이트, 폴리에스테르, 구리암모늄 레이온
④ 비닐론, 비누화 아세테이트, 폴리우레탄

해설 재생 셀룰로오스는 레이온을 뜻한다.

46. 염료의 장·단점에 대한 설명 중 틀린 것은?

① 견뢰도를 좋게 하기 위해서는 직접 염료를 사용해야 견뢰도가 강하다.
② 직접 염료는 염색법이 간단하나 색상이 선명하지 않다.
③ 산성 염료는 색상이 선명하나 견뢰도가 나쁘다.
④ 적은 양으로도 진한 색 염색이 가능하나 견뢰도가 나쁜 것이 염기성 염료이다.

해설 직접 염료는 견뢰도가 나쁘다.

47. 가죽의 특성이 아닌 것은?

① 내열성이 증대한다.
② 유연성과 탄력성이 좋다.
③ 물을 짜내면 물이 잘 빠져 나오지 않는다.
④ 산성 염료로 염색성이 좋다.

해설 가죽은 물을 짜내면 물이 잘 빠져 나오는 편이다.

48. 반응성 염료로 염색이 불가능한 것은?

정답　41. ③　42. ③　43. ③　44. ①　45. ①　46. ①　47. ③　48. ①

① 아세테이트　　② 면
③ 나일론　　　　④ 마

해설 ① 아세테이트는 주로 분산 염료가 사용된다.
② 반응성 염료
　　ⓐ 셀룰로오스 섬유 ⓑ 양모 ⓒ 나일론
③ 아세테이트는 반응성 염료가 불가능하다.

49. 다음 중 일광 견뢰도가 가장 양호한 등급은?

① 1급　　　　　② 4급
③ 5급　　　　　④ 8급

해설 일광 견뢰도
① 염색이 햇빛에 견디는 정도
② 1급에서 8급까지 있으며 급수가 높을수록 견뢰도는 높다.

50. 다음 중 스테이플(staple) 섬유가 아닌 것은?

① 견　　　　　② 면
③ 양모　　　　④ 마

해설 ① 스테이플(단섬유)-면, 마, 양모
② 필라멘트(장섬유)-견, 아세테이트, 합성 섬유

51. 다음 중 면섬유의 특성으로 틀린 것은?

① 현미경으로 관찰하면 측면은 리본 모양으로 되어 있고 꼬임이 있다.
② 현미경으로 관찰하면 중앙에는 중공이 있다.
③ 수분을 흡수하면 강도가 증가한다.
④ 산에는 다소 강하나 알칼리에는 약한 편이다.

해설 ① 면섬유는 알칼리에 강한 편이나 산에는

약하다.
② 단면을 평편하고 중공은 비어 있다.
③ 측면은 리본 모양이고 꼬임이 있다.

52. 아세테이트 섬유의 특성으로 옳은 것은?

① 흡습성이 비스코스 레이온에 비해서 훨씬 크다.
② 셀룰로오스 섬유에 비해 구김이 잘 생긴다.
③ 장기간 노출하여도 강도는 변함이 없다.
④ 곰팡이에 안전하다.

해설 아세테이트
① 흡수성은 레이온이 아세테이트보다 크다.
② 셀룰로오스 섬유에 비해 구김이 덜 생긴다.
③ 장기간 일광에 노출하면 강도가 저하된다.
④ 셀룰로오스 섬유에 비해 곰팡이에 안전하다.

53. 다음 중 평직물이 아닌 것은?

① 개버딘　　　　② 광목
③ 옥양목　　　　④ 포플린

해설 ① 평직물: 광목, 옥양목, 포플린
② 능직(사문직): 개버딘, 데님, 서지

54. 염색 견뢰도에 대한 설명 중 틀린 것은?

① 견뢰도는 염료의 종류에 따라 각각 다르다.
② 견뢰도 판정은 오염 판정 시 사용하는 표준 색표와 비교한다.
③ 견뢰도의 종류에 관계없이 등급수는 모두 같다.
④ 염색된 옷이 세탁에 견디는 능력을 세탁 견뢰도라 한다.

해설 ① 일광 견뢰도: 8등급
② 염색 견뢰도, 마찰 견뢰도, 세탁 견뢰도: 5등급

정답 49. ④　50. ①　51. ④　52. ④　53. ①　54. ③

③ 견뢰도의 종류에 따라 등급이 다를 수 있다.

55. 합성 섬유의 특성으로 틀린 것은?

① 합성 섬유는 석유에서 얻어지는 기초 화학 물질을 고분자로 합성한 섬유이다.
② 대표적인 합성 섬유는 나일론, 폴리에스테르, 아크릴 등이다.
③ 합성 섬유에는 바다의 해초에서 원료를 추출하여 만든 알긴산 섬유가 있다.
④ 합성 섬유는 합성 고분자를 제조하는 과정에 축합중합 섬유와 부가중합 섬유로 구분하기도 한다.

해설 알긴산 섬유는 해초에 얻은 재생 섬유이다.

56. 세탁업주가 영업소 폐쇄 명령을 받고도 계속하여 영업을 할 때 관계 공무원으로 하여금 당해 영업소를 폐쇄를 하기 위한 조치 사항으로 틀린 것은?

① 당해 영업소의 간판, 기타 영업표지물의 제거
② 영업을 위하여 필수 불가결한 기구 또는 시설물을 사용할 수 없게 하는 봉인
③ 영업소에 고객이 출입할 수 없도록 출입문에 지켜 서 있는 행위
④ 당해 영업소가 위법한 영업소임을 알리는 게시물 등의 부착

해설 영업소 폐쇄를 집행하면서 영업소의 출입문을 막을 수는 없다.

57. 신고를 하지 아니하고 영업소의 소재지를 변경할 때 1차 위반의 경우에 대한 행정처분 기준으로 옳은 것은?

① 개선 명령　　　② 영업정지 15일
③ 영업정지 2개월　④ 영업장 폐쇄 명령

해설 신고 없이 소재지를 변경할 때 1차 위반은 영업장 폐쇄이다.

58. 세탁업을 하고자 하는 자는 공중위생 영업의 종류별로 보건복지부령이 정하는 시설 및 설비를 갖추고 시장, 군수, 구청장에게 어떤 절차를 받아야 하는가?

① 허가　　　　　② 인가
③ 신고　　　　　④ 등록

해설 세탁업을 하고자 할 때에는 시장, 군수, 구청장에게 신고해야 한다.

59. 다음 중 공중위생 감시원의 업무 범위가 아닌 것은?

① 법 제3조 제1항의 규정에 의한 시설 및 설비의 확인
② 법 제5조에 규정에 의한 영업자의 기술자격 인정 여부
③ 법 제4조의 규정에 의한 영업자 준수사항 이행 여부의 확인
④ 법 제5조 규정에 의한 공중이용시설의 위생관리 상태의 확인·검사

해설 영업자의 기술자격 인정 여부는 공중위생 감시원의 업무가 아니다.

60. 다음 중 공중위생 감시원을 임명할 수 있는 자가 아닌 것은?

① 도지사　　　　② 공중위생 단체의 장
③ 광역시장　　　④ 시장, 군수, 구청장

해설 공중위생감시원 임명자
① 시·도지사 ② 시장, 군수, 구청장

정답　55. ③　56. ③　57. ④　58. ③　59. ②　60. ②

2014년 1월 26일 시행

	수험번호	성명
자격종목 세탁기능사	문제 수 60문제		

1. 다음 중 오염이 쉽게 되고 오염 제거가 가장 어려운 섬유는?

① 비스코스 레이온　　② 양모

③ 나일론　　　　　　④ 비닐론

해설 ① 오염이 쉽게 되는 순서: 레이온-마-아세테이트-면-비닐론-실크-나일론-양모

② 오염 제거가 잘되는 순서: 양모-나일론-비닐론-아세테이트-면-레이온-마-견

③ 레이온이 오염이 쉽게 생기며 세탁도 어렵다.

2. 세정액의 청정화 방법에 해당되지 않는 것은?

① 여과　　　　　　　② 흡착

③ 증류　　　　　　　④ 흡수

해설 청정화 방법 3가지: 여과, 흡착, 증류

3. 유용성 오점에 대한 설명으로 옳은 것은?

① 매연, 점토 등 유기성의 먼지 등을 말한다.

② 유기 용제에 녹으나 물에는 녹지 않는다.

③ 물에 용해된 물질에 의하여 생긴 오점이다.

④ 유기 용제와 물에 녹지 않는다.

해설 유용성 오점

① 기름을 주성분으로 이루어진다.

② 유기 용제(시너, 솔벤트)에는 녹으나 물에 녹지 않는다.

③ 그리스, 립스틱, 인주, 피지 등

4. 보일러의 운전 중 고장 원인이 아닌 것은?

① 점화 작동 중 수면계에 수위가 나타나지 않는다.

② 스팀에 물이 섞여 나오지 않는다.

③ 본체에서 증기나 물이 샌다.

④ 작동 중 불이 꺼지며 2~3회 운전 시 정상 가동된다.

해설 스팀(증기)에 물이 섞여 나오면 고장이다.

5. 계면 활성제의 성질이 아닌 것은?

① 한 개의 분자 내에 친수기와 친유기를 가진다.

② 물과 공기 등에 흡착하여 계면 장력을 증가시킨다.

③ 직물의 습윤 효과를 향상시킨다.

④ 직물의 약제에 침투 효과를 증가시킨다.

해설 계면 활성제(비누, 세제)를 사용하면 계면 장력이 저하된다.

6. 오점이 잘 제거되는 섬유의 순서부터 나열한 것은?

① 마→견→양모→면　　② 마→견→면→양모

③ 양모→면→견→마　　④ 양모→면→마→견

해설 오점이 잘 제거되는 순서(세탁이 잘되는 순서): 양모-나이론-비닐론-아세테이트-면-레이온-마-견

정답 1. ①　2. ④　3. ②　4. ②　5. ②　6. ④

7. 클리닝의 효과를 일반적인 효과와 기술적인 효과로 구분할 때 일반적인 효과에 해당하는 것은?

① 세탁물의 내구성을 유지하게 한다.
② 오염물의 종류와 발생 원인을 작업 전에 숙지한다.
③ 오염물을 완전하게 제거한다.
④ 오염 제거 방법을 분류한다.

[해설] 클리닝 효과 중 일반적인 효과
① 오점 제거로 위생수준 유지
② 세탁물의 내구성 유지
③ 고급 의류의 패션성 보전

8. 다음 중 대전 방지 가공을 필요로 하는 섬유는?

① 양모　　　　　② 폴리에스테르
③ 견　　　　　　④ 면

[해설] 폴리에스테르 섬유는 정전기 발생이 많으므로 대전 방지 가공을 해야 한다.

9. 게이지의 압력이 5kg/cm^{2}인 보일러의 절대 압력(kg/cm^2)은?

① 5　　　　　　② 6
③ 10　　　　　④ 50

[해설] 절대 압력
=게이지 압력+1=5+1=6kg/cm^2

10. 오점의 분류에서 와인이 해당하는 오점은?

① 수용성 오점　　② 불용성 오점
③ 유용성 오점　　④ 복합성 오점

[해설] 와인(포도주, 술)은 수용성 오점이다.

11. 표백을 해서 얻을 수 있는 효과가 아닌 것은?

① 살균 효과를 높인다.
② 산화 변질된 얼룩을 제거한다.
③ 섬유의 황변과 회색화를 방지한다.
④ 유성 오점과 철분 등을 쉽게 제거한다.

[해설] 유성 오점은 유기 용제로 제거한다.

12. 다음 중 직물의 방충 가공에 사용하는 가공제는?

① 아레스린　　　② 과산화수소
③ 콘스타치　　　④ 초산 비닐

[해설] 살충제의 아레스린은 방충 가공에 사용된다.

13. 보일러에서 0℃의 물 1cc를 1℃로 올리는데 필요한 열량은?

① 10kcal　　　　② 5kcal
③ 2kcal　　　　④ 1kcal

[해설] 물의 비열: 물 1cc를 1℃로 올리는 데 필요한 열량=1kcal

14. 계면 활성제의 종류 중 세척력이 약해 대전 방지제로 사용하는 것은?

① 음이온계 계면 활성제
② 양이온계 계면 활성제
③ 비이온계 계면 활성제
④ 양성계 계면 활성제

[해설] 양이온 계면 활성제: 유연제, 대전 방지제, 발수제

15. 석유계 용제의 장점으로 틀린 것은?

[정답] 7. ①　8. ②　9. ②　10. ①　11. ④　12. ①　13. ④　14. ②　15. ①

① 세정 시간이 짧다.
② 기계 부식에 안전하다.
③ 독성이 약하고 값이 싸다.
④ 약하고 섬세한 의류에 적당하다.

해설 석유계 용제는 세척 시간이 20~30분 정도로 세정 시간이 긴 편이다.

16. 용해력 비중이 크므로 세정 시간이 짧고 상압으로 증류할 수 있는 용제는?

① 퍼클로로에틸렌　　② 삼염화에탄
③ 이소프로필 알코올　④ 사염화탄소

해설 퍼클로로에틸렌
① 비중이 크므로 용해력이 크고 세정 시간이 짧다.
② 상압으로 증류를 할 수 있다.

17. 방충제로서 효력이 가장 빠르고 살충력이 강한 것은?

① 파라핀　　　　　② 파라디클로로벤젠
③ 나프탈렌　　　　④ 장뇌

해설 파라디클로로벤젠, 나프탈렌, 장외는 방충제로 쓰이며, 파라디클로로벤젠이 살충력이 강하다.

18. 오점의 부착 상태 중 화학 섬유에 먼지가 부착하는 경우가 해당하는 것은?

① 유지 결합에 의한 부착
② 분자가 인력에 의한 부착
③ 정전기에 의한 부착
④ 기계적 부착

해설 화학 섬유에 먼지가 부착하는 것은 정전기에 의한 부착이다.

19. 다음 중 수관 보일러에 해당되는 형식이 아닌 것은?

① 자연 순환식　　　② 강제 순환식
③ 관류식　　　　　④ 노통 · 연관식

해설 ① 원통 보일러: 입식, 노통식, 연관식, 노통 · 연관식
② 수관 보일러: 자연 순환식, 강제 순환식, 관류식

20. 드라이클리닝에서 수용성 오점의 세척력을 보완하고 재오염을 방지하기 위해 용제에 첨가하는 것은?

① 산　　　　　　　② 알칼리
③ 드라이 소프　　　④ 합성 세제

해설 드라이클리닝에서 수용성 오점을 제거하고 재오염을 방지하기 위해 용제에 소프와 물을 첨가한다.

21. 형태 안정과 방충성 등은 의복의 기능 중 어디에 포함되는가?

① 위생상의 성능　　② 실용적인 성능
③ 감각적 성능　　　④ 관리적 성능

해설 의복의 기능 ① 위생 ② 실용적 ③ 감각적 ④ 관리적(형태의 안정성, 방충성)

22. 생산성과 제품의 질 향상을 위해 환경에 적합한 적정 조명 중 가장 높은 조명도가 필요한 곳은?

① 사무실　　　　　② 저장 창고
③ 휴게실　　　　　④ 화장실

해설 사무실과 작업실에는 빛의 밝기가 가장 밝아야 한다.

정답 16. ①　17. ②　18. ③　19. ④　20. ③　21. ④　22. ①

23. 세탁 방법 중 계면 활성제가 첨가된 유기 용제에 물이 가용화되면 수용성 오점을 제거하는 데 보다 좋은 효과를 나타내는 것은?

① 차지법　　　　② 검하법
③ 석회 소다법　　④ 형광증백 방법

해설 용제+소프+물을 사용하여 수용성 오점도 제거하는 방식은 차지법이다.

드라이클리닝 세정 방식
① 차지: 용제+(세제+물)→세제와 물은 수용성 제거를 위해 사용
② 논 차지: 용제만 사용
③ 배치: 용제 사용 시마다 세정액 교체
④ 배치 차지: 배치를 사용하다 수용성 오점 제거 시 차지 방법을 사용

24. 얼룩빼기 방법 중 물리적 얼룩빼기 방법이 아닌 것은?

① 표백제법
② 분산법
③ 기계적 힘을 이용하는 방법
④ 흡착법

해설 ① 물리적 얼룩 빼기: 기계적 힘, 분산, 흡착
② 화학적 얼룩 빼기: 알칼리, 산성, 표백제, 효소법

25. 다림질의 3대 요소가 아닌 것은?

① 온도　　　　② 압력
③ 수분　　　　④ 시간

해설 다림질 3대 요소: 온도(열), 압력, 수분(스팀)

26. 마무리 작업의 주의 사항으로 틀린 것은?

① 섬유의 적정 온도보다 다리미 온도가 높으면 황변이 일어날 수 있다.
② 진한 색상의 의복은 섬유 소재에 관계없이 천을 덮고 다리는 것이 좋다.
③ 표면 처리되지 않은 피혁 제품의 스팀 처리는 절대 금해야 한다.
④ 편성물은 신축성이 좋아 인체 프레스기를 사용하여야 한다.

해설 편성물은 신축성이 좋아 인체 프레스기를 사용하면 형태 변형이 생길 수 있다.

27. 드라이클리닝의 처리 공정 중 전처리에 대한 설명으로 옳은 것은?

① 전처리는 용제를 조정하는 공정이다.
② 일반적으로 스프레이법과 브러싱법이 있다.
③ 본세탁에서 쉽게 제거되는 오점이 처리 공정이다.
④ 브러싱할 때는 옷감의 털이 다소 일어나더라도 상관없다.

해설 드라이클리닝의 처리 공정
① 전처리-세정(세탁)-탈액-건조
② 전처리-드라이클리닝 세탁 시 어려운 오점을 쉽게 제거할 수 있도록 사전 처리
③ 전처리 종류
ⓐ 브러싱법: 오염에 약액을 바르고 브러시로 두들겨 오점을 약하게 만드는 방식
ⓑ 스프레이법: 오점에 처리액을 뿌려 오점을 부풀리거나 뜨게한 후 드라이클리닝을 하는 방식
ⓒ 소프 : 물 : 석유 = 1 : 1 : 8

28. 드라이클리닝의 장점이 아닌 것은?

① 기름얼룩 제거가 쉽다.

---

② 이염이 되지 않는다.

③ 용제가 저가이다.

④ 형태 변화가 적다.

해설 용제는 물과 세제에 비하면 고가인 편이다.

29. 다음 중 웨트클리닝을 해야 하는 것이 아닌 것은?

① 합성피혁 제품　　② 안료 염색된 의복

③ 고무를 입힌 의복　④ 슈트나 한복

해설 슈트(긴 양복)나 한복은 드라이클리닝으로 세탁한다.

30. 론드리 공정 중 산욕의 주의 사항이 아닌 것은?

① 식물성 섬유는 산에 약하므로 산은 적당하게 사용한다.

② 온도는 상온에서 20~30분간 처리한다.

③ 산을 넣을 때 직접 천에 닿지 않도록 한다.

④ 온도를 올리면 산의 작용이 상승하므로 온도는 너무 올리지 않는다.

해설 ① 산욕은 론드리에서 알칼리를 중화시키기 위해 사용한다.

② 산욕은 온도가 40℃ 이하에서 3~4분간 처리한다.

31. 드라이클리닝 기계에 대한 설명 중 옳은 것은?

① 합성 용제용 기계는 완전 방폭형 구조이어야 한다.

② 용제를 청정, 회수, 재사용할 수 있어야 한다.

③ 석유계 용제용 기계는 용제의 누출을 적게 해야 한다.

④ 용제 회수율이 낮고 부식이 잘 되는 재질이어야 한다.

해설 ① 용제의 구분

ⓐ 석유계 용제

ⓑ 합성 용제-퍼클로로에틸렌, 불소, 트리클로로에탄

② 석유계 용제는 인화성이 크므로 방폭 구조를 해야 한다.

③ 석유계 용제 기계는 용제의 누출이 없어야 한다.

④ 용제의 회수율이 높고 부식이 잘 되지 않아야 한다.

32. 드라이클리닝의 세정 공정 중 매회 세정 때마다 세정액을 교체하여 세탁하는 방법은?

① 차지 시스템(charge system)

② 배치 시스템(batch system)

③ 논 차지 시스템(non-charge system)

④ 배치 차지 시스템(batch charge system)

해설 세정 때마다 세정액을 교체하는 방식은 배치 시스템이다.

33. 우리나라가 사용하는 경도 표시법은?

① 미국식　　　　　② 영국식

③ 러시아식　　　　④ 독일식

해설 ① 경도(PPM)-물에 포함되어 있는 알칼리 금속의 양을 중량으로 환산 표시한 것.

② 우리나라의 경도 표시법은 독일식이다.

34. 론드리의 세탁 순서로 옳은 것은?

① 애벌빨래→본빨래→표백 처리→헹굼→산욕→풀먹임→탈수→건조

정답　29. ④　30. ②　31. ②　32. ②　33. ④　34. ①

② 애벌빨래→본빨래→헹굼→산욕→표백
처리→풀먹임→탈수→건조
③ 애벌빨래→헹굼→본빨래→산욕→표백
처리→풀먹임→탈수→건조
④ 애벌빨래→헹굼→본빨래→산욕→풀먹임
→표백 처리→탈수→건조

해설 애벌빨래(예세)–본빨래(론드리)–표백–헹굼–산욕–풀먹임(푸새)–탈수–건조

35. 론드리의 장점에 대한 설명 중 틀린 것은?

① 세탁 온도가 높아 세탁 효과가 좋다.
② 알칼리제를 사용하므로 오점이 잘 빠진다.
③ 표백이나 풀먹임이 효과적이며 용이하다.
④ 마무리 시간이 짧다.

해설 ① 마무리에 시간과 기술을 필요로 하는 것은 론드리의 단점이 있다.
② 론드리 후 마무리 시간은 길다.

36. 섬유를 불꽃에 넣었을 때 녹으면서 서서히 타면서 약간 달콤한 냄새가 나는 섬유는?

① 면
② 마
③ 비스코스 레이온
④ 폴리에스테르

해설 ① 폴리에스테르: 달콤한 냄새
② 면, 마, 레이온: 식물성 섬유이므로 종이 타는 냄새
③ 아세테이트: 식초 타는 냄새

37. 폴리우레탄계 섬유에 해당하는 것은?

① 나일론
② 스판덱스
③ 비닐론
④ 사란

해설 ① 폴리우레탄–스판덱스
② 폴리아미드–나일론

③ 사란–염화비닐중합체

38. 다음 중 양모 섬유만이 가지고 있는 성질은?

① 흡습성
② 축융성
③ 대전성
④ 탄성

해설 양모 섬유의 특성: 축융성(뜨거운 물, 산성 용액, 비누 용액을 모섬유에 비벼 주면 서로 엉켜서 굳어지는 현상)

39. 가죽의 처리 공정을 순서대로 나열한 것은?

① 물에 침지→산에 담그기→제육→석회 침지→분할→때 빼기→탈회 및 효소 분해→탈모→유성
② 물에 침지→제육→탈모→석회 침지→분할→때 빼기→탈회 및 효소 분해→산에 담그기→유성
③ 물에 침지→제육→석회 침지→산에 담그기→분할→때 빼기→탈회 및 효소 분해→탈모→유성
④ 물→탈모→탈회 및 효소 분해→유성에 침지→산에 담그기→제육→석회 침지→분할

해설 가죽처리 공정
물에 침지–제육(고기 제거)–탈모–석회 침지(가죽의 촉감 향상)–분할–때 빼기–탈회 및 효소 분해–산에 담그기–유성

40. 천연 피혁에 대한 설명 중 틀린 것은?

① 스킨(skin)은 작은 동물의 원피이다.
② 하이드(hide)는 큰 동물의 원피이다.
③ 진피는 동물 가죽의 맨 아랫부분으로 동물

정답 35. ④ 36. ④ 37. ② 38. ② 39. ② 40. ③

몸체의 근육과 껍질을 서로 연결해 주는 부분이다.

④ 표피는 피부 표면을 보호해 준다.

해설 ① 근육과 껍질을 연결해 주는 부분은 피하지방이다.

② 동물의 단면은 털+표피+진피(은면층과 망양층)+피하 지방+근육으로 구성되어 있다.

41. 견섬유의 구조 및 화학적 조성에 대한 설명 중 틀린 것은?

① 단면은 삼각형 2개의 피브로인과 그 주위를 세리신이 감싸고 있다.

② 다른 섬유에 비하여 내일광성이 좋다.

③ 견사로 누에고치 6~7개에서 뽑아낸 실을 합한 것이다.

④ 물세탁 시 세제로는 중성 세제를 사용한다.

해설 다른 섬유에 비하여 내일광성이 약하다.

42. 다음 중 인조 섬유가 아닌 것은?

① 재생 섬유 ② 합성 섬유
③ 무기 섬유 ④ 셀룰로오스 섬유

해설 ① 셀룰로오스 섬유(식물성 섬유)는 천연 섬유이다.

② 천연 섬유: ⓐ 식물성 섬유 ⓑ 동물성 섬유 ⓒ 광물성 섬유

③ 인조 섬유: ⓐ 재생 섬유 ⓑ 반합성 섬유 ⓒ 무기 섬유(유리, 금속)

43. 원단을 사용하여 제조 또는 가공한 섬유 상품의 품질표시 사항이 아닌 것은?

① 섬유의 혼용률
② 길이 또는 중량

③ 취급상의 주의
④ 번수 또는 데니어

해설 섬유 상품의 품질표시 비교표

	실	원단	섬유 제품 (의복, 이불 등)
1	섬유의 조성 또는 혼용률	섬유의 조성 또는 혼용률	섬유의 조성 또는 혼용률
2	번수 또는 데니어 (가공된 실은 제외)	폭	치수
3	길이 또는 중량	길이 또는 중량	방수, 발수, 방염 등 가공 여부
4		방염가공 여부	충전재
5	취급상 주의	취급상 주의	취급상 주의사항
6	제조자명	제조자명	제조자명
7	제조년월	제조년월	제조년월
8	수입자명	수입자명	수입자명
9	주소 및 전화번호	주소 및 전화번호	주소 및 전화번호
10	제조국명	제조국명	제조국명

44. 합성 섬유에 대한 설명 중 틀린 것은?

① 해충, 곰팡이에 저항성이 강하다.
② 흡습성이 적다.
③ 정전기 발생이 많다.
④ 합성 섬유의 원료는 주로 목재 펄프를 사용한다.

해설 합성 섬유의 원료는 석탄, 석유 등이다.

45. 경사와 위사를 각각 3올 이상으로 교차시켜 완전 조직을 구성하여, 조직점이 빗금 방향으로 연속되어 나타나는 조직은?

① 평직 ② 능직
③ 수자직 ④ 여직

해설 능직(사문직) ① 경사와 위사가 3올씩 교차된다.

② 조직점은 경사 방향이다.

46. 아세테이트 섬유의 염색에 가장 적합한 염료는?

① 직접 염료 ② 황화 염료
③ 분산 염료 ④ 반응성 염료

해설 아세테이트 · 폴리에스테르: 분산 염료

47. 다음 기호의 설명으로 틀린 것은?

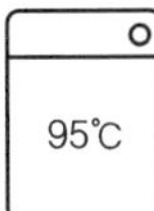

① 물의 온도 95℃를 표준으로 세탁할 수 있다.
② 세탁기로 세탁할 수 있다.
③ 손세탁이 가능하다.
④ 세제 종류에 제한을 받는다.

해설 세제의 종류에 제한을 받지 않는다.

48. 가죽처리 공정에서 석회 침지에 해당하는 것은?

① 가죽 제품이 깨끗하고 염색이 잘되게 은면에 남아 있는 모근, 지방 또는 상피층의 분해물을 제거하는 것이다.
② 석회에 담그기가 끝난 제품은 알칼리가 높아 가죽 재료로 사용하기에 부적당하므로 산, 산성염 등으로 중화시키는 것이다.
③ 가죽의 촉감 향상을 위하여 털과 표피층, 불필요한 단백질, 지방과 기름 등을 제거하는 것이다.
④ 산을 가하여 산성화하여 가죽을 부드럽게 하는 것이다.

해설 ① 가죽의 구조: 털, 표피, 진피(은면층, 망양층), 피하 지방
② 석회 침지
ⓐ 가죽의 촉감 향상

ⓑ 털, 표피층, 피하 지방층 기름 제거

49. 견섬유의 성질에 대한 설명으로 옳은 것은?

① 가늘고 길며 탄성이 약하고 단섬유이다.
② 리질리언스가 양모 섬유보다 우수하다.
③ 장시간 보존 중에 습기 등으로 누렇게 변한다.
④ 아름다운 광택과 부드러우며 알칼리에 강하다.

해설 견섬유
① 탄성이 크고 장섬유(필라멘트)이다.
② 알칼리에 약하다.
③ 리질리언스(회복력)가 양모 섬유보다 나쁘다.

50. 다음 중 거품이 잘 생기지 않는 비누는?

① 라우르산 비누 ② 미리스트산 비누
③ 올레산 비누 ④ 스테아르산 비누

해설 스테아르산 비누가 거품이 가장 적다.

51. 다음 중 피복 재료와 만들어진 제품의 사용 용도의 관계가 틀린 것은?

① 나일론 : 스타킹
② 아크릴 : 모포
③ 폴리프로필렌 : 속옷
④ 비스코스 레이온 : 안감

해설 폴리프로필렌-이불솜

52. 다음 중 재생 단백질 섬유에 해당하는 것은?

① 비스코스 레이온 ② 카세인

③ 아세테이트　　　　④ 폴리에스테르

해설 재생 섬유
① 식물(셀룰로오스)성 섬유-레이온, 아세테이트
② 동물성 섬유-카세인(우유), 알긴산(해초풀)

53. 피혁의 세탁 방법에 대한 설명으로 틀린 것은?

① 치수 변화를 최소화하기 위해서 가능한 물세탁을 한다.
② 염료가 용출되어 색상이 변할 수 있으므로 짧은 시간에 세탁을 마쳐야 한다.
③ 탈지성이 적은 석유계 용제를 사용하는 것이 좋다.
④ 세탁하면 원래의 품질보다 떨어지게 되므로 사용 중 청결을 유지하도록 관리하는 것이 좋다.

해설 ① 피혁(가죽)은 치수 변화를 최소화하기 위해 물세탁을 금한다.
② 중성 세제로 세탁한다.

54. 다음 중 평직의 특성으로 옳은 것은?

① 직물이 조밀하고 최소 3올 이상으로 만들어진다.
② 실용적인 옷감으로 사용되고 광목, 옥양목, 포플린 등이 있다.
③ 유연하여 겉 옷감으로 사용되고 데님, 개버딘, 서지 등이 있다.
④ 신축성이 좋고 구김이 생기지 않는다.

해설 평직
① 경사와 위사가 1올씩 상하로 교차된 조직이다.
② 광목, 옥양목, 포플린

③ 포플린: 경사(날실)보다 2~3배 굵은 씨실을 사용한다.

55. 섬유 제품의 취급에 대한 표시 기호 중 "물세탁은 안 된다"에 해당하는 것은?

① 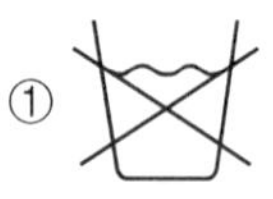　　　② 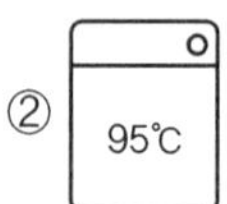

③ 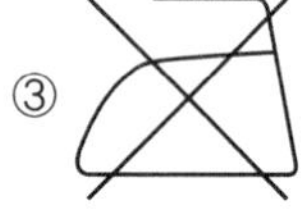　　　④ 

해설 ① 물세탁하면 안 된다.
② ⓐ 물 온도 95℃로 세탁
　ⓑ 세탁기, 손세탁 가능
　ⓒ 세제의 종류에 제한 없음, 삶을 수 있음
③ 다림질할 수 없다.
④ 손으로 짜면 안 된다.

56. 공중위생업자가 폐업 신고를 하고자 할 때 영업폐업 신고서를 누구에게 제출하여야 하는가?

① 대통령
② 보건복지부령
③ 시·도지사
④ 시장, 군수, 구청장

해설 개업 신고와 폐업 신고는 모두 시장, 군수, 구청장에게 신고한다.

57. 공중위생 감시원의 자격, 임명, 업무 범위, 기타 필요한 사항은 어느 영으로 정하는가?

① 시·도지사령
② 보건복지부령

정답 53. ①　54. ②　55. ①　56. ④　57. ④

③ 국무총리령

④ 대통령령

해설 공중위생 감시원의 자격, 임명, 업무 범위는 대통령령으로 정한다.

58. 세제를 사용하는 세탁용 기계의 안전관리를 위하여 밀폐형이거나 용제 회수기가 부착된 세탁용 기계를 사용하지 아니한 때 2차 위반 시 행정처분 기준은?

① 개선 명령　　　② 영업정지 5일

③ 영업정지 10일　　④ 영업장 폐쇄 명령

해설 안전 관리를 위한 밀폐형 용제 회수기가 부착된 세탁용 기계를 사용하지 않을 때-1차 위반: 개선 명령, 2차 위반: 영업정지 5일

59. 공중위생 영업자의 지위를 승계한 자가 보건복지부령이 정하는 바에 따라 시장, 군수 또는 구청장에게 신고하여야 할 기간은?

① 1일 이내　　　② 7일 이내

③ 1월 이내　　　④ 3월 이내

해설 지위를 승계한 자는 1개월(30일) 이내에 시장, 군수, 구청장에게 신고해야 한다.

60. 공중위생관리법이 규정하고 있는 세탁업의 정의로 옳은 것은?

① 세제를 사용하여 의류를 깨끗이 세탁하는 영업

② 의류, 기타 섬유제품이나 피혁 제품 등을 세탁하는 영업

③ 용제를 사용하는 고객이 맡긴 의류를 청결하게 하는 영업

④ 피혁 제품을 용제만을 사용하여 끝손질 작업하거나 세탁하는 영업

해설 공중위생관리법에서 세탁업의 정의: 의류, 기타 섬유제품(가방·신발 등)이나 피혁 제품(가죽) 등을 세탁하는 영업

정답 58. ②　59. ③　60. ②

2014년 7월 20일 시행

자격종목	문제 수	수험번호	성명
세탁기능사	60문제		

1. 재오염에 대한 설명 중 틀린 것은?

① 의류가 세정 과정에서 용제 중에 분산된 더러움이 의류에 다시 부착되는 것이다.

② 용제의 청정화가 불충분하므로 건조 후에도 섬유에 더러움이 붙어 있는 것이다.

③ 물에 젖은 섬유는 드라이클리닝 용제 속에서 부분적으로 얼룩이 생길 수 있다.

④ 재오염된 세탁물은 소프(soap)를 사용하여도 복원할 수 없다.

해설 재오염된 세탁물은 소프(비누)를 사용하여 세척하면 복원할 수 있다.

2. 세척력이 적어 세제로는 사용하지 아니하나 섬유의 유연제, 대전 방지제, 발수제 등에 사용하는 계면 활성제는?

① 음이온 계면 활성제

② 양이온 계면 활성제

③ 양성계 계면 활성제

④ 비이온계 계면 활성제

해설 양이온 계면 활성제-유연제, 대전 방지제, 발수제

3. 계면 활성제의 HLB가 13~15인 것의 용도로 가장 적합한 것은?

① 소포제　　② 드라이클리닝용 세제

③ 세탁용 세제　　④ 침윤제

해설 HLB ① 물과 기름에 대한 친화성

② 0~20(0: 친유성)(20: 친수성)

③ 세탁용 세제: 13~15

④ 드라이클리닝 용제: 3~4

4. 풀새 가공에 대한 설명 중 틀린 것은?

① 세탁 후 옷에 풀을 먹이면 부착되는 오점이 용이하게 떨어지지 않는다.

② 세탁 후 옷에 풀을 먹이면 옷감에 힘을 주어 팽팽하게 하고 내구성을 부여한다.

③ 세탁 후 옷에 풀을 먹이면 형태를 유지하게 되고, 세탁 시에는 더러움이 잘 빠지게 된다.

④ 풀감의 종류로 면, 마직물에는 녹말풀, 합성 직물이나 기타 직물에는 CMC, PVA 풀감이 사용된다.

해설 ① 풀먹임을 하면 부착되는 오염이 쉽게 떨어진다.

② 풀먹임 재료

ⓐ 면, 마-녹말풀·콘스타치 등

ⓑ 합성 직물, 기타-CMC, PVA(폴리비닐알코올), PVAC(폴리초산비닐)

5. 세제 중에 표백제가 배합된 것이 있는데 여기에 사용되는 표백제는?

① 과탄산 나트륨　　② 과산화수소

③ 황산　　④ 셀룰로오스

해설 세제 중에 포함되어 있는 표백제: 과탄산 나트륨

정답　1. ④　2. ②　3. ③　4. ①　5. ①

6. 방오 가공의 목적으로 옳은 것은?

① 땀이 옷에 스며들지 못하게 하는 가공이다.
② 바람을 막아 주는 가공이다.
③ 오염을 방지하는 가공이다.
④ 세탁 시 수축을 방지하는 가공이다.

> 해설 방오 가공: 오염을 방지하는 가공

7. 세탁용 보일러의 증기 압력과 온도로 옳은 것은?

① 증기압 2.0kg/cm², 온도 99.1℃
② 증기압 3.0kg/cm², 온도 119.6℃
③ 증기압 4.0kg/cm², 온도 142.9℃
④ 증기압 6.0kg/cm², 온도 151.1℃

> 해설

온도(℃)	증기 압력(kg/cm²)
99.1	1
119.6	2
132.9	3
142.9	4
151.1	5
158.1	6

8. 드라이클리닝용 용제의 구비 조건이 아닌 것은?

① 부식성과 독성이 적을 것
② 인화점이 낮고 휘발성일 것
③ 건조가 쉽고 세탁 후 냄새가 없을 것
④ 증류나 흡착에 의한 정제가 쉽고 분해되지 않을 것

> 해설 인화점이 낮으면 불이 붙어 화재의 위험성이 있으므로 용제는 인화점이 높아야 한다.

9. 보일러의 고장 원인이 아닌 것은?

① 수면계에 수위가 나타나지 않는다.
② 본체에서 물이 센다.
③ 증기에 물이 섞여 나오지 않는다.
④ 작동 중 불이 꺼진다.

> 해설 증기에 물이 섞여 있으면 고장의 원인이다.

10. 부착에 의한 재오염에 대한 설명 중 옳은 것은?

① 본래 용제가 더러우면 세정의 종료 시에도 용제의 청정화가 불충분하므로 건조하여 용제를 증발시켜도 그 더러움이 섬유에 부착되는 오염이다.
② 용제 중의 더러움이 정전기 등의 인력과 섬유 표면의 점착력 등에 의하여 섬유에 부착되는 오염이다.
③ 세정액 중에 잔존해 있는 염료가 섬유에 흡착하는 오염이다.
④ 섬유 표면의 가공제가 용제에 의하여 연화되어 표면에 점착성이 생겨 여기에 접촉된 더러움의 입자가 섬유에 부착되는 오염이다.

> 해설 재오염 용제 중 더러운 오염이 의류에 다시 부착되는 경우
> ① 부착: 용제 속의 더러운 오염이 다시 부착되는 경우
> ② 흡착: 용제 속의 오염이 정전기, 점착력, 물의 적심 등에 의해 흡착되는 경우
> ③ 염착: 용제 속에 잔존하는 염료가 섬유에 흡착되는 경우

11. 재오염률이 양호한 기준은?

① 1% 이내   ② 2% 이내
③ 3% 이내   ④ 5% 이내

> 해설 재오염은 3% 이내가 양호, 5% 이상이 불량으로 분류된다.

정답 6. ③   7. ③   8. ②   9. ③   10. ①   11. ③

12. 클리닝의 효과를 일반적인 효과와 기술적인 효과로 구분할 때 일반적인 효과가 아닌 것은?

① 오점 제거로 위생수준 유지
② 의류에 번질 우려가 있는 오점 제거
③ 세탁물의 내구성 유지
④ 고급 의류의 패션성 유지

해설 클리닝
　① 일반 효과
　　ⓐ 오점 제거로 위생수준 유지
　　ⓑ 내구성 유지 ⓒ 패션성 보전
　② 기술적 효과: 각종 오점을 제거할 수 있는 기술

13. 재오염의 원인 형태가 아닌 것은?

① 열　　　　　　② 염착
③ 흡착　　　　　④ 부착

해설 재오염의 원인: 부착, 흡착(정전기, 점착, 물의 적심), 염착

14. 오점의 분류 중 혈액, 술, 우유 등이 해당하는 것은?

① 수용성 오점　　② 유용성 오점
③ 불용성 오점　　④ 고체 오점

해설 혈액, 술, 우유 등은 수용성 오점이다.

15. 계면 활성제의 역할에 대한 설명 중 틀린 것은?

① 물에 용해되면 물의 표면 장력을 증가시켜 준다.
② 친수기와 친유기를 함께 가지고 있다.
③ 직물에 묻은 오염 물질을 유화, 분산시킨다.

④ 기포성을 증가시키고 세척 작용을 향상시킨다.

해설 계면 활성제(비누, 세제)가 물에 용해되면 물의 표면 장력은 저하한다.

16. 다음 중 산화 표백제는?

① 아황산 수소 나트륨
② 아황산 가스
③ 과산화수소
④ 하이드로설파이트

해설 환원 표백제 ① 아황산 수소 나트륨
　② 아황산 가스
　③ 하이드로설파이트

17. 다음 중 오염이 가장 잘 되는 섬유는?

① 면　　　　　　② 레이온
③ 아세테이트　　④ 양모

해설 오염이 잘 되는 순서(빨리 더러워지는 순서): 레이온-마-아세테이트-면-비닐론-실크-나일론-양모

18. 다음 중 흡착제이면서 탈산력이 뛰어난 청정제는?

① 활성 탄소　　② 실리카 겔
③ 활성 백토　　④ 알루미나 겔

해설 흡착제+탈산+탈취
　① 알루미나 겔 ② 경질토

19. 용제 관리의 목적이 아닌 것은?

① 직물의 습윤 효과를 향상시킨다.
② 물품을 상하지 않게 한다.
③ 재오염을 방지한다.

정답 12. ②　13. ①　14. ①　15. ①　16. ③　17. ②　18. ④　19. ①

④ 세정 효과를 높인다.

해설 ① 직물의 습윤 효과는 용제 관리와 관계 없다.
② 용제 관리의 3가지 목적
ⓐ 물품을 상하지 않게 한다.
ⓑ 재오염을 방지한다.
ⓒ 세정 효과를 높인다.

20. 오점 제거 방법 중 클리닝으로 제거할 수 있는 가장 적합한 방법은?

① 표백제로 제거
② 물세탁으로 제거
③ 털어서 제거
④ 세제로 제거

해설 클리닝(세탁)은 보편적으로 세제로 오점을 제거한다.

21. 얼룩빼기 방법 중 화학적 얼룩빼기 방법이 아닌 것은?

① 표백제법　　② 효소법
③ 분산법　　④ 산법

해설 얼룩 빼기
① 물리적 방법: 기계적, 분산법, 흡착법
② 화학적 방법: 알칼리법, 산성법, 표백제법, 효소법

22. 웨트클리닝에 대한 설명 중 틀린 것은?

① 일반적으로 행해지는 세탁 방법으로 불가능한 의류는 웨트클리닝을 해야 한다.
② 대상품에 따라 기계 또는 손으로 작업을 한다.
③ 장시간 작업을 해야 세탁물에 손상을 주지 않는다.

④ 풍부한 경험과 기술을 필요로 하는 고급 세탁 방법이다.

해설 장시간 작업을 하면 의류에 손상을 주므로 단시간 작업을 해야 한다.

23. 론드리 건조 시 주의점에 대한 설명으로 틀린 것은?

① 배기구는 자주 청소하여야 건조 효율을 높일 수 있다.
② 늘어나거나 수축될 우려가 있는 섬유는 자연 건조를 시킨다.
③ 비닐론 제품은 젖은 채로 다림질하지 않도록 한다.
④ 화학 섬유는 90℃ 이상의 고온으로 건조시킨다.

해설 화학 섬유(재생 섬유, 반합성 섬유, 합성 섬유)는 60℃ 이하의 저온에서 건조시킨다.

24. 다음 중 세탁소의 활동에서 조도 범위(KSA30011)가 다른 하나는?

① 검량　　② 다림질
③ 세탁　　④ 분류

해설 ① 조도: 어떤 면의 빛의 밝기
② 검량(무게나 부피 측정), 세탁, 다림질은 작업이므로 조도를 크게 하고 분류는 세탁물을 분류하는 것이므로 조도가 낮아도 된다.

25. 기름 얼룩을 제거하는 데 가장 적합하지 않는 것은 ?

① 휘발유　　② 석유
③ 암모니아　　④ 벤젠

해설 기름 얼룩은 유기 용제로 제거하는 데 유기용제는 휘발유, 석유, 벤젠이다.

정답 20. ④　21. ③　22. ③　23. ④　24. ④　25. ③

26. 다음 중 드라이클리닝 마무리 기계가 아닌 것은?

① 만능 프레스기　② 스팀박스
③ 몸통 프레스기　④ 팬츠토퍼

해설 드라이클리닝 마무리 기계
① 만능 프레스: 모직물의 자동 다림질 기계
② 팬츠토퍼: 하의(팬츠)의 다림질 자동 마무리 기계
③ 스팀박스: 코트나 상의를 증기를 이용하여 자동 마무리하는 기계
④ 인체 프레스기: 상의나 코트를 자동 다림질 마무리하는 기계

27. 드라이클리닝 마무리 기계 중 인체 프레스가 해당하는 형태는?

① 폼머형　② 프레스형
③ 스팀형　④ 시어즈형

해설 폼머형
① 인체 프레스(상의, 코트)
② 팬츠토퍼(하의)

28. 론드리에 대한 설명 중 틀린 것은?

① 모직물이나 견직물로 된 백색 세탁물의 백도를 회복하기 위한 세탁이다.
② 워셔 내부드럼의 회전 속도는 세탁 효과에 크게 영향을 미친다.
③ 워셔는 원통형이므로 물품이 상하지 않는다.
④ 고온 세탁의 세제는 비누가 적당하다.

해설 ① 론드리: 와이셔츠, 작업복, 타월
② 드라이클리닝: 모, 견

29. 개방형 드라이클리닝 기계에서 인화 방지

를 위해 반드시 요구되는 것은?

① 재생 장치　② 차입관
③ 버튼 장치　④ 방폭형 구조

해설 석유를 용제로 사용하는 경우는 인화(불붙는 것) 방지를 위한 방폭 구조로 해야 한다.

30. 다림질의 3대 요소가 아닌 것은?

① 온도　② 압력
③ 시간　④ 수분

해설 다림질의 3대 요소: 열(온도), 압력, 수분(스팀)

31. 드라이클리닝의 전처리 공정에 대한 설명 중 틀린 것은?

① 브러싱액을 묻힌 브러시로 얼룩 있는 곳을 두드려 더러움을 분산시키는 법을 브러싱법이라 한다.
② 세정에서 제거하기 어려운 오점이 쉽게 제거되도록 세정 전에 처리하는 과정이다.
③ 더러운 곳에 처리액을 뿌려 오점을 풀리게 하거나 뜨게 한 후 기계에 넣어 오점을 제거하는 방법을 스프레이법이라 한다.
④ 수용성 오점은 전처리를 하지 않은 그대로 넣어도 오점 제거가 된다.

해설 드라이클리닝 공정에서 세제 없이 용제만 사용하는 경우 수용성 오점은 제거되지 않으므로 사전에 전처리를 한다.

32. 황변 발생의 주요 원인 요소가 아닌 것은?

① 일광　② 습기
③ 압력　④ 온도

해설 황변(누렇게 변하는 일)의 주요 원인: 일

정답　26. ③　27. ①　28. ①　29. ④　30. ③　31. ④　32. ③

광, 습기, 온도

33. 론드리의 장점으로 틀린 것은?

① 세탁 온도가 낮아 세탁 효과가 좋다.
② 알칼리제를 사용하므로 오점이 잘 빠진다.
③ 표백이나 풀먹임이 효과적이며 용이하다.
④ 헹굼의 수량이 적어 절수가 된다.

해설 세탁 온도가 높아 세탁 효과가 좋다

34. 다음 중 다림질 온도가 가장 낮은 섬유는?

① 아세테이트　　　　② 양모
③ 면　　　　　　　　④ 마

해설 아세테이트, 합성수지는 $100℃\sim120℃$이다.

35. 양모, 견, 아세테이트 등의 섬유에 알맞게 수용액을 중성이 되게 만든 세제는?

① 약알칼리성 세제　　② 저포성 세제
③ 경질 세제　　　　　④ 농축 세제

해설 ① 약알카리성 세제(중질 세제 pH10.5~11)
　　ⓐ 센물에도 세탁
　　ⓑ 면, 마, 합성 섬유
② 중성 세제(경질 세제 pH6~8)
　　ⓐ 알칼리에 약한 섬유에 적합
　　ⓑ 양모, 견, 아세테이트

36. 아마 섬유의 성질 중 틀린 것은?

① 강직하며 열전도성이 좋고 촉감이 차다.
② 리질리언스가 좋지 못하며 구김이 잘 생긴다.

③ 짙은 알칼리 및 강한 표백에 의하여 섬유 속이 단섬유로 해리된다.
④ 염색성은 면섬유와 같으나 염색 속도는 면섬유보다 빠르다.

해설 ① 염색 속도는 면섬유가 아마 섬유보다 빠르다.
② 리질리언스: 회복력

37. 성인 남자 긴소매 드레스 셔츠의 염색 견뢰도 중 마찰 견뢰도의 기준으로 옳은 것은?

① 건-3급 이상, 습-3급 이상
② 건-3급 이상, 습-4급 이상
③ 건-4급 이상, 습-3급 이상
④ 건-4급 이상, 습-4급 이상

해설 ① 성인 남자 긴소매 드레스 셔츠(와이셔츠)의 마찰 견뢰도: 건조 4급 이상, 습도 3급 이상
② 마찰 견뢰도: 염색이 마찰에 견디는 정도

38. 다음 중 분산 염료를 사용하여 염색하는 섬유는?

① 양모　　　　　　　② 면
③ 나일론　　　　　　④ 폴리에스테르

해설 분산 염료: 폴리에스테르, 아세테이트 직물의 염색을 위해 개발되었다.

39. 다음 중 경사와 위사가 직각으로 교차하여 이루어진 형태는?

① 경편성물　　　　　② 위편성물
③ 직물　　　　　　　④ 부직포

해설 직물: 경사와 위사가 직각으로 교차하여 이루어진 섬유

정답 33. ①　34. ①　35. ③　36. ④　37. ③　38. ④　39. ③

40. 다음 중 공정 수분율이 가장 높은 섬유는?

① 면　　　　　　② 양모
③ 아마　　　　　④ 견

해설　① 공정 수분율: 거래 시의 섬유 수분의
함수율
② 양모(18.25) > 아마(12) > 견(10) > 면(8.5)

41. 면섬유의 온도별 열에 의한 변화가 틀린 것은?

① 100℃ 정도에서 수분을 잃게 한다.
② 160℃에서 탈수작용이 일어난다.
③ 250℃에서 분해하기 시작한다.
④ 320℃에서 연소하기 시작한다.

해설　면섬유는 250℃ 온도에서 갈색으로 변한다.

면섬유의 온도별 변화
100℃: 수분 상실, 140℃: 강신도 저하,
160℃: 탈수, 250℃: 갈색, 320℃: 연수

42. 처리 시간이 짧고 부드럽고 원하는 색으로 염색할 수 있어 의복 재료로 가장 적합한 가죽을 다루는 방법은?

① 탄닌법　　　　② 명반법
③ 기름법　　　　④ 크롬법

해설　가죽의 염색법으로는 주로 크롬법이 사용된다.

43. 양모, 면, 마 그리고 레이온 등과 혼방하여 강도, 내추성 그리고 의복의 형체 안정성을 향상시키고, 흡습성, 보온성 등의 결점을 보완해 주는 가장 적합한 섬유는?

① 스판덱스　　　　② 아크릴

③ 폴리에스테르　　　　④ 나일론

해설　① 폴리에스테르(PET)는 양모, 면, 마, 레이온과 혼방하여 강도, 형태의 안정성을 향상시키기 위해 사용된다.
② 내추성: 옷감에 구김이 가지 않는 성질

44. 다음 중 습윤 시 강도가 증가하는 섬유는?

① 양모　　　　　　② 나일론
③ 견　　　　　　　④ 면

해설　면은 물을 흡수하면 강도와 신도가 증가된다.

45. 편성물의 장점이 아닌 것은?

① 함기량이 많아 가볍고 따뜻하다.
② 필링이 생기기 쉽다.
③ 신축성이 좋고 구김이 생기지 않는다.
④ 유연하다.

해설　① 필링: 마찰로 인하여 섬유의 표면에 생기는 작은 보풀(합성 섬유에서 주로 많이 생김)
② 필링(보풀)이 생기는 것은 편성물의 단점이다.

46. 다음 중 실로 만들어진 피륙이 아닌 것은?

① 직물　　　　　　② 편성물
③ 레이스　　　　　④ 부직포

해설　① 피륙: 옷감이 되는 천으로서 아직 끊어 놓지 않는 바탕천
② 부직포, 펠트: 실의 과정 없이 직접 천을 만든 것

47. 파스너의 취급에 대한 설명 중 틀린 것은?

① 클리닝 및 프레스할 때에는 파스너를 열어 놓은 상태에서 한다.
② 슬라이더의 손잡이를 정상으로 해놓고 프레스한다.
③ 슬라이더에 직접 다림질하지 않는다.
④ 프레스 온도는 130℃ 이하로 유지한다.

해설 클리닝(세탁) 및 프레스(마무리)할 때에는 파스너를 닿아 놓은 상태로 처리한다.

48. 물에 작 녹으며 중성 또는 약산성에서 단백질 섬유에 잘 염착되고 아크릴 섬유에도 염착되는 염료는?

① 염기성 염료　　② 직접 염료
③ 분산 염료　　④ 산화 염료

해설 염기성 염료(카티온 염료, 양이온 염료)
① 동물성 섬유와 아크릴 섬유의 염색에 사용
② 세탁에 대한 견뢰도와 일광에 대한 견뢰도가 나쁘다.

49. 다음 중 평직의 특징에 해당하는 것은?

① 3올 이상의 날실과 씨실로 구성되어 있다.
② 사문직이라고도 한다.
③ 부드럽고 구김이 잘 가지 않는다.
④ 직물 조직 중에서 가장 간단한 조직이다.

해설 평직은 1올씩 교차되므로 조직이 가장 간단하다.

50. 나일론에 대한 설명 중 틀린 것은?

① 너무 유연하여 형체유지 능력이 부족하다.
② 흡습성이 작아 빨래가 쉽게 마른다.
③ 일광에 대한 내구성이 면섬유보다 좋다.
④ 150℃ 이상의 온도에서 장시간 방치하면 황색으로 변한다.

해설 일광에 대한 내구성이 면보다 나쁘다.

51. 견섬유에 해당하는 단백질은?

① 카세인　　② 케라틴
③ 피브로인　　④ 콜라겐

해설 견섬유
① 피브로인(주체 75~80%)
② 세리신(20~25%)

52. 모시 섬유가 여름 한복감으로 가장 적합한 이유에 해당하는 것은?

① 구김이 생기지 않는다.
② 탄성이 좋다.
③ 열전도가 좋다.
④ 리질리언스가 좋다.

해설 모시(저마)는 열전도성이 좋아 땀을 흡수하여 잘 발산하므로 여름철 의류로 사용된다.

53. 다음 중 2% 신장 시 탄성 회복률이 가장 우수한 섬유는?

① 면　　② 아마
③ 양모　　④ 레이온

해설 ① 탄성 회복률: 원래 상태로 돌아가려는 성질
② 양모는 면, 아마, 레이온 중 탄성 신장률이 가장 우수하다.

54. 웨일 향의 신축성이 좋아서 아기들의 옷에 이용되는 위편성물 조직은?

① 평편　　② 고무편

③ 터크편   ④ 펄(purl)편

해설 ① 편성물의 세로 방향을 웨일, 가로 방향을 코스라고 한다.
② 경편성물은 편목을 세로 방향, 위편성물은 편목을 가로 방향으로 형성한 것이다.
③ 펄편
ⓐ 웨일 방향의 신축성이 매우 크다.
ⓑ 스웨터, 양말, 유아복에 사용된다.

55. 인조 피혁을 만들기 위해 주로 사용된 수지는?

① 폴리우레탄 수지   ② 폴리아크릴 수지
③ 폴리에스테르 수지   ④ 아크릴 수지

해설 인조 피혁은 섬유의 직물 또는 부직포 위에 폴리아미드(나일론), 폴리우레탄 수지 등을 입힌 것이다.

56. 공중위생 감시원의 업무 범위가 아닌 것은?

① 영업자 준수사항 이행 여부의 확인
② 위생지도 및 개선명령 이행 여부 확인
③ 공중이용시설의 위생관리 상태의 확인, 검사
④ 세탁업 표준약관 이행 여부의 확인

해설 표준약관은 영업상의 약속이므로 공중위생 감시원이 확인, 검사할 업무 범위가 아니다.

57. 공중위생 영업의 변경 신고에서 보건복지부령이 정하는 중요 사항 중 틀린 것은?

① 영업소의 소재지
② 영업소의 명칭 또는 상호
③ 법인의 경우 대표자 성명

④ 신고한 영업장 면적의 4분의 1 이상의 증감

해설 영업장의 면적이 1/3 이상 증감한 경우 시장, 군수, 구청장에게 신고를 해야 한다.

58. 세탁업자가 처리 용량의 합계가 30kg 이상인 세탁용 기계를 설치하는 경우에만 사용해야 하는 용제는?

① 퍼클로로에틸렌   ② 석유계 용제
③ 불소계 용제   ④ 트리클로로에탄

해설 석유계 용제를 사용하는 경우에는 처리 용량이 30kg 이상의 세탁용 기계를 설치해야 한다.

59. 세탁업자의 1차 위반 시 행정처분 기준에서 경고가 아닌 것은?

① 공중위생업자가 준수하여야 하는 위생관리 기준 등을 위반한 때
② 시·도지사 또는 시장·군수·구청장의 개선 명령을 이행하지 아니한 때
③ 관계 공무원의 출입·검사를 거부 또는 기피하거나 방해한 때
④ 위생 교육을 받지 아니한 때

해설 관계 공무원의 출입, 검사를 거부 또는 기피하거나 방해한 때의 1차 위반 시: 영업정지 10일

60. 위생교육 실시 단체의 장은 위생교육 수료증 교부대장 등 교육에 대한 기록은 몇 년 이상 보관, 관리하여야 하는가?

① 1년 이상   ② 2년 이상
③ 3년 이상   ④ 4년 이상

해설 위생 교육의 기록은 2년 이상 보관, 관리해야 한다.

정답 55. ①   56. ④   57. ④   58. ②   59. ③   60. ②

2015년 1월 25일 시행

	수험번호	성명
자격종목 **세탁기능사** / 문제 수 **60문제**		

1. 세정액 청정 장치의 종류 중 오염이 심한 용제의 청정에 가장 적합한 것은?

① 증류식 ② 필터식
③ 청정통식 ④ 카트리지식

해설 청정 장치
① 필터식: 리프식, 튜브식, 스프링식이 있다.
② 청정통식: 여과제와 흡착제가 별도로 구성되어 있다.
③ 카트리지식: 여과제 안에 흡착제가 있다.
④ 증류식: 오염이 심한 용제의 경우 사용한다.

2. 다음 중 의복의 재가공 종류에 해당되지 않는 것은?

① 방수 가공 ② 방오 가공
③ 대전 방지 가공 ④ 방사 가공

해설 ① 방수 가공: 물의 유입 방지
② 방오 가공: 오염 방지
③ 대전 방지 가공: 정전기 발생 방지

3. 다음 중 수질 오염의 원인에서 가장 큰 비중을 차지하는 것은?

① 공장 폐수 ② 식품 폐수
③ 생활 하수 ④ 농 · 축산 폐수

해설 수질 오염의 원인(발생량)
① 생활 하수: 60%
② 공장 폐수: 39%
③ 축산 폐수: 1%

4. 워싱 서비스(washing service)의 가장 중요한 포인트에 해당하는 것은?

① 오점 제거 ② 내구성 유지
③ 가치 보전 ④ 패션성 보전

해설 ① 워싱 서비스: 세척으로 대상품의 가치 보전과 기능 회복
② 패션 케어 서비스: 세척과 더 좋은 가치 보존과 기능 회복

5. 다음의 표면 반사율로 계산된 세척률은?

- 원포의 표면 반사율 : 80%
- 세탁 전 오염포의 표면 반사율 : 30%
- 세탁 후 오염포의 표면 반사율 : 60%

① 20% ② 50%
③ 60% ④ 167%

해설 $세정률 = \dfrac{세정\ 후\ 반사율 - 세탁\ 전\ 오염포\ 반사율}{원포\ 반사율 - 세탁\ 전\ 오염포\ 반사율}$

$\times 100\% = \dfrac{60-30}{80-30} \times 100 = 60\%$

6. 방충제의 종류 중 방향족 탄화수소 화합물로 살충력은 크지 않으나 벌레가 그 냄새를 기피하게 되어 방충 효과가 있는 것은?

① 나프탈렌 ② 실리카 겔

정답 1. ① 2. ④ 3. ③ 4. ③ 5. ③ 6. ①

③ 파라핀　　　　④ 장뇌

해설 방충제
① 나프탈렌: 방향족 탄화수소의 화합물로서 좀약을 사용한다.
② 장뇌: 증류액의 기름 성분으로 이루어졌으며 의약품 또는 좀약으로 사용된다.

7. 다음 중 유용성 오점이 아닌 것은?

① 땀　　　　　② 니스
③ 인주　　　　④ 식용유

해설 땀은 수용성 오점이다.

8. 다음 중 산화 표백제에 해당하는 것은?

① 차아염소산 나트륨
② 아황산 가스
③ 하이드로설파이트
④ 암모니아

해설 차아염소산 나트륨(가성 소다)이 산화 표백제이다.

9. 무색이고 독특한 냄새가 나며, 카우리 부탄올값(KBV)이 90인 드라이클리닝 용제는?

① 삼염화에탄　　　② 염불화탄화수소
③ 퍼클로로에틸렌　④ 사염화탄소

해설 카우리 부탄올 지가(KBV)
① 용제의 품질평가가 높을수록 세정력 우수
② 석유 지수: 27~45
③ 퍼클로로에틸렌=90

10. 다음 중 친수성의 특성에 따라 구분된 계면 활성제가 아닌 것은?

① 음이온계 계면 활성제

② 비음양계 계면 활성제
③ 양이온계 계면 활성제
④ 양성계 계면 활성제

해설 계면 활성제 종류
① 음이온　② 양이온　③ 비이온　④ 양성

11. 석유계 용제의 장점이 아닌 것은?

① 세정 시간이 짧다.
② 기계 부식에 안전하다.
③ 독성이 약하고 값이 싸다.
④ 섬세한 의류에 적합하다.

해설 석유계 용제는 세정 시간(20~30분)이 길다.

12. 합성 세제의 특성 중 틀린 것은?

① 세탁 시 센물을 사용해도 무방하다.
② 산성 또는 알칼리성에도 사용이 가능하다.
③ 용해가 빠르고 헹구기가 쉽다.
④ 단열성이 높은 장치에 사용한다.

해설 ① 합성 세제: 석유에서 얻는 세제 특성
ⓐ 빨리 녹고 헹구기가 쉽다.
ⓑ 산, 알칼리, 바닷물에도 사용이 가능하다.
ⓒ 금속 화합물이 많은 센물에서도 사용이 가능하다.
ⓓ 거품이 잘 생기며 침투력이 우수하다.
ⓔ 값이 싸고 원료의 제한이 없다.
② 단열성이 높은 장치는 불소계 용제에서 필요하다.

13. 클리닝에 있어서 재오염을 방지하기 위한 조치가 아닌 것은?

① 세탁물을 진한 색과 연한 색으로 구별하여 세탁한다.
② 세정 시간을 적절히 사용한다.

정답　7. ①　　8. ①　　9. ③　　10. ②　　11. ①　　12. ④　　13. ④

③ 용제의 순환을 좋게 하고 용제를 깨끗이 한다.

④ 재오염된 세탁물은 왁스를 사용하여 복원시킨다.

해설 재오염된 세탁물은 소프(비누)를 사용하여 재오염을 제거할 수 있다.

14. 클리닝의 정의로 옳은 것은?

① 용제만으로 수용성 오점만을 제거하는 것이다.

② 얼룩만을 빼기 위한 특수한 기술이다.

③ 용제 또는 세제를 사용하여 의류, 기타 섬유 제품과 피혁 제품을 원형대로 세탁하는 것이다.

④ 세제를 이용하여 표백하는 것이다.

해설 클리닝은 깨끗이 하다는 의미로 용제(석유) 또는 세제(비누)를 이용하여 의류, 섬유 제품, 피혁 등을 원형대로 세탁하는 것이다.

15. 드라이클리닝용 유지 용제의 세척력을 결정해 주는 것이 아닌 것은?

① 표백력　　　　② 용해력
③ 표면 장력　　　④ 용제의 비중

해설 용제의 세척력을 결정해 주는 요인: 용해력, 표면 장력, 용제의 비중

16. 드라이클리닝 용제의 조건으로 거리가 먼 것은?

① 기계의 부식성이나 독성이 적을 것
② 인화점이 낮고 가연성일 것
③ 의류품을 상하게 하지 않을 것
④ 건조가 쉽고 냄새가 남지 않을 것

해설 드라이클리닝 용제는 인화점이 낮아 가연성이 있으면 화재의 위험성이 있다.

17. 직물의 분순물을 알칼리로 제거한 다음 섬유에 남아 있는 천연 색소를 분해하여 직물을 보다 희게 만드는 공정은?

① 정련　　　　　② 표백
③ 푸세　　　　　④ 형광

해설 ① 표백: 섬유의 색소를 분해하여 직물을 희게 만드는 것
② 정련: 실의 불순물 제거

18. 셀룰로오스 섬유의 표백에 가장 적합한 표백제는?

① 차아염소산 나트륨　② 과산화수소
③ 과탄산 나트륨　　　④ 과붕산 나트륨

해설 ① 셀룰로오스 섬유: 차아염소산 나트륨
② 단백질 섬유: 과산화수소

19. 원통 보일러의 형식이 아닌 것은?

① 입식　　　　　② 노통식
③ 연관식　　　　④ 관류식

해설 ① 원통 보일러
　　㉠ 입식 ㉡ 노통식 ㉢ 연관식 ㉣ 노통 · 연관식
② 수관 보일러
　　㉠ 자연 순환식 ㉡ 강제 순환식 ㉢ 관류식

20. 다음 중 클리닝의 일반적인 공정에서 가장 먼저 실시하는 것은?

① 접수 점검　　　② 마킹
③ 대분류　　　　④ 포켓 청소

해설 클리닝의 일반 공정

정답 14. ③　15. ①　16. ②　17. ②　18. ①　19. ④　20. ①

접수 점검-마킹(기호, 성명 표시)-대분류(세탁방법 분류)-포켓 청소-세분류-얼룩 빼기-클리닝-얼룩 빼기(후처리)-최종 점검-포장

21. 웨트클리닝에 대한 설명 중 틀린 것은?

① 일반적으로 행해지는 세탁 방법으로 불가능한 의류는 웨트클리닝을 해야 한다.
② 세탁 전에 색 빠짐, 형태 변형, 수축성 여부를 조사한다.
③ 장시간 세탁을 해야 세탁 효과가 좋다.
④ 풍부한 경험과 기술을 필요로 하는 고급 세탁방법이다.

[해설] 웨트클리닝은 론드리나 드라이클리닝을 할 수 없는 경우 시행하는 클리닝 방식으로 단시간 세탁해야 한다.

22. 곰팡이가 발육이 가능한 온도와 습도로 가장 적합한 것은?

① 온도 : 0~10℃, 습도 : 20% 이상
② 온도 : 15~40℃, 습도 : 20% 이상
③ 온도 : 30~50℃, 습도 : 50% 이상
④ 온도 : 50~70℃, 습도 : 50% 이상

[해설] ① 곰팡이 발생 조건: 온도, 습도, 양분
② 곰팡이 발생가능 온·습도: 온도는 15~40℃, 습도는 20% 이상이다.

23. 론드리 공정 중 풀먹임의 효과는?

① 천을 광택 있게 하고 팽팽하게 한다.
② 천의 황변을 방지하고 얼룩을 제거한다.
③ 천에 남아 있는 알칼리를 중화시킨다.
④ 의류를 희게 한다.

[해설] ① 풀먹임(푸새)

ⓐ 의류를 팽팽하게 하고 광택을 주는 것
ⓑ 전분(콘스타치), CMC, PVA를 사용
② 산욕
ⓐ 알칼리 중화
ⓑ 살균, 소독
ⓒ 광택 부여, 황변 방지
ⓓ 산에 의한 얼룩 제거

24. 우리나라가 사용하고 있는 경도의 표시 방식은?

① 미국식
② 프랑스식
③ 영국식
④ 독일식

[해설] 경도(PPM): 물속에 녹아 있는 칼슘(Ca)과 마그네슘(Mg)의 농도이며 우리나라에서는 독일식으로 표시한다.

25. 드라이클리닝의 전처리에 대한 설명 중 틀린 것은?

① 워셔의 세정액은 소프가 충분하게 보충되어서 뜬 오점을 잘 분산되는 상태로 한다.
② 세정 공정에서 제거하기 어려운 오점을 쉽게 제거하도록 세정 전에 처리하는 과정이다.
③ 전처리 액으로 인한 염료의 흐름이나 수축이 없음을 확인한 다음 석유계 용제를 사용해야 한다.
④ 브러싱법은 더러운 곳에 처리액을 뿌려 오점을 풀리게 하거나 또는 뜨게 한 후 워셔에 넣어 오점을 제거하는 방법이다.

[해설] ① 드라이클리닝 공정(순서)
ⓐ 전처리 ⓑ 세정(드라이클리닝)
ⓒ 탈액 ⓓ 건조
② 전처리 오염이 심한 경우 액으로 처리하여 오염을 들뜨게 하여 세정 작업을 하기 위한

작업
③ 전처리 종류
ⓐ 브러싱법: 오염에 약액을 바른 후 브러시로 두들겨 오염을 들뜨게 하는 방식
ⓑ 스프레이법: 오염에 약액을 뿌려 오염을 들뜨게 하는 방식

26. 드라이클리닝의 세정 공정 중 차지 시스템에 대한 설명으로 옳은 것은?

① 용제 중에 소량의 물을 첨가하는 것이다.
② 여러 개의 용제 탱크가 필요하다.
③ 지방산 등 용제에 의해 용해되는 간단한 오점만 제거된다.
④ 소프를 첨가하지 않고 용제만으로 세탁하는 방식이다.

해설 ① 차지 방식: 드라이클리닝에서 수용성 오점 제거를 위해 용제에 소량의 물과 소프를 첨가하는 방식
② 드라이클리닝 세정 공정
ⓐ 차지 시스템: 수용성 오점을 제거하기 위해 용제에 소프나 물을 첨가하는 방식
ⓑ 논 차지 시스템: 용제만 사용하는 방식
ⓒ 배치 시스템: 세정 공정 시마다 새로운 용제를 사용하는 방식
ⓓ 배치 차지 시스템: 매회 공정 시 새로운 용제를 사용하되 수용성 오점 제거 시는 차지 시스템을 사용하는 방식(새로운 용제+물 또는 소프)

27. 물의 특성에 대한 설명 중 틀린 것은?

① 용해성이 우수하다.
② 비열, 증발열이 크다.
③ 인화성이 없다.
④ 섬유의 변형이 없다.

해설 ① 비열: 어떤 물질 1g의 온도를 1℃ 올리는 데 필요한 열량
② 물은 다른 재료에 비하여 비열, 증발열이 큰 편이다.
③ 물은 섬유의 수축으로 인한 변형이 있다.

28. 다림질의 3대 요소가 아닌 것은?

① 온도　　　　② 수분
③ 압력　　　　④ 전기

해설 다림질 3대 요소
① 온도(열) ② 수분(증기) ③ 압력

29. 드라이클리닝의 세정 공정 중 매회의 세정 때마다 세정액을 교체하여 새로이 씻는 방법은?

① 배치 시스템　　　② 차지 시스템
③ 배치 차지 시스템　④ 논 차지 시스템

해설 드라이클리닝에서 세정 공정 때마다 세정액(용제)을 교체하여 사용하는 방식은 배치 시스템이다.

30. 초산 셀룰로오스를 잘 용해시키므로 아세테이트 섬유에는 절대로 사용해서는 안 되는 유기 용제는?

① 휘발유　　　　② 석유
③ 아세톤　　　　④ 벤젠

해설 아세톤: 향을 가진 무색의 휘발성 액체로서 수지, 페인트, 니스, 매니큐어, 접착제 등의 제거에 사용하나 아세테이트 섬유를 녹일 수 있다.

31. 드라이클리닝 마무리 기계의 형식이 아닌 것은?

① 캐비닛형　　　② 프레스형
③ 폼머형　　　④ 스팀형

해설 ① 드라이클리닝 마무리 기계
ⓐ 프레스형 ⓑ 폼머형 ⓒ 스팀형
② 면 마무리 기계(면 프레스기)
ⓐ 캐비닛형: 상자형으로 와이셔츠, 코트 마무리용 기계
ⓑ 시어즈형: 다림판을 가위처럼 가압하여 마무리

32. 론드리용 기계 중 워셔(washer)의 용도로 가장 적합한 것은?

① 본빨래　　　② 탈수
③ 건조　　　④ 다림질

해설 워셔는 드럼형으로 본빨래에 이용된다.

33. 다음 중 드라이클리닝이 가능한 것은?

① 고무를 입힌 제품
② 염료가 빠져 용제를 오염시킬 수 있는 제품
③ 소수성 합성섬유 제품
④ 합성수지 제품

해설 웨트클리닝을 하는 경우
① 합성수지 ② 합성 피혁 ③ 고무를 입힌 제품 ④ 수지안료 가공 제품 ⑤ 염료가 빠질 수 있는 경우

34. 세탁 효과도 좋고 노력이 적게 들어 청바지 등 두꺼운 옷과 기계세탁에서 상하기 쉬운 세탁물에 적합한 손빨래 방법은?

① 두들겨 빨기　　　② 흔들어 빨기
③ 솔로 빨기　　　④ 눌러 빨기

해설 솔로 빨기-청바지와 같이 두꺼운 옷을 솔에 비누를 칠하여 손으로 빠는 방식

35. 스포팅 머싱(spotting machine)에 대한 설명 중 틀린 것은?

① 공기의 압력과 스팀을 이용하여 오점을 불어 제거하는 기계이다.
② 색상에 대하여 안정성이 높다.
③ 오점처리 시간을 단축시킨다.
④ 오점은 잘 제거되나 얼룩은 그대로 남는다.

해설 얼룩빼기 기계
① 스포팅 머신: 오점에 액류를 칠하고 공기의 압력과 스팀으로 얼룩빼기 하는 방식
② 제트 스폿: 오점에 액류가 들어 있는 총으로 분사
③ 스포팅 머신은 얼룩제거 능력이 좋다.

36. 다음 중 식물성 섬유가 아닌 것은?

① 면　　　② 모시
③ 아마　　　④ 비스코스 레이온

해설 ① 면-목화솜 ② 모시-마섬유(저마) ③ 아마-마섬유 ④ 레이온은 펄프에 화학 섬유로 처리하는 재생 섬유이다.

37. 폴리아크릴 섬유와 양모 섬유가 혼방된 직물에 가장 많이 사용하는 염색 방법으로 옳은 것은?

① 분산 염료로 염색 후 배트 염료로 염색한다.
② 분산 염료로 연색 후 황화 염료로 염색한다.
③ 염기성 염료로 염색 후 직접 염료로 염색한다.
④ 염기성 염료로 염색 후 산성 염료로 염색한다.

해설 폴리 아크릴-염기성 염료, 양모-산성 염료

정답 32. ① 　33. ③ 　34. ③ 　35. ④ 　36. ④ 　37. ④

38. 아세테이트 섬유에 대한 설명으로 옳은 것은?

① 세탁 처리 시 85℃ 이상에서 행하여야 한다.
② 물세탁에 의해 손상되기 쉬우므로 드라이클리닝하는 것이 안전하다.
③ 일광에 장시간 노출시켜도 상해가 없다.
④ 산과 알칼리에 처리해도 상해가 없다.

해설 아세테이트는 펄프, 면 린터에 초산으로 처리하여 만들어져서 물세탁으로 하면 손상이 되므로 드라이클리닝으로 한다.

39. 편성물의 특성에 대한 설명 중 틀린 것은?

① 신축성이 좋고 구김이 생기지 않는다.
② 함기량이 많아 가볍고 따뜻하다.
③ 필링이 생기기 쉽다.
④ 마찰에 의해 표면의 형태 변화가 없다.

해설 ① 편성물: 실로 코(고리)를 만들고 코를 연결하여 만드는 피륙
② 마찰에 의해 표면의 형태가 변화되는 단점이 있다.

40. 다음 중 습윤하면 강도가 낮아지는 섬유는?

① 면　　　　　　② 폴리에스테르
③ 아마　　　　　④ 비스코스 레이온

해설 습윤하면 강도가 적어지는 섬유는 레이온이다. 이러한 결점을 보완하기 위해 만들어진 것이 아세테이트이다.

41. 세탁 견뢰도의 판정 등급으로 옳은 것은?

① 1~3급　　　　② 1~5급

③ 1~8급　　　　④ 1~10급

해설 일광 견뢰도: 1~8등급
세탁마찰 견뢰도: 1~5등급

42. 어느 방향에 대해서도 신축성이 없고, 형이 변형되는 일이 적은 것이 특징이며 짜거나 뜨지 않고 섬유를 천 상태로 만든 것은?

① 펠트　　　　　② 부직포
③ 레이스　　　　④ 편성물

해설 ① 부직포: 섬유를 접착제를 이용하여 만들어지므로 어느 방향이든 신축성이 없고 변형이 적다.
② 부직포와 펠트는 실의 과정을 거치지 않은 섬유이다.

43. 견의 특성에 대한 설명으로 옳은 것은?

① 광택과 촉감은 합성 섬유 다음으로 우수하다.
② 물세탁 시 물은 반드시 경수를 사용하여야 한다.
③ 다른 섬유에 비하여 일광에 강하다.
④ 석유계 드라이클리닝이 가장 안전하다.

해설 견의 경우 섬세하므로 드라이클리닝을 할 때 석유계 용제를 사용한다.

44. 다음 중 인조 섬유에 해당되지 않는 것은?

① 재생 섬유　　　② 합성 섬유
③ 무기 섬유　　　④ 광물성 섬유

해설 ① 천연 섬유
ⓐ 식물성 섬유: 면, 마
ⓑ 동물성 섬유: 양모, 견
ⓒ 광물성 섬유: 석면

정답 38. ②　39. ④　40. ④　41. ②　42. ②　43. ④　44. ④

② 인조 섬유

  ⓐ 재생 섬유: 레이온, 카세인, 알긴산

  ⓑ 반합성 섬유: 아세테이트

  ⓒ 합성 섬유: 나이론, 폴리에스테르, 아크릴

  ⓓ 무기 섬유: 유리 섬유, 금속 섬유

45. 품질 표시에 표시하지 않아도 되는 것은?

① 조성 표시　　② 취급 표시

③ 가공 표시　　④ 염료 표시

[해설] 품질 표시: 섬유의 조성, 혼용률, 치수, 가공 여부, 취급 시 주의사항, 제조국명

46. 단백질 섬유의 염색에 가장 적합한 염료는?

① 산성 염료　　② 환원 염료

③ 황화 염료　　④ 분산 염료

[해설] 단백질 섬유(양모, 견섬유): 산성 염료

47. 실을 용도에 따라 분류할 때 해당되지 않는 것은?

① 수편사　　② 자수사

③ 장식사　　④ 혼방사

[해설] 실의 용도에 따른 분류

① 직사(직조에 쓰이는 실)

② 편사(편성물에 쓰이는 실)

③ 수편사(손편성물)

④ 봉사(봉제용실)

⑤ 자수사(자수실)

⑥ 장식사(장식에 쓰이는 실)

48. 일광 견뢰도의 판정에서 가장 좋은 등급은?

① 1급　　② 3급

③ 5급　　④ 8급

[해설] ① 일광 견뢰도 1~8급, 세탁 견뢰도 · 마찰 견뢰도 1~5급

② 등급이 높을수록 견뢰도가 높다.

49. 단추의 종류에 대한 설명 중 틀린 것은?

① 폴리에스테르 단추는 열과 드라이클리닝에 강하다.

② 나일론 단추는 다양한 색상과 형태로 만들 수 있다.

③ 나무 단추는 여러 종류의 나무로 만들며, 가볍고 열과 수분에 강하다.

④ 금속 단추는 놋쇠, 니켈, 알루미늄을 조각하거나 압형하여 만든다.

[해설] 나무 단추는 가볍고 열과 수분에 약하다.

50. 3대 합성 섬유에 해당되지 않는 것은?

① 나일론　　② 스판덱스

③ 아크릴　　④ 폴리에스테르

[해설] ① 3대 합성 섬유: 나일론(폴리아미드), 폴리에스테르, 아크릴

② 스판덱스－폴리우레탄(수영복, 등산복)

51. 능직의 특성에 대한 설명 중 틀린 것은?

① 조직이 치밀하여 구김이 잘 생긴다.

② 표면 결이 고운 직물을 만들 수 있다.

③ 평직보다 마찰에 약하나 광택은 좋다.

④ 대표적인 직물로는 데님(denim), 개버딘(gaberdine), 드릴(drill), 서지(serge) 등이 있다.

[해설] ① 삼원 조직

  ⓐ 평직: ㉠ 경사와 위사가 1올씩 교차되어

구성
ⓛ 광목, 옥양목, 포플린
ⓑ 능직(사문직): ㉠ 경사와 위사가 3올 이상 교차되어 구성
ⓛ 개버딘, 데님, 서지
ⓒ 구김이 잘 생기지 않는다.
ⓒ 수자직(주자직): 경사와 위사가 5올 이상 교차되어 구성
② 조직이 치밀하고 구김이 잘 생기는 것은 평직이다.

52. 모든 섬유에 공통으로 사용하는 공통식 번수는?

① 데니어
② 면 번수
③ 미터번수
④ 텍스

해설 실의 번수(실의 굵기)
① 종류: 항장식, 항중식, 공통식
② 공통식 번수
ⓐ 필라멘트실, 방적사(스테이플) 모두 사용
ⓑ 미터번수(Nm)를 사용한다.
ⓒ 미터번수: 실의 무게 1g을 길이 m로 표시

53. 염색에 대한 설명 중 틀린 것은?

① 의류 전체를 세탁할 필요가 없는 부분의 얼룩이 있을 때에는 염색한다.
② 염색이 되려면 염색 용액 중의 염료가 섬유 표면에 흡착되고, 섬유 내부로 침투·확산되어 염착이 되는 것이다.
③ 염색은 전체를 동일한 색상으로 물들이는 침염이 있다.
④ 직물에 안료를 사용하여 부분적으로 여러 색상으로 무늬, 모양을 나타낸 것이 날염이다.

해설 ① 침염: 직물을 염료 용액에 담가서 염색

하는 방식
② 날염: 부분적으로 염색하는 방식
③ 염색: 섬유표면 흡착→내부 침투→확산
④ 부분 세탁-얼룩 부분이 있을 때는 부분 얼룩빼기를 한다.

54. 혼방 직물이나 교직물을 염색할 때 섬유의 종류에 따른 염색성의 차를 이용하여 섬유의 종류에 따라 각각 다른 색으로 염색할 수 있는 염색 방법은?

① 크로스(cross) 염색
② 서모솔(thermosol) 염색
③ 원료 염색
④ 사염색

해설 ① 크로스 염색(이색 염색): 섬유의 종류에 따라 염색성의 차이를 이용하여 다른 색으로 염색하는 방식
② 서모솔 염색: 폴리에스테르 섬유의 분산 염료에 의한 연속 염색법

55. 섬유제품 품질 표시 중 성분 표시에 대한 설명으로 틀린 것은?

① 의류 제품에 사용된 섬유의 성분과 혼용률을 표기해야 한다.
② 의류 제품에 사용된 섬유의 제조 국가명을 표기해야 한다.
③ 원단에 가공을 실시한 제품의 경우는 가공의 종류와 취급 시 주의 사항을 표기해야 한다.
④ 두 종류 이상의 섬유가 혼방된 경우에는 혼용률이 큰 것부터 차례로 표기한다.

해설 의류 제품에 사용된 섬유 제품의 국가명은 표기할 필요가 없다.

정답 52. ③　53. ①　54. ①　55. ②

56. 다음 중 위생 교육을 실시할 수 있는 단체는?

① 지방자치 단체
② 위생 전문 단체
③ 세탁업자 지역 단체
④ 공중위생 영업자 단체

해설 공중위생 영업자 단체는 위생 교육을 실시할 수 있다.

57. 공중이용시설은 누구의 영으로 정하는가?

① 시·도지사령　　② 보건복지부 장관령
③ 국무총리령　　④ 대통령령

해설 공중이용시설(사무소 건물, 공연장, 학원, 예식장)은 대통령령으로 정한다.

58. 공중위생 영업의 종류별 시설 및 설비 기준의 개별 기준 중 세탁업에 해당하는 것으로 옳은 것은?

① 탈의실, 욕실, 욕조 및 샤워기를 설치해야 한다.
② 소독기, 자외선 살균기 등 이용 기구를 소독하는 장비를 갖추어야 한다.
③ 세탁용 약품을 보관할 수 있는 견고한 보관함을 설치하여야 한다.
④ 진공청소기(집수 및 집진용)를 2대 이상 비치하여야 한다.

해설 세탁업의 시설 및 설비 기준: 세탁용 약품을 보관할 수 있는 견고한 보관함을 설치해야 한다(단, 창고가 있는 경우 제외).

59. 공중위생관리법에 의한 명령에 위반하여 6월 이내의 기간을 정하여 영업정지 명령 또는 일부 시설의 사용중지 명령을 받고도 그 기간 중에 영업을 하거나 그 시설을 사용한 자의 벌칙에 해당하는 것은?

① 3년 이하의 징역 또는 1천만 원 이하의 벌금
② 1년 이하의 징역 또는 1천만 원 이하의 벌금
③ 200만 원 이하의 벌금
④ 100만 원 이하의 벌금

해설 영업정지 명령기간 중 영업을 하는 경우 벌칙: 1년 이하 징역 또는 1천만 원 이하의 벌금

60. 공중위생 영업소의 일반적인 위생서비스 수준의 평가 주기는?

① 1년　　② 2년
③ 5년　　④ 10년

해설 공중위생 영업소의 위생서비스 수준의 평가는 2년마다 평가하여 등급을 결정한다.

정답 56. ④　57. ④　58. ③　59. ②　60. ②

2015년 7월 19일 시행

자격종목	문제 수	수험번호	성명
세탁기능사	60문제		

1. 푸새 가공의 효과에 해당하는 것은?

① 천에 남은 알카리를 중화한다.
② 의류를 살균 소독하는 효과가 있다.
③ 천에 광택을 주고 황변을 방지한다.
④ 내구성을 부여하고 형태를 유지하게 한다.

> **해설** ① 푸새 가공(풀먹임): 천에 전분풀, CMC, PVA 등으로 풀먹임을 하는 것이며 내구성, 광택을 주고 팽팽하게 해준다.
> ② 산욕
> ⓐ 알칼리 중화
> ⓑ 철분 제거
> ⓒ 광택 부여, 황변 방지
> ⓓ 살균 · 소독
> ⓔ 산가용성의 얼룩을 제거

2. 세정액의 청정 장치에 해당되는 않는 것은?

① 필터식
② 청정통식
③ 증류식
④ 여과분사식

> **해설** 세정액의 청정 장치
> ① 필터식 ② 청정통식 ③ 카트리지식 ④ 증류식

3. 다음 중 세정률이 가장 높은 섬유는?

① 양모
② 나일론
③ 비닐론
④ 아세테이트

> **해설** 세정률이 가장 높은 순서: 양모-나일론-비닐론-아세테이트-면-레이온-마-견

4. 원통 보일러의 형식이 아닌 것은?

① 관류식
② 연관식
③ 노통식
④ 입식

> **해설** ① 원통 보일러: 입식, 노통식, 연관식, 노통 · 연관식
> ② 수관 보일러: 자연 순환식, 강제 순환식, 관류식

5. 펌프 능력이 양호한 상태로 유지되려면 액심도 3까지 도달하는 데 걸리는 펌프의 소요 시간은 ?

① 120초 이상
② 60~120초
③ 45~60초
④ 45초 이내

> **해설** 펌프 능력이 액심도 3까지 도달하는 소요 시간 ① 45초 이내-양호 ② 45~60초-한계 ③ 60초 이상-불량

6. 다음중 흡착에 의한 재오염이 아닌 것은?

① 정전기
② 점착
③ 물의 적심
④ 인공 피혁

> **해설** 재오염의 원인
> ① 부착 ② 흡착(정전기, 점착, 물의 적심) ③ 염착

7. 다음 중 청정화 방법이 아닌 것은?

① 여과 방법
② 흡착 방법
③ 착색 방법
④ 증류 방법

정답 1. ④ 2. ④ 3. ① 4. ① 5. ④ 6. ④ 7. ③

해설 용제의 청정화 방법
① 여과   ② 흡착   ③ 증류

8. 일반적으로 오염이 잘 제거되는 섬유의 순서부터 제거되지 않는 섬유로 나열한 것은?

① 양모→나일론→아세테이트→면→비스코스 레이온→견
② 양모→면→나일론→아세테이트→비스코스 레이온→견
③ 견→아세테이트→비스코스 레이온→면→나일론→양모
④ 견→비스코스 레이온→면→아세테이트→나일론→양모

해설 오염이 잘 제거되는 순서(세탁이 잘되는 순서) : 양모-나일론-비닐론-아세테이트-면-레이온-마-견

9. 다음 중 방오 가공의 약제로 사용하는 것은?

① 탄소 수지   ② 불소 수지
③ 질소 수지   ④ 산소 수지

해설 방오 가공
① 오염 물질이 묻지 않도록 하는 가공
② 불소계 수지를 사용(플루오르 수지)하는 가공

10. 직물의 불순물을 알칼리로 제거한 다음 섬유에 남아 있는 천연 색소를 분해하여 직물을 보다 희게 만드는 가공은?

① 유연 가공   ② 표백 가공
③ 방수 가공   ④ 형광 가공

해설 ① 표백 가공 : 섬유의 색소를 분해하여 직물을 보다 희게 만드는 가공
② 형광 가공 : 황변된 흰 천을 형광 염료를

사용하여 보다 희게 만드는 것

11. 워싱 서비스(washing service)의 가장 기본적인 서비스에 해당되는 것은?

① 청결 서비스   ② 보전 서비스
③ 패션성 제공   ④ 기능성 부여

해설 ① 워싱 서비스: 세척[청결 서비스](가치 보전+기능 회복)
②패션 케어 서비스: 세척+더 좋은(가치 보전+기능 회복)

12. 불소계 용제의 특성이 아닌 것은?

① 불연성이다.
② 독성이 강하다.
③ 용해력이 약해 오염 제거가 불충분하다.
④ 비점이 낮아 저온 건조가 되며 섬세한 의류에 적합하다.

해설 불소계 용제의 장점
① 불연소
② 섬세한 의류에 적합하다.
③ 독성이 약하다.
④ 저온 건조가 가능하다.
⑤ 매회 증류가 가능하다.

13. 세탁 시 경수를 사용하는 경우의 세탁 효과로 가장 옳은 것은?

① 용수를 가열하면 철분이 무색으로 되어 세탁 효과를 좋게 한다.
② 표백에서 촉매 역할을 하여 표백 효과를 좋게 한다.
③ 섬유의 손상을 방지하며 세탁 효과를 상승시킨다.
④ 비누의 손실이 많아짐은 물론 세탁 효과도 저하시킨다.

정답 8. ①   9. ②   10. ②   11. ①   12. ②   13. ④

해설 경수(센물)는 금속 화합물이 많아 세탁 효과가 나쁘다.

14. 오점의 분류 중 불용성 오점에 해당하는 것은?

① 유성 오점 ② 수용성 오점
③ 특수 오점 ④ 고체 오점

해설 고체 오점(불용성 오점): 매연, 점토, 흙, 유기성 먼지, 시멘트, 석고 등

15. 다음 중 용제 관리의 목적이 아닌 것은?

① 재오염을 방지한다.
② 세정 효과를 높인다.
③ 마찰을 감소하게 한다.
④ 물품을 상하지 않게 한다.

해설 마찰과 용제 관리는 관계가 없다.

16. 클리닝의 공정 중 기호나 성명 등을 종이에 기입하여 세탁물에 부착하는 것은?

① 접수 점검 ② 대분류
③ 얼룩 빼기 ④ 마킹

해설 클리닝 공정
① 접수 점검-마킹-대분류-포켓 청소-세분류-얼룩 빼기(전처리) 클리닝-얼룩 빼기(후처리)-점검-포장
② 마킹: 물품의 분실 방지를 위해 종이에 기호나 성명 기입

17. 재오염의 원인에 대한 설명으로 틀린 것은?

① 흡착에 의한 재오염으로는 정전기에 의한 것이 있다.

② 세정 과정에서 용제 중에 분산된 더러움은 의류에 다시 부착되지 않는다.
③ 용제의 수분이 과다함에 재오염이 발생한다.
④ 물에 젖은 의류는 수분 과다로 수용성 더러움이 흡착된다.

해설 세정 과정에서는 용제 중에 분산된 더러움이 의류에 다시 부착될 수 있다.

18. 다음 중 오염 부착이 가장 빠른 섬유는?

① 레이온 ② 견
③ 면 ④ 마

해설 오염이 잘 되는 순서: 레이온-마-아세테이트-면-비닐론-견(실크)-나일론-양모

19. 보일러의 절대 압력이 6kg/cm²일 때 게이지 압력은?

① 1kg/cm² ② 3kg/cm²
③ 5kg/cm² ④ 6kg/cm²

해설 절대 압력=게이지 압력+1에서
게이지 압력=절대 압력-1=6-1=5kg/cm²

20. 보일러의 절대 압력이 2kg/cm²일 때 수증기의 온도는?

① 85.5℃ ② 100℃
③ 119.6℃ ④ 151.1℃

해설 수증기 온도 119.6℃일 때 절대 압력은 2kg/cm²이다.

21. 세탁용수로 사용하는 물의 장점이 아닌 것은?

① 표면 장력이 크다.

정답 14. ④ 15. ③ 16. ④ 17. ② 18. ① 19. ③ 20. ③ 21. ①

② 풍부하고 값이 싸다.

③ 용해성이 우수하다.

④ 비열이 크다.

해설 ① 비열: 물질 1g을 1℃만큼 올리는 데 필
요한 열량
② 세탁용수로서의 물의 장점
ⓐ 풍부하고 값이 싸다.
ⓑ 용해성이 우수하다.
ⓒ 비열이 크다.
③ 세탁용수의 물의 단점: 표면 장력이 크다.

22. 준밀폐형 세정기(콜드 머신)에 대한 설명으로 옳은 것은?

① 개방형 세탁기이다.

② 세정만 가능하고 탈액은 되지 않는다.

③ 석유계 용제를 사용하는 자동 기계이며 세정과 탈액이 가능하다.

④ 세정, 탈액, 건조까지 연속적으로 처리되는 기밀 구조로 되어 있다.

해설 드라이클리닝 기계
① 개방형: 세정기
② 준밀폐형(콜드 머신)
ⓐ 석유계 용제 사용
ⓑ 세정+탈액
③ 밀폐형(핫머신)
ⓐ 합성용제 사용(불소, 퍼클로로에틸렌,
트리클로로에탄)
ⓑ 세정+탈액+건조

23. 얼룩 빼기의 주의점이 아닌 것은?

① 얼룩은 생긴 즉시 제거해야 한다.

② 얼룩이 주위로 번져 나가지 않도록 한다.

③ 얼룩 빼기 시 심한 기계적 힘을 가하지 말아야 한다.

④ 표백제를 사용할 시는 염색물의 탈색 여부를 사후에 시험해 보아야 한다.

해설 표백제를 사용할 시는 염색물의 탈색 여부를 사전에 시험해 보아야 한다.

24. 다음 중 안전 다림질 온도가 가장 낮은 섬유는?

① 아세테이트   ② 양모

③ 면   ④ 마

해설 다림질 온도가 가장 낮은 것: 아세테이트,
합성 섬유 100~120℃

25. 다림질의 목적으로 틀린 것은?

① 살균과 소독의 효과를 얻는다.

② 의복에 남아 있는 얼룩을 뺀다.

③ 소재의 주름을 펴서 매끈하게 한다.

④ 디자인 실루엣의 기능을 복원시킨다.

해설 다림질로는 남은 얼룩을 뺄 수 없다.

26. 화학적 얼룩빼기 방법에 대한 설명이 아닌 것은?

① 과즙, 땀, 기타 산성 얼룩을 알칼리로 용해시켜 제거하는 방법이다.

② 물을 사용하여 얼룩을 용해하고 분리시킨 후 분산된 얼룩을 흡수하여 제거하는 방법이다.

③ 흰색 의류에 생긴 유색 물질의 얼룩을 표백제로 제거하는 방법이다.

④ 단백질, 전분 등의 얼룩을 단백질 분해 효소들로서 제거하는 방법이다.

해설 ① 얼룩 빼기
ⓐ 물리적 얼룩 빼기: 기계적, 분산법, 흡
착법
ⓑ 화학적 얼룩 빼기: 알칼리법, 산법, 표
백제법, 효소법

정답 22. ③   23. ④   24. ①   25. ②   26. ②

② 얼룩을 물로 분산하는 것은 물리적 분산법이다.

27. 밀폐형 세정기의 특징이 아닌 것은?

① 안전하고 높은 효율의 용제 회수 시스템이다.
② 세정만 가능하고 탈액은 원심 탈수기를 사용한다.
③ 다양한 안전장치가 있다.
④ 운전 조작이 다양한 콘트롤 시스템이다.

[해설] 세정만 가능한 것은 개방형 세정기이다.

28. 세탁 중에 세탁물이 엉키지 않고 세탁물의 손상이 비교적 적은 세탁기 방식은?

① 임펠러식　　　　② 교반봉식
③ 수평 드럼식　　　④ 수직 드럼식

[해설] ① 가정용 세탁기
　　ⓐ 와류식—엉킴이 많다.
　　ⓑ 교반봉식—엉킴이 적다.
　　ⓒ 드럼식—엉킴이 적다.
② 교반 방식은 중앙에 봉이 있어 세탁물의 엉킴이 적고, 세탁물의 손상이 적은 편이다.

29. 일반적으로 가장 많이 사용하는 양모 직물 양복의 세탁법은?

① 물세탁　　　　　② 론더링
③ 드라이클리닝　　④ 웨트클리닝

[해설] 양모, 견, 아세테이트는 드라이클리닝을 한다.

30. 의복의 기능 중 실용적 기능에 해당하는 것은?

① 더위와 추위, 질병 등으로부터 몸을 보호하기 위한 성능이다.
② 사용하기 편리하고 빈부의 차별 없이 이용할 수 있는 성능이다.
③ 장식성, 감각성의 성능을 갖으며 외적으로 우아하고 품위 있는 느낌을 가지게 하고 내적으로는 부드럽고 경쾌한 느낌을 갖게 하는 성능이다.
④ 장시간 보관 시 형태를 흩트러지지 않고, 보관 중 좀이나 곰팡이가 발생하지 않게 하는 성능이다.

[해설] ① 의복의 기능
　　ⓐ 위생상 기능 ⓑ 실용적 기능
　　ⓒ 감각적 기능 ⓓ 관리적 기능
② 실용적 기능: 사용하기 편리하고 누구나 쉽게 이용할 수 있는 성능

31. 다음 중 모터와 컴프레서에 가장 많이 사용되는 동력원은?

① 휘발유　　　　　② 전기
③ 석탄　　　　　　④ 가스

[해설] 모터와 컴프레서에 가장 많이 사용되는 동력원은 전기이다.

32. 론드리 공정 중 황변을 방지하면서 의류를 살균 소독하는 것은?

① 애벌빨래　　　　② 표백
③ 풀먹임　　　　　④ 산욕

[해설] 알칼리를 중화시키고 황변을 방지하며 의류를 살균, 소독하는 것은 산욕이다.

33. 론드리의 특징이 아닌 것은?

① 세탁 온도가 높아 세탁 효과가 크다.
② 마무리에 상당한 시간과 기술을 필요로 한다.

③ 담가서 헹구는 방식이므로 헹굼의 수량이 많아 물의 소요량이 많다.

④ 워셔는 원통형이므로 의류가 상하지 않고 오점이 잘 빠진다.

해설 론드리는 담가서 헹구는 방식이므로 헹굼 수량이 적어 물은 절약된다.

34. 드라이클리닝의 세정 공정 중 소프를 첨가하지 않고 용제만으로 세탁하는 지방산 등 용제에 의해 용해되는 간단한 오점만 제거하는 것은?

① 배치 시스템(batch system)
② 배치 차지 시스템(batch charge system)
③ 논 차지 시스템(none charge system)
④ 차지 시스템(chakrge system)

해설 ① 용제+소프+물=차지 시스템
② 용제만 사용하는 것은 논 차지 시스템이다.

35. 기계 마무리의 주의 사항으로 틀린 것은?

① 비닐론은 충분히 건조시켜서 마무리한다.
② 마무리할 때 증기를 가하면 수축과 늘어짐의 염려가 있다.
③ 고무벨트를 사용한 바지, 스커트는 다리미로 마무리해도 상관이 없다.
④ 플리츠 가공된 것은 스팀터널이나 스팀박스에 넣으면 주름이 소실될 수도 있다.

해설 고무벨트는 다리미로 마무리하면 눌러 붙을 수 있다.

36. 섬유로 된 얇은 피막인 웹(web)을 접착제, 열융합 접착 및 기타 방염으로 섬유를 고착시킨 것은?

① 브레이드
② 펠트
③ 부직포
④ 편성물

해설 섬유를 얇은 막의 웹을 만들어 접착제로 열 융합에 의해 접착시킨 것은 부직포이다.

37. 섬유의 상품 중 실에 표시하는 품질표시 사항이 아닌 것은?

① 실 가공 여부
② 길이
③ 번수
④ 섬유의 조성

해설 ① 실의 품질표시 사항
ⓐ 섬유의 조성 및 혼용률
ⓑ 번수 및 데니어(굵기)
ⓒ 길이 및 중량
② 실의 가공 여부는 섬유 제품에서 필요하다.

38. 파우더 클리닝(powder cleaning)을 필요로 하는 섬유는?

① 모피류
② 비스코스 레이온
③ 아세테이트
④ 융단

해설 모피류(면양, 여우 털, 족제비 털, 밍크)는 파우더 클리닝으로 세탁한다.

39. 다음 중 수분을 흡수하면 강도가 증가하는 섬유는?

① 면
② 아세테이트
③ 비스코스 레이온
④ 나일론

해설 면은 수분을 흡수하면 강도가 증가된다.

40. 편성물의 장점에 해당되지 않는 성질은?

① 유연성
② 방추성
③ 마찰강도
④ 함기율

해설 편성물

정답 34. ③ 35. ③ 36. ③ 37. ① 38. ① 39. ① 40. ③

① 실을 코로 만들어 코를 연결하며 만든 것
② 마찰강도가 작다.

41. 드라이클리닝의 표시 기호 중 용제의 종류로 퍼클로로에틸렌 또는 석유계를 사용함을 표시한 것은?

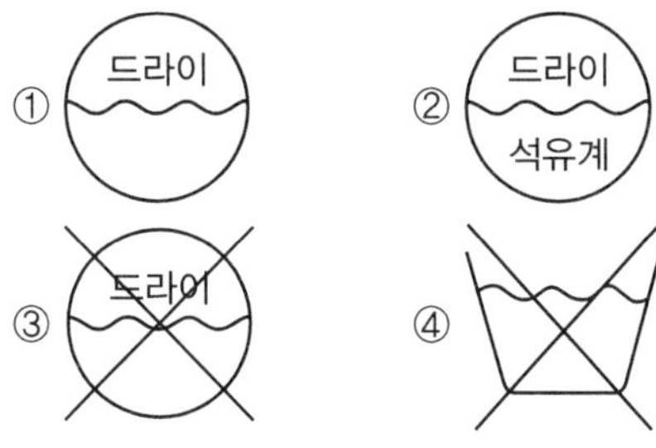

[해설] ①의 그림은 드라이클리닝을 하되 용제의 제한이 없다.

②의 그림은 드라이클리닝하고 용제는 석유계 용제를 사용한다.

③의 그림은 드라이클리닝을 할 수 없다.

④의 그림은 물세탁 금지를 나타낸다.

42. 반합성 섬유에 해당하는 것은?

① 유기 화합물이 포함되지 않은 섬유
② 천연 고분자물을 용해시켜서 모양을 바꾸어 주고 주된 구성 성분 그대로 재생시킨 섬유
③ 섬유용 천연 고분자 화합물에 어떤 화학기를 결합시켜서 에스테르 또는 에테르형으로 한 섬유
④ 석유를 증류하여 얻은 원료를 합성하여 중합 원료를 얻고 그 중합 원료를 중합하여 얻은 고분자를 용융 방사한 섬유

[해설] 반합성 섬유: 천연 고분자 화합물에 화학 결합하여 에스테르화한 섬유

43. 직접 날염법의 설명으로 옳은 것은?

① 무늬를 형성시킨 사포를 메운 틀을 직포 위에 놓고 그 위에서 날염 호를 스퀴즈로 밀어서 무늬를 날인하는 방법이다.
② 균일하게 염색된 표면에 발염제와 같은 호료를 배합한 것은 날인하고 증기를 나타내는 방법이다.
③ 염료, 조제 그리고 호료를 배합한 날염호로 직물의 표면에 무늬를 날인한 후 증기로 짜서 염료를 섬유의 내부까지 침투, 염착시키는 방법이다.
④ 직물의 표면에 염료를 침투시켜 방염제로 무늬를 날인한 후에 일반 침염법에 따라 염색하여 방염제가 부착되지 않는 부분만 희게 남겨두는 방법이다.

[해설] ① 직접 날염법
　　ⓐ 직물에 염료를 부분적으로 날인한 후 증기를 이용해서 염료를 섬유 내부까지 침투, 염착시키는 방식이다.
　　ⓑ 옅은 색 염색 위에 날염호를 날염하는 방식
② 호료(방염제): 섬유와 염료 사이에 중간 매체로서 염색광과 견뢰도를 높인다.

44. 다음 중 평직물에 해당되는 것은?

① 공단　　　　　② 광목
③ 벨벳　　　　　④ 서지

[해설] ① 평직물=광목, 옥양목, 포플린
② 사문직=개버딘, 데님, 서지

45. 레이온 섬유 중 2% 신장 후 탄성 회복률이 가장 낮은 것은?

① 고습 강력 레이온
② 구리암모늄 레이온
③ 비스코스 레이온
④ 폴리노직 레이온

[정답] 41. ①　42. ③　43. ③　44. ②　45. ②

46. 마섬유의 특징에 대한 설명 중 틀린 것은?

① 내열성이 좋다.
② 열전도성이 좋다.
③ 일광에 양호하다.
④ 분자 배향이 잘 되어 있다.

해설 마섬유는 일광에 나쁘다.

47. 다음 중 식물성 섬유의 주성분에 해당하는 것은?

① 세리신　　　　② 케라틴
③ 셀룰로오스　　④ 프로테인

해설 주성분
① 셀룰로오스-식물성 섬유
② 피브로인-견섬유
③ 케라틴-양모, 수모

48. 다음 중 실을 구성하는 섬유가 스테이플 (staole) 섬유가 아닌 것은?

① 견　　　　　　② 마
③ 면　　　　　　④ 양모

해설 견은 필라멘트(장실)이다.

49. 가죽처리 공정 중 가죽의 촉감 향상을 위하여 털과 표피층, 불필요한 단백질, 지방과 기름 등을 제거하는 것은?

① 분할　　　　　② 유성
③ 제육　　　　　④ 석회 침지

해설 원피는 제육과 털을 제거하고 석회에 침지하면 털, 단백질, 지방 등이 제거되어 가죽의 촉감이 증가한다.

50. 마섬유의 종류 중 모시 섬유에 해당하는 것은?

① 아마　　　　　② 대마
③ 저마　　　　　④ 황마

해설 ① 아마-붕대, 거즈 ② 저마-모시
③ 대마-삼베

51. 섬유의 분류 중 인조 섬유에 해당되지 않은 것은?

① 광물성 섬유　　② 무기 섬유
③ 재생 섬유　　　④ 합성 섬유

해설 광물성 섬유는 석면으로 천연 섬유이다.

52. 공통식 번수에 해당하는 번수 표시기호는?

① D　　　　　　② Tex
③ Ne　　　　　　④ Nm

해설 공통식 번수는 미터번수(Nm)를 사용한다.

53. 다음 중 탄성 회복률이 가장 우수한 섬유는?

① 면　　　　　　② 아마
③ 견　　　　　　④ 양모

해설 양모가 탄성 회복률이 가장 우수하다.

54. 다음과 같이 표시된 제품을 드라이클리닝하는 방법은?

① 용제의 종류는 구별하지 않아도 된다.
② 석유를 섞은 물을 조금 넣어 세탁한다.

정답　46. ③　47. ③　48. ①　49. ④　50. ③　51. ①　52. ④　53. ④　54. ③

③ 용제의 종류는 석유계에 한하여 드라이클리닝할 수 있다.

④ 용제의 종류는 석유계를 제외하고 모두 사용할 수 있다.

[해설] 드라이클리닝을 할 수 있으며 용제는 석유계 용제를 사용해야 한다.

55. 여러 올의 실을 서로 매든가, 꼬든가 또는 엮거나 얽어서 무늬를 짠 공간이 많고 비쳐 보이는 피륙은?

① 직물

② 편성물

③ 레이스

④ 부직포

[해설] 레이스: 바늘 또는 보빈을 사용하여 실을 엮거나 꼬아 만드는 천으로서 공간이 많고 비쳐 보인다.

56. 다음 중 세탁업과 관련한 위생 교육에 대한 설명 중 틀린 것은?

① 위생 교육의 내용은 「공중위생관리법」 및 관련법규, 소양 교육, 기술 교육, 그밖에 공중위생에 관하여 필요한 내용으로 한다.

② 위생 교육은 매년 3시간으로 한다.

③ 위생 교육을 실시하는 단체는 보건복지부 장관이 고시한다.

④ 위생 교육을 받은 자가 위생 교육을 받은 날로부터 2년 이내에 위생 교육을 받은 업종과 같은 업종의 영업을 할 경우에는 해당 영업에 대한 위생 교육을 다시 받아야 한다.

[해설] 위생 교육을 받은 날로부터 1년 이내에 같은 업종을 할 경우는 위생 교육을 받지 않아도 된다.

57. 과징금을 부과하는 위반 행위의 종별, 정

도에 따른 과징금의 금액 등에 관하여 필요한 사항은 어느 영으로 정하는가?

① 도시사령

② 보건복지부령

③ 국무총리령

④ 대통령령

[해설] 과징금의 금액 등에 관한 사항은 대통령령으로 정한다.

58. 공중위생 감시원을 임명할 수 없는 자는?

① 구청장

② 시장

③ 특별시장

④ 보건복지부 장관

[해설] 공중위생 감시원의 임명자는 시, 도지사, 시장, 군수, 구청장이다.

59. 드라이클리닝용 세탁기의 유기용제 누출 및 세탁물에 사용된 세제, 유기 용제 또는 얼룩제거 약제가 남거나, 좀이나 곰팡이 등이 생성된 때에 2차 위반 시 행정처분 기준은?

① 개선 명령 또는 경고

② 영업정지 5일

③ 영업정지 10일

④ 영업장 폐쇄 명령

[해설] 용제의 누출 및 세탁물에 세제, 유기 용제, 약제 등이 남거나 좀이나 곰팡이가 생성된 때
1차-경고, 2차-정지 5일,
3차-정지 10일, 4차-폐쇄.

60. 과징금 선정 기준에서 영업정지 1월에 해당하는 기준일은?

① 25일

② 28일

③ 30일

④ 31일

[해설] 영업정지 1월은 30일로 한다.

2016년 1월 24일 시행

	수험번호	성명

자격종목	문제 수		
세탁기능사	60문제		

1. 보일러의 부피를 일정하게 유지하고 증기의 온도를 상승시켰을 때 압력의 변화로 옳은 것은?

① 일정하다.　　　② 감소한다.
③ 상승한다.　　　④ 압력과 관계없다.

> **해설** 보일러 증기의 부피를 일정하게 하고 온도를 상승시키면 증기의 압력은 상승한다.

2. 다음 중 방수 가공제에 해당하는 것은?

① 실리카 겔　　　② 염화 칼슘
③ 아크릴 수지　　　④ 과산화수소

> **해설** 방수 가공: 섬유 제품에 아크릴 수지, 폴리 우레탄 수지, 합성 고무, 염화비닐 수지 등의 얇은 막을 입혀 물이 침투되는 것을 막는 것

3. 용제 공급펌프의 성능을 측정하는 액심도는 외통 반경을 몇 등분한 수치로 나타내는가?

① 3　　　② 4
③ 8　　　④ 10

> **해설** 액심도 ① 드라이클리닝 기계의 워셔에 용제가 채워지는 깊이를 말한다.
> ② 외통 반경을 10등분한 수치를 기준으로 한다.
> ③ 액심도 3까지의 펌프 상태
> ⓐ 45초 이내: 양호
> ⓑ 45~60초: 한계
> ⓒ 60초 이상: 불량

4. 계면 활성제의 종류 중 세척력이 적어 세제로는 사용되지 않으나 섬유의 유연제, 대전 방지제, 발수제 등으로 사용되는 것은?

① 양성계 계면 활성제
② 비이온계 계면 활성제
③ 음이온계 계면 활성제
④ 양이온계 계면 활성제

> **해설** 유연제, 대전 방지제, 발수제로 사용되는 것은 양이온계 계면 활성제이다.

5. 다음 중 용제의 구비 조건이 아닌 것은?

① 증류나 흡착에 의한 정제가 쉽고 분해가 될 것
② 세탁 시 피복을 손상시키지 않을 것
③ 기계를 부식시키지 않고 인체에 독성이 없을 것
④ 건조가 쉽고 세탁 후 냄새가 없을 것

> **해설** 용제는 증류나 흡착에 의한 정제가 쉬워야 하고 분해가 되어서는 안 된다.

6. 게이지 압력이 6kg/cm²인 보일러의 압력을 절대 압력(kg/cm²)으로 계산하면 얼마인가?

① 6　　　② 7
③ 16　　　④ 60

> **해설** 절대 압력=게이지 압력+1=6+1=7

7. 클리닝 서비스 중 일반적인 서비스에 해당

정답 1. ③　2. ③　3. ④　4. ④　5. ①　6. ②　7. ①

하는 것은?

① 워싱 서비스   ② 패션 케어 서비스

③ 보전 서비스   ④ 특수 서비스

[해설] 클리닝 서비스

  ① 워싱 서비스: 일반적인 서비스(세탁소에서 행하는 서비스)

  ② 패션 케어 서비스: 고급 의류의 세척+더 좋은 상태(보전, 기능 유지)

8. 청정제 중 흡착제이면서 탈산력이 뛰어난 것은?

① 규조토   ② 산성 백토

③ 활성 백토   ④ 경질토

[해설] 흡착제+탈산

  ① 알루미나 겔

  ② 경질토

9. 세정액의 청정 장치에 대한 분류의 설명으로 옳은 것은?

① 카트리지식–쇠망에 여과제층을 부착시키는 장치이다.

② 청정통식–튜브 필터에 열을 통과시키는 장치이다.

③ 필터식–겉쪽에는 주름여과지가 있고 속에는 흡착제가 채워져 있다.

④ 증류식–오염이 심한 용제 청정에 적합하다.

[해설] ① 증류식–오염이 심한 용제의 청정에 적합하다.

  ② 필터식–망을 설치하여 용제 속의 오염을 제거한다.

  ③ 청정통식–여과제와 흡착제가 따로 설치되어 있다.

  ④ 카트리지식–여과제 안에 흡착제가 설치되어 있다.

10. 비누의 특성 중 장점에 해당하는 것은?

① 가수 분해 되어 유리 지방산을 생성한다.

② 세탁 시 센물을 사용하면 반응하여 침전물이 없어진다.

③ 거품이 잘 생기고 헹굴 때에는 거품이 사라진다.

④ 산성 용액에서 사용할 수 있다.

[해설] 비누는 사용 시 거품이 잘 생기고 헹굴 때에 거품이 사라지는 장점이 있다.

11. 다음 중 산화 표백제가 아닌 것은 ?

① 아염소산 나트륨   ② 과탄산 나트륨

③ 과산화수소   ④ 하이드로설파이트

[해설] 환원 표백제

  ① 아황산 수소 나트륨

  ② 아황산 가스

  ③ 하이드로설파이트

12. 계면 활성제의 성질 중 틀린 것은?

① 한 개의 분자 내에 친수기와 친유기를 가진다.

② 물과 공기 등에 흡착하여 계면 장력을 향상시킨다.

③ 직물에 약제의 침투 효과를 증가시킨다.

④ 기포성을 증가시키고 세척 작용을 향상시킨다.

[해설] 계면 활성제(비누, 합성 세제)는 물과 공기와의 경계면에서 물의 표면 장력을 저하시킨다.

13. 패션 케어 서비스의 설명으로 가장 옳은 것은?

① 세탁 영업에서 일반적으로 행하고 있는 클

[정답] 8. ④   9. ④   10. ③   11. ④   12. ②   13. ③

리닝이다.
② 의류나 섬유 제품의 소재를 청결하게만 하는 것이다.
③ 고급품이나 희귀품의 가치와 기능을 유지 · 관리시키는 서비스이다.
④ 의류를 중심으로 한 대상품의 가치 보전과 기능 회복이 중요한 포인트이다.

해설 ①, ②, ④ 항은 워싱 서비스, ③은 패션 케어 서비스이다.

14. 이론상으로는 재생이 가능하나 회수 노력과 회수 경비가 많이 들어 비경제적인 섬유는?

① 면　　　　　　② 양모
③ 비스코스 레이온　④ 합성 섬유

해설 합성 섬유는 폐기물의 경우 재생은 가능하나 회수의 노력과 경비가 많이 들어 비경제적인 섬유이다.

15. 계면 활성제의 기본적인 성질과 직접 관계하는 작용이 아닌 것은?

① 습윤 작용　　　② 균염 작용
③ 분산 작용　　　④ 유화 작용

해설 계면 활성제의 기본적인 성질
습윤–침투–흡착–분산–보호(유화, 현탁)–기포

16. 다음 중 재오염의 원인이 아닌 것은?

① 탈수　　　　　　② 부착
③ 흡착　　　　　　④ 염착

해설 재오염 원인
① 부착
② 흡착(정전기, 점착, 물의 적심)

③ 염착

17. 드럼식 세탁기에 가장 적합한 세제는?

① 저포성 세제　　② 합성 세제
③ 농축 세제　　　④ 약알칼리성 세제

해설 드럼식 세탁기는 기포가 적게 생기는 저포성 세제를 사용한다.

18. 오점의 분류 중 매연, 점토, 유기성 먼지 등이 해당하는 오점은?

① 유용성 오점　　② 고체 오점
③ 특수 오점　　　④ 수용성 오점

해설 불용성 오점(고체 오점): 매연, 점토, 유기성 먼지 등

19. 퍼클로로에틸렌 용제에 대한 설명 중 틀린 것은?

① 용해력 비중이 크므로 세정 시간이 짧다.
② 상압으로 증류할 수 있다.
③ 독성이 약하고 기계의 부식에 안전하다.
④ 불연성이므로 화제에 대한 위험은 없다.

해설 퍼클로로에틸렌은 독성이 강하고 기계에 대한 부식의 우려가 있다.

20. 오염의 부착 상태 중 오염의 제거가 곤란하여 반드시 표백제로 분해하여 제거하여야 하는 것은?

① 정전기에 의한 부착
② 유지 결합에 의한 부착
③ 화학 결합에 의한 부착
④ 분자 간 인력에 의한 부착

해설 화학 결합에 의한 부착은 섬유와 오점 간

정답 14. ④　15. ②　16. ①　17. ①　18. ②　19. ③　20. ③

에 화학적 결합에 의해 생긴 오점이므로 표백제로 분해해야 제거된다.

21. 의복의 기능 중 위생상 성능에 해당되지 않는 성질은?

① 보온성　　　　② 내마모성
③ 통기성　　　　④ 흡습성

> **해설** ① 위생상 성능은 몸을 보호하기 위한 성능으로서 보온성, 열전도성, 통기성, 함기성, 흡습성, 대전성 등이 있다.
> ② 내마모성은 실용적 성능이다.

22. 다음 중 웨트클리닝 대상품이 아닌 것은?

① 합성피혁 제품　　② 고무를 입힌 제품
③ 안료 염색된 제품　④ 슈트나 한복 제품

> **해설** 슈트(긴 양복)나 한복은 드라이클리닝으로 세척한다.

23. 휘발유, 석유, 벤젠 등의 기름 얼룩을 제거하는 데 가장 많이 사용하는 약제는?

① 유기 용제　　　② 산
③ 알칼리　　　　④ 표백제

> **해설** 기름 얼룩은 유기 용제를 제거한다.

24. 다림질 방법에 대한 설명 중 틀린 것은?

① 풀먹임 직물을 너무 고온 처리하면 황변할 수 있다.
② 광택을 필요로 하는 옷은 딱딱한 다리미판을 사용한다.
③ 모직물은 위에 덧 헝겊을 대고 물을 뿌려 다린다.
④ 혼방 직물은 내열성이 높은 섬유를 기준으로 다린다.

> **해설** 혼방 직물은 내열성이 낮은 섬유를 기준으로 다림질한다.
> 예) 폴리에스테르 60%, 면 40%
> 폴리에스테르 100~120℃, 면 180~200℃
> ※ 다림질 온도 100~120℃로 한다.

25. 세탁 방법에 대한 설명 중 틀린 것은?

① 세탁의 방법에 따라 건식 방법, 습식 방법으로 구분한다.
② 세탁물의 분류에 따라 혼합 세탁, 분류 세탁, 부분 세탁으로 구분한다.
③ 적은 양을 세탁할 때는 손빨래보다 세탁기를 이용하면 경제적이다.
④ 부분 세탁은 세탁물을 분류한 후에 극소 부분 세탁할 필요가 있을 때 그 부분만 세탁하는 방법이다.

> **해설** 적은 양을 세탁할 때에는 손빨래가 경제적이다.

26. 혈액이 의류에 묻었을 경우의 얼룩 빼는 방법으로 가장 옳은 것은?

① 드라이클리닝하여 물세탁한다.
② 묻은 즉시 찬물로 세탁을 해야 한다.
③ 표백 처리한다.
④ 알코올로 닦아내고 온수에서 세탁한다.

> **해설** 혈액 제거
> ① 묻은 즉시 찬물로 세탁
> ② 암모니아 효소 제거→옥살산

27. 다음 중 세탁의 기본 원리에 해당되지 않는 것은?

① 침투 작용　　　② 흡착 작용
③ 이온결합 작용　④ 분산 작용

정답 21. ②　22. ④　23. ①　24. ④　25. ③　26. ②　27. ③

해설 세탁의 기본 원리
습윤–침투–흡착–분산–보호(유화, 현탁)–
기포

28. 웨트클리닝의 탈수와 건조에 대한 설명 중 틀린 것은?

① 탈수 시 형의 망가짐에 유의하고 가볍게 원심 탈수한다.
② 늘어날 위험이 있는 것은 둥글게 말아서 말린다.
③ 색 빠짐의 우려가 있는 것은 타월에 싸서 가볍게 손으로 눌러 짠다.
④ 가급적 자연 건조한다.

해설 늘어날 위험이 있는 의류는 평편하게 뉘어서 건조시킨다.

29. 다림질 시 주의할 점이 아닌 것은?

① 진한 색상의 의복은 섬유 소재에 관계없이 천을 덮고 다린다.
② 표면 처리되지 않은 피혁 제품은 스팀을 주는 것을 절대 금지해야 한다.
③ 다림질은 섬유의 종류와 상관없이 150℃를 유지하는 전기다리미를 사용한다.
④ 다림질은 섬유의 적정 온도보다 높게 하면 의류를 손상시킬 수 있다.

해설 다림질 온도는 섬유의 종류에 따라 모두 다르다.

30. 웨트클리닝에서 주의해야 할 점이 아닌 것은?

① 세탁 전에 색 빠짐, 형태 변형, 수축성 여부를 조사한다.
② 수축되기 쉬운 것은 치수를 재어 놓는다.

③ 색이 빠지기 쉬운 것은 한 점씩 세탁한다.
④ 핸드백은 용제나 물에 담그어 처리한다.

해설 핸드백은 젖은 수건으로 가볍게 닦아낸다. 용제나 물에 담그면 형태가 일그러진다.

31. 애벌빨래에 대한 설명으로 옳은 것은?

① 알칼리 세제로 오점을 제거한다.
② 전분풀로 가공된 제품은 애벌빨래를 하면 전분풀의 효과를 높일 수 있다.
③ 충분히 세제를 넣지 않아도 재오염될 가능성은 없다.
④ 화학섬유 제품은 오염도가 심하므로 애벌빨래를 하는 것이 좋다

해설 론드리에서 애벌빨래(예세)는 알칼리 세제로 오점을 제거한다.

32. 모피류의 세탁에 사용하는 것으로 가장 적합한 것은?

① 물
② 퍼클로로에틸렌(perchloroetlene)
③ 솔벤트(solvent)
④ 파우더 클리닝(powder cleaning)

해설 모피류는 파우더 클리닝으로 하는 것이 가장 적절하다.

33. 다음 중 콜드 머신(cold machine)을 필요로 하는 공정은?

① 론드리　　　　② 웨트클리닝
③ 드라이클리닝　④ 얼룩 빼기

해설 콜드 머신은 드라이클리닝의 준밀폐형 기계를 뜻한다.

34. 세탁에 가장 적합한 pH 농도는?

정답　28. ②　29. ③　30. ④　31. ①　32. ④　33. ③　34. ③

① pH5　　　　② pH7
③ pH11　　　④ pH13

[해설] 세탁에 가장 적합한 pH(수소이온 농도)는 10.5~11 정도이다.

35. 론드리에 대한 설명 중 틀린 것은 ?

① 론드리란 알칼리제, 비누 등을 사용하여 온수에서 워셔로 세탁하는 방법이다.
② 론드리의 일반 공정으로 애벌빨래, 본빨래, 표백, 헹굼, 산욕, 풀먹임, 탈수, 건조, 마무리 등이 있다.
③ 론드리의 표백제로는 차아염소산 나트륨, 과붕산 나트륨, 계면 활성제를 사용한다.
④ 산욕처리 과정에 있어 황변의 방지와 살균 처리를 하기 위하여 산욕제로는 규불화 나트륨을 사용한다.

[해설] ① 론드리의 세척 시 표백제
　　ⓐ 차아염소산 나트륨 - 유색물에 사용 금지
　　ⓑ 과붕산 나트륨
② 계면 활성제는 론드리의 세척제이다.

36. 아마 섬유의 성질을 면섬유와 비교한 설명으로 옳은 것은?

① 아마 섬유의 신도는 면섬유보다는 적다.
② 아마 섬유의 길이는 면섬유보다는 짧다.
③ 아마 섬유의 강도는 면섬유보다는 약하다.
④ 아마 섬유의 탄성은 면섬유보다는 크다.

[해설] ① 신도: 늘어나는 성질
② 탄성: 원래 상태로 돌아가려는 성질
③ 아마 섬유의 신도는 면섬유보다 적다.
④ 아마 섬유의 길이는 면섬유보다 길다.
⑤ 아마 섬유의 강도는 면섬유보다 크다.
⑥ 아마 섬유의 탄성은 면섬유보다 작다.

37. 의류의 부자재 중 접착 심지에 대한 설명으로 틀린 것은 ?

① 다리미 또는 프레스 처리만으로 접착시킬 수 있다.
② 봉제 방법이 간단하다.
③ 겉감의 신축성을 감소시킬 수 있기 때문에 형태 안정성이 증진된다.
④ 내세탁성이 약하다.

[해설] 접착 심지
① 겉감(의류)의 변형을 방지하기 위해 소매나 와이셔츠 깃 부분 등에 접착 심지를 사용한다.
② 직물, 부직포에 합성수지를 붙여 놓아 겉감에 대고 다림질하여 사용된다.
③ 내세탁성이 크다.

38. 광택이 좋고 초기 탄성률이 작아서 좋은 드레이프성과 부드러운 촉감을 가지고 있으므로 여성들과 아동용 옷감으로 사용하고 있는 섬유는 ?

① 아세테이트　　　② 비스코스 레이온
③ 아크릴　　　　　④ 폴리에스터

[해설] ① 드레이프성: 늘어져 몸에 붙는 성질
② 아세테이트: 견(비단)처럼 광택이 좋고, 드레이프성과 촉감이 있으며 여성용(드레스, 란제리, 블라우스)과 아동용 옷감으로 사용된다.

39. 실의 품질을 표시하는 기준 항목으로만 나열한 것은?

① 섬유의 혼용률, 실의 번수
② 섬유의 가공 방법, 섬유의 지름
③ 섬유의 생산지, 섬유의 너비
④ 섬유의 혼용률, 치수 또는 호수

[정답] 35. ③　36. ①　37. ④　38. ①　39. ①

해설 실의 품질표시 기준
① 섬유의 조성 및 혼용률
② 번수 및 데니어(실의 굵기)
③ 길이 또는 중량
④ 제조년월
⑤ 제조자명
⑥ 수입자명
⑦ 주소 및 전화번호
⑧ 제조국명

40. 레이스의 특성에 대한 설명 중 틀린 것은?

① 통기성이 좋아 시원한 감을 준다.
② 커튼, 식탁보, 가방, 액세서리 등에 이용된다.
③ 겉모양이 우아하여 부인복에 이용된다.
④ 용융처럼 접착하여 실을 꼬아서 만들어 남성복에 이용된다.

해설 레이스: 바늘이나 보빈을 이용하여 실을 엮거나 꼬아서 만든 무늬 있는 천

41. 양모 섬유에 대한 설명 중 틀린 것은?

① 탄성 회복률이 우수하다.
② 일광에 의해 황변되면서 강도가 줄어든다.
③ 열전도율이 적어도 보온성이 좋다.
④ 염색이 어려워 좋은 견뢰도를 얻을 수 없다.

해설 양모는 염색성이 좋은 편이다.

42. 천연 모피에 대한 설명으로 옳은 것은?

① 강모는 동물의 수염이나 눈꺼풀 위에 있는 뻣뻣한 털이다.
② 조모는 면모 밑에 있는 짧고 부드러운 털이다.
③ 면모는 몸 전체에 있는 긴 털로서 광택이

있는 털이다.
④ 토끼털은 강하기 때문에 클리닝에서 파손될 위험이 적다.

해설 모피 종류
① 강모: 동물의 입 주변 수염, 눈꺼풀 위 강모
② 조모: 몸 전체에 있는 긴 모
③ 면모: 조모 밑에 있는 짧고 부드러운 털
④ 토끼털은 약하기 때문에 클리닝 시 파손할 위험이 있다.
⑤ 모피의 가치: 면모의 밀도에 의해서 결정된다.

43. 면섬유의 특성에 대한 설명 중 틀린 것은?

① 비중은 1.54로 비교적 무거운 섬유에 해당된다.
② 산에는 약하나 알칼리에는 강하다.
③ 현미경으로 보면 단면은 다각형이고 중공이 있다.
④ 다림질 온도는 비교적 높은 편이다.

해설 면섬유의 단면은 평편하고 속은 중공이 있다.

44. 다음 중 단백질 섬유가 아닌 것은?

① 인피 섬유　　② 양모 섬유
③ 헤어 섬유　　④ 견섬유

해설 ① 인피 섬유-식물성 섬유(셀룰로오스 섬유)
② 헤어 섬유, 양모 섬유, 견섬유-동물성 섬유(단백질 섬유)

45. 면 y-셔츠나 블라우스를 희게 하고자 할 때 가정에서 형광 증백제를 사용할 수 있는

데 그 사용에 대한 설명 중 틀린 것은?

① 먼저 깨끗이 세탁한다.
② 산화 표백제를 사용하여 표백을 하고 충분히 수세를 한다.
③ 형광 증백제로 형광 처리를 한다.
④ 사용하는 형광제의 양을 많이 사용하면 할수록 백도는 증가한다.

해설 형광 증백제
① 무색이나 누런색이지만 자외선을 받으면 파란 자주색의 형광을 내는 염료이다.
② 세제에 혼합하여 누렇게 된 흰옷감을 더욱 희게 만들 때 쓰인다.
③ 형광 증백제의 사용량이 일정량을 넘치면 백도는 증가하지 않는다.

46. 섬유의 분류 중 인조 섬유에 해당되지 않는 것은?

① 재생 섬유
② 합성 섬유
③ 무기 섬유
④ 광물성 섬유

해설 ① 광물 섬유는 천연 섬유로서 석면 등이 있다.
② 무기 섬유: 인조 섬유로서 금속 섬유(금박, 은박), 유리 섬유 등이 있다.

47. 다음 중 재생 섬유에 해당하는 것은?

① 비스코스 레이온
② 스판덱스
③ 아크릴
④ 나일론

해설 ① 레이온: 펄프를 화학 처리하여 만든 섬유로 재생 섬유이다.
② 합성 섬유: 아크릴, 나일론(폴리아미드), 스판덱스(폴리우레탄)

48. 피혁의 단면 구조에 해당되지 않는 것은?

① 중공
② 표피
③ 진피
④ 피하 조직

해설 생피의 구조
① 표피, 진피, 피하 조직의 순으로 구성된다.
② 진피가 피혁으로 이용된다.

49. 세탁 견뢰도에 대한 설명 중 틀린 것은?

① 염색된 옷이 세탁에 견디는 능력을 말한다.
② 세탁으로 인해 옷의 물감이 빠지는 것을 평가한다.
③ 견뢰도 등급 숫자가 높을수록 물감이 잘 빠지고, 숫자가 낮을수록 물감이 빠지지 않는다는 것이다.
④ 세탁 의약품 중에는 용해 견뢰도가 낮은 의복이 많으므로 주의하여야 한다.

해설 세탁 견뢰도
① 염색된 옷이 세탁에 견디는 능력
② 세탁 견뢰도의 등급: 1~5등급
③ 등급이 높을수록 견뢰도가 좋다.

50. 섬유와 염료 간의 결합력이 적을 때 우선 섬유와 염료의 양자에 결합할 수 있는 약제로 섬유를 처리한 후 염색하는 방법은?

① 환원염법
② 현색염법
③ 매염염법
④ 고착염법

해설 매염 염색법: 섬유와 염료 간의 결합력이 적을 때 섬유에 염료가 잘 결합될 수 있도록 섬유에 매염제를 발라 두는 방식

51. 나일론의 특성으로 옳은 것은 ?

① 신도가 낮다.
② 흡습성이 천연 섬유에 비하여 높다.
③ 내일광성이 좋다.

정답 46. ④ 47. ① 48. ① 49. ③ 50. ③ 51. ④

④ 열가소성이 좋다.

> [해설] 나일론(폴리아미드)
> ① 열가소성이 좋다.
> ② 신도가 크다.
> ③ 흡습성이 나쁘다.
> ④ 내일광성이 나쁘다.
> ⑤ 열가소성: 열을 가하면 영구적 변형이 생기는 성질(예 바지 주름)

52. 아세테이트 섬유의 염색에 가장 적합한 염료는?

① 산성 염료　　② 직접 염료
③ 분산 염료　　④ 배트 염료

> [해설] 분산 염료는 아세테이트와 폴리에스테르 섬유의 염색제로 만들어졌다.

53. 다음 중 공정 수분율이 가장 낮은 섬유는?

① 면　　② 비스코스 레이온
③ 양모　　④ 폴리에스테르

> [해설] 공정 수분율 ① 사용 중 섬유의 흡수율
> ② 크기: 양모＞레이온＞면＞폴리에스테르

54. 염료 분자와 섬유가 반응하여 공유 결합을 형성하는 염료는?

① 직접 염료　　② 염기성 염료
③ 산성 염료　　④ 반응성 염료

> [해설] 반응성 염료: 섬유와 염료 간의 반응기에 의한 공유 결합

55. 가볍고 촉감이 부드러우며, 워시 앤드 웨어성이 좋고 따뜻하며, 양모보다 가벼워서

양모가 사용되던 곳에 많이 사용하고 있는 섬유는?

① 나일론　　② 아크릴
③ 스판덱스　　④ 폴리에스테르

> [해설] ① 아크릴 섬유는 양모 대신 사용된다.
> ② 워시 앤드 웨어(wash-and-wear): 빨아서 다림질하지 않고 입을 수 있는 옷의 가공법

56. 세탁업자가 위생 교육을 받지 아니한 때의 1차 행정처분 기준은?

① 경고　　② 영업정지 5일
③ 영업정지 10일　　④ 영업장 폐쇄 명령

> [해설] 위생 교육을 받지 않은 경우
>
> | 1차 | 2차 | 3차 | 4차 |
> | --- | --- | --- | --- |
> | 경고 | 영업정지 5일 | 영업정지 10일 | 폐쇄 명령 |

57. 드라이클리닝용 세탁기의 유기용제 누출 및 세탁물에 사용된 세제, 유기 용제가 남아 있을 때의 행정처분 기준으로 옳은 것은?

① 1차 위반 - 경고
② 2차 위반 - 영업정지 10일
③ 3차 위반 - 영업정지 30일
④ 4차 위반 - 영업정지 1년

> [해설] 세탁물에 사용된 세제 및 유기 용제 또는 드라이클리닝의 유기 용제가 유출되는 경우
>
> | 1차 | 2차 | 3차 | 4차 |
> | --- | --- | --- | --- |
> | 경고 | 영업정지 5일 | 영업정지 10일 | 영업장 폐쇄 명령 |

58. 명예 공중위생 감시원의 업무가 아닌 것은?

① 공중위생 관리 업무와 관련하여 시 · 도지

사가 따로 정하여 부여하는 업무
② 위생지도 및 개선명령 이행 여부의 확인
③ 법령 위반행위에 대한 신고 및 자료 제공
④ 공중위생 감시원이 행하는 검사 대상물의
  수거 지원

[해설] 위생지도 및 개선명령 이행 여부의 확인은
공중위생 감시원의 업무이다.

59. 대통령이 정하는 바에 의하여 과태료를
부과 · 징수할 수 없는 자는?

① 구청장   ② 군수
③ 시장   ④ 보건복지부 장관

[해설] 과태료 부과 및 징수를 할 수 있는 자는
시장, 군수, 구청장이다.

60. 다음 중 위생 지도 및 개선 명령을 할 수
있는 자는?

① 시장   ② 행정자치부 장관
③ 보건복지부 장관   ④ 국무총리

[해설] 시 · 도지사 또는 시장, 군수, 구청장은 위
생 지도 및 개선 명령을 할 수 있다.

2016년 7월 10일 시행

자격종목	세탁기능사	문제 수 60문제	수험번호	성명

1. 오점의 성분 중 충해의 원인이 되는 것은?

① 단백질   ② 무기물

③ 염류   ④ 요소

> **해설** 직물의 충해
> ① 섬유 제품에 충해를 입히는 벌레–좀류(털좀나방 · 옷나방 등)
> ② 좀류의 해충은 단백질 섬유(양모, 견, 모피, 가죽 등)와 오점 중에 단백질 성분을 좋아한다.
> ③ 충해방지 약품–나프탈렌, 파라디클로로벤젠, 장뇌

2. 비누의 특성 중 장점이 아닌 것은?

① 산성 용액에서도 사용할 수 있다.

② 세탁한 직물의 촉감이 양호하다.

③ 합성 세제보다 환경을 적게 오염시킨다.

④ 거품이 잘 생기고 헹굴 때에는 거품이 사라진다.

> **해설** 비누는 알칼리 성분이다. 산성 용액에서는 알칼리가 중화되어 효과가 없으므로 사용할 수 없다.

3. 피복의 오염 부착 상태에 대한 설명 중 틀린 것은?

① 화학 결합에 의한 부착: 섬유 표면에 오염이 부착된 후 섬유와 오점 간에 결합이 화학 결합하여 부착된 것이다.

② 정전기에 의한 부착: 오염 입자와 섬유가 서로 다른 대전성(+, –로 나타나는 정전기 성질)을 띠고 있을 때 오염 입자가 섬유에 부착된 것이다.

③ 분자 간 인력에 의한 부착: 오염 물질의 분자와 섬유 분자 간의 인력에 의해서 부착된 것이며, 강한 분자 간의 인력으로 인하여 쉽게 제거되지 않는다.

④ 유지 결합에 의한 부착: 오염에 입자가 물의 엷은 막을 통해서 섬유에 부착된 것이다.

> **해설** 오염 부착 중 오염의 입자가 물의 엷은 막이 아니라 기름의 엷은 막에 의해서 부착되는 것이 유지 결합에 의한 부착이다.

4. 다음 용제의 가장 적합한 세정 시간을 옳게 나열한 것은?

① 석유계 용제 – 7초 이내, 퍼클로로에틸렌 – 20~30초

② 석유계 용제 – 20~30초, 퍼클로로에틸렌 – 7초 이내

③ 석유계 용제 – 7분 이내, 퍼클로로에틸렌 – 20~30분

④ 석유계 용제 – 20~30분, 퍼클로로에틸렌 – 7분 이내

> **해설** 세정 시간(세탁 시간)
> ① 석유계 용제– 20~30분
> ② 퍼클로로에틸렌– 7분
> ③ 트리클로로에탄– 3~5분

5. 다음 중 염소계 표백제 사용에 적합하지 않

정답   1. ①   2. ①   3. ④   4. ④   5. ②

은 섬유는?

① 면 　　　　　　② 양모
③ 레이온 　　　　④ 폴리에스터

해설 염소계 표백제
　① 산화 표백제이며 차아염소산 나트륨, 아염
　　소산 나트륨 등이 있다.
　② 셀룰로오스 섬유(면, 레이온)
　　폴리에스터 섬유의 표백에 적당하다.
　③ 단백질 섬유(모, 견)를 황변시킬 수 있으
　　므로 염소계 표백제를 사용하지 않는다(단
　　백질 섬유는 환원 표백제를 사용한다).

6. 다음 중 방충제에 해당하는 것은?

① 글리세린 　　　② 나프탈렌
③ 불화암모늄 　　④ 차아염소산 나트륨

해설 방충제 종류: 나프탈렌, 파라디클로로벤
　젠, 장뇌

7. 보일러의 종류 중 원통 보일러의 형식이 아
닌 것은?

① 노통 보일러 　　② 수관 보일러
③ 연관 보일러 　　④ 입식 보일러

해설 원통 보일러: 입식, 노통식, 연관식, 노
　통·연관식

8. 섬유에 오염 부착이 잘 되는 섬유의 순서대
로 나열한 것은?

① 양모→나일론→레이온→아세테이트→마
　→견
② 양모→아세테이트→레이온→나일론→마
　→견
③ 레이온→마→아세테이트→견→나일론
　→양모

④ 레이온→견→아세테이트→마→나일론
　→양모

해설 오염 부착이 잘 되는 순서(빨리 더러워지
　는 순서) : 레이인-마-아세테이트-면-비닐
　론-견(실크)-나일론-양모

9. 용제 중에 용해된 더러움, 유지 등이 분해하
여 발생하는 지방산 같은 유성 오염물을 제
거하기 위하여 사용하는 청정제는?

① 여과제 　　　　② 탈산제
③ 표백 방법 　　　④ 흡착 방법

해설 지방산의 오점은 탈산제인 환원 표백제로
　제거한다.

10. 세정액의 청정화 방법 중 오염이 심한 용
제의 청정에 가장 효과적인 것은?

① 여과 방법 　　　② 증류 방법
③ 표백 방법 　　　④ 흡착 방법

해설 오염이 심한 용제의 청정 방법은 증류 방
　식이다.

11. 의류의 푸새 가공에 사용하는 풀에 해당
되지 않는 것은?

① 전분 　　　　　② C.M.C
③ L.A.S 　　　　④ P.V.A

해설 푸새 가공(풀먹임)
　① 면, 마: 전분풀(감자, 콘스타치), 단백질
　　풀(젤라틴)
　② 합성 섬유: CMC, PVA, PVAC

12. 클리닝 서비스 중 특수 서비스에 해당되
는 것은?

정답 6. ②　7. ②　8. ③　9. ②　10. ②　11. ③　12. ④

① 모 제품만 세정하는 서비스
② 웨트클리닝 서비스
③ 워싱(washing) 서비스
④ 패션 케어(fashion care) 서비스

[해설] 패션 케어 서비스는 워싱 서비스(세척 중심)보다 더 좋은 가치 보존과 기능 회복을 목적으로 하는 특수 서비스이다.

13. 게이지 압력이 4kg/cm²인 보일러의 압력을 절대 압력으로 계산하면?

① 4kg/cm²
② 5kg/cm²
③ 14kg/cm²
④ 40kg/cm²

[해설] 절대 압력
=게이지 압력+1=4+1=5kg/cm²

14. 청정제 중 다수의 미세한 구멍이 있어 여과력은 좋으나 흡착력이 없는 것은?

① 규조토
② 실리카 겔
③ 산성 백토
④ 활성 탄소

[해설] 규조토는 여과력은 좋으나 흡착력이 없다.

15. 세정액의 청정장치 방식이 아닌 것은?

① 청정통식
② 카트리지식
③ 텀블러식
④ 필터식

[해설] 청정장치 방식: 필터식, 청정통식, 카트리지식, 증류식

16. 다음 중 산화 표백제가 아닌 것은?

① 과붕산 나트륨
② 과산화수소
③ 아황산 나트륨
④ 차아염소산 나트륨

[해설] 환원 표백제: 아황산 가스, 아황산 나트

륨, 하이드로설파이트

17. 아크릴 수지, 폴리우레탄 수지, 염화비닐 수지 등의 가공제를 사용하는 가공은?

① 대전 방지 가공
② 방수 가공
③ 방오 가공
④ 방축 가공

[해설] 방수 가공: 물이 침투되는 것을 막기 위해 섬유에 합성수지(아크릴 수지, 폴리우레탄 수지, 염화비닐 수지 등)를 칠한 것

18. 다음 중 계면 활성제의 성질이 아닌 것은?

① 한 개의 분자 내에 친수기와 친유기를 가진다.
② 분자가 모여 미셀(micelle)을 형성한다.
③ 직물의 습윤 효과를 향상시킨다.
④ 물과 공기 등에 흡착하여 계면 장력을 향상시킨다.

[해설] 계면 활성제는 비누, 세제 등을 뜻하며 물의 계면 장력이 큰 단점을 보완하여 계면 장력을 저하시킨다.

19. 흡착에 의한 재오염의 원인이 아닌 것은?

① 정전기
② 점착
③ 물의 적심
④ 염착

[해설] 재오염 원인: 부착, 흡착(정전기, 점착, 물의 적심), 염착

20. 계면 활성제의 종류 중 비누, 알킬술폰산 나트륨과 같이 세제로 사용하는 것은?

① 비음이온계 계면 활성제
② 양성계 계면 활성제

---

③ 양이온계 계면 활성제

④ 음이온계 계면 활성제

[해설] 세제: 음이온계 계면 활성제

21. 론드리의 세탁공정 순서로 옳은 것은?

① 애벌빨래→본빨래→표백→헹굼→산욕
→풀먹임→탈수→건조→다림질

② 애벌빨래→산욕→본빨래→건조→표백
→풀먹임→탈수→헹굼→다림질

③ 애벌빨래→산욕→탈수→건조→헹굼→
본빨래→표백→풀먹임→다림질

④ 애벌빨래→헹굼→산욕→표백→본빨래
→탈수→풀먹임→건조→다림질

[해설] 론드리 공정
애벌빨래(예비세탁)-본빨래(론드리)-표백-
헹굼-산욕-풀먹임(푸새)-탈수-건조-다림
질

22. 다음 중 섬유의 다림질 부주의로 나타나는 현상으로 틀린 것은?

① 아세테이트, 비닐론은 고온에서 습기를 주면 광택이 줄어들거나 경화된다.

② 나일론은 160℃ 이상의 높은 온도에서는 순간적으로 녹아 붙으며 용융할 수도 있다.

③ 면, 마의 다림질 적정 온도는 120~150℃
이나 그 이상으로 다림질하면 탄화한다.

④ 폴리프로필렌은 140℃ 이상에서는 갑자기 열 수축을 일으킬 수도 있으므로 주의해야 한다.

[해설] 적정 다림질 온도
면 180~200℃, 마 180~210℃

23. 드라이클리닝 용제의 조건 중 틀린 것은?

① 표면 장력이 작을 것

② 인화성이 없거나 적을 것

③ 비중이 낮을 것

④ 건조가 쉽고 나쁜 냄새가 남지 않을 것

[해설] 드라이클리닝의 용제는 비중이 다소 커야
세척력이 있다.

24. 손빨래 방법 중 세탁 효과는 불량하나 옷감의 손상이 적은 것은?

① 흔들어 빨기　　② 눌러 빨기

③ 주물러 빨기　　④ 두들겨 빨기

[해설] 흔들어 빨기: 세탁 효과는 나쁘나 옷감의
손상이 가장 적다.

25. 산욕 작용의 효과에 대한 설명 중 틀린 것은?

① 의류를 살균, 소독한다.

② 천에 남은 알칼리를 중화한다.

③ 천에 광택을 주고 황변을 방지한다.

④ 산가용성 얼룩을 철분으로 변화시켜 물속에 침전시킨다.

[해설] 산욕은 론드리에서 천에 남아 있는 알칼리를 중화시키며 산가용성 얼룩을 제거하는 역할을 한다.

26. 론드리의 정의에 대한 설명으로 가장 옳은 것은?

① 물로 세탁하는 방법이다.

② 비누를 사용하여 손세탁하는 방법이다.

③ 알칼리제, 비누 등을 사용하여 온수에서 워셔로 세탁하는 가장 세정 작용이 강한 방법이다.

④ 알칼리제, 비누 등을 사용하여 찬물에서 세

탁하는 방법이다.

[해설] 워셔에 세탁물을 집어넣고 온수와 알칼리성 비누를 사용하여 세정하는 방식이다.

27. 웨트클리닝에 적용되는 피복이 아닌 것은?

① 합성피혁 제품　　② 표면 처리된 피혁
③ 고무를 입힌 제품　④ 면, 마의 고급 제품

[해설] 웨트클리닝 제품
① 합성수지
② 합성 피혁 또는 표면 처리된 피혁
③ 고무를 입힌 제품
④ 수지가공 제품
⑤ 염료가 빠지는 경우

28. 드라이클리닝 마무리 기계 중 인체 프레스(body press)의 설명이 아닌 것은?

① 하의에 적합하다.
② 아크릴 제품은 늘어나므로 적합하지 않다.
③ 냉풍을 불어 넣어 의복을 식혀 형태를 고정한다.
④ 의복을 기계에 입혀 증기를 안쪽에서부터 분출시켜 의복을 부드럽게 한다.

[해설] 드라이클리닝 마무리 기계
① 인체 프레스: 상의 또는 코트
② 팬츠터퍼: 하의(바지, 치마)

29. 의복의 기능 중 외관을 형성하는 것이므로 사람에 따라 성능의 요구에는 약간의 차이가 있으며 또 유행에 지배되기 쉬운 것은?

① 감각적 성능　　② 위생적 성능
③ 내구적 성능　　④ 관리적 성능

[해설] 의복의 기능 중 외관 형성과 유행에 지배되기 쉬운 기능은 감각적 기능이다.

30. 다음 중 유기 용제에 가장 약한 섬유는?

① 면　　　　　　② 견
③ 나일론　　　　④ 아세테이트

[해설] 아세테이트 섬유는 유기 용제(시너, 아세톤 등)에 약하며 특히 아세톤에 약하다.

31. 다음 중 다림질의 3대 요소가 아닌 것은?

① 시간　　　　　② 수분
③ 압력　　　　　④ 온도

[해설] 다림질 3대 요소: 온도(열), 수분(증기), 압력

32. 드라이클리닝 시 세탁물의 상해 예방이 아닌 것은?

① 손상되기 쉬운 세탁물은 반드시 망을 사용한다.
② 용제의 수분을 체크한다.
③ 탈수기 작동 시 덮개 보를 사용한다.
④ 건조기의 온도는 가능한 높은 온도에서 사용한다.

[해설] 드라이클리닝 시 건조에서 건조기(텀블러)의 열에 의해 손상되는 것이 많으므로 가능한 한 낮은 온도에 통풍량을 많게 하여 건조하는 것이 바람직하다.

33. 다음 중 화학적 얼룩빼기 방법이 아닌 것은?

① 효소법　　　　② 흡착법
③ 알칼리법　　　④ 표백제법

[해설] 화학적 얼룩빼기
① 알칼리법 ② 산법 ③ 효소법 ④ 표백제법

[정답] 27. ④　28. ①　29. ①　30. ④　31. ①　32. ④　33. ②

34. 드라이클리닝 세정 공정 중 소프를 첨가하지 않고 용제만으로 세탁하는 방식은?

① 배치 차지 시스템　② 배치 시스템
③ 차지 시스템　　　④ 논 차지 시스템

해설 논 차지 방식: 용제만으로 세탁하는 방식 (소프를 첨가하지 않는 방식)

35. 다음 중 얼룩 빼기의 주의점이 틀린 것은?

① 얼룩은 생긴 즉시 제거해야 한다.
② 섬유와 얼룩의 종류에 따른 적합한 얼룩빼기 방법을 검토해야 한다.
③ 얼룩 빼기 시 심한 기계적 힘을 가하지 말아야 한다.
④ 얼룩 빼기 후 뒤처리는 안 해도 섬유에 손상은 없다.

해설 얼룩 빼기 후 뒤처리를 해야 섬유에 손상이 없다.

36. 다음 중 수분을 흡수할 때 강도 저하가 가장 심한 섬유는?

① 양모　　　　　② 레이온
③ 나일론　　　　④ 아마

해설 레이온은 수분을 흡수하면 강도가 현저히 감소된다.

37. 가죽처리 공정 중 부드러운 가죽이 되게 하기 위한 가장 적합한 pH 범위는?

① pH2.0~3.5　　② pH5.0~6.5
③ pH7.0~8.5　　④ pH9.0~10.5

해설 부드러운 가죽이 되게 하기 위한 pH 농도는 2.0~3.5 정도이다.

38. 견뢰도 판정 중 세탁 견뢰도의 총등급 수는?

① 3　　　　　② 5
③ 8　　　　　④ 10

해설 세탁 견뢰도의 등급은 5등급까지이며 등급이 높을수록 견뢰도가 높다.

39. 혼방 직물이나 교직물을 염색할 때 섬유의 종류에 따른 염색성의 차이를 이용하여 섬유의 종류에 따라 각기 다른 색으로 염색하는 것은?

① 톱(top) 염색
② 사염색
③ 크로스(cross) 염색
④ 서모졸(thermossl) 염색

해설 크로스 염색: 혼방 직물, 교직물의 염색성의 차이에 따라 각기 다른 색으로 염색하는 것

40. 가죽처리 공정 중 원피에 붙어 있는 기름 덩어리나 고기를 제거하는 것은?

① 물에 침지　　　② 분할
③ 석회 침지　　　④ 제육

해설 제육(고기 제거): 원피(표피, 진피, 피하 조직)에 붙어 있는 기름 덩어리나 고기를 제거하는 공정

41. 가죽의 처리 공정을 순서대로 나열한 것은?

① 물에 침지→산에 담그기→제육→석회 침지→분할→때 빼기→탈회 및 효소 분해→탈모→유성

---

② 물에 침지→산에 담그기→제육→석회 침지→분할→탈모→탈회 및 효소 분해→때 빼기→유성

③ 물에 침지→제육→석회 침지→산에 담그기→분할→때 빼기→탈회 및 효소 분해→탈모→유성

④ 물에 침지→제육→탈모→석회 침지→분할→때 빼기→탈회 및 효소 분해→산에 담그기→유성

해설 가죽의 처리 공정: 물에 침지-제육(고기 제거)-탈모-석회 침지-분할-때 빼기-탈회 및 효소 분해-산에 담그기-유성

42. 부직포의 특성 중 틀린 것은?

① 강직하여 유연성이 부족하다.
② 매끄럽지 못하여 광택도 적고 거칠다.
③ 섬유의 방향성이 규칙적이어서 끝이 풀리지 않는다.
④ 함기율이 커서 가볍고 보온성이 좋다.

해설 부직포는 찢어지면 불규칙하게 찢어져 방향성이 없다.

43. 염색 견뢰도에 대한 설명 중 틀린 것은?

① 견뢰도는 염료의 종류에 관계없이 모두 같다.
② 견뢰도 판정은 오염 판정 시 사용하는 표준 색표와 비교한다.
③ 견뢰도의 종류에 따라 등급의 수는 다르다.
④ 염색된 옷이 세탁에 견디는 능력을 세탁 견뢰도라 한다.

해설 견뢰도는 염료의 종류에 따라 다르다.
예를 들어 일광 견뢰도의 경우 직접 염료는 나쁘고 염기성 염료는 좋다.

44. 다음 중 전기 절연성이 가장 좋은 섬유는?

① 양모
② 면
③ 마
④ 폴리에스터

해설 ① 폴리에스터는 폴리에스테르를 방사하여 얻은 합성 섬유이다.
② 전기 절연성(전기가 통하지 않는 성질)은 폴리에스터가 가장 크다.

45. 실의 종류 중 재질에 따른 분류에 해당되지 않는 것은?

① 혼방사
② 교합사
③ 마
④ 피복사

해설 실의 방적 방식에 따른 분류
① 혼방사: 두 종류 이상의 섬유를 섞어 방적한 실
② 교합사: 서로 다른 실을 꼬아 만든 것
③ 코어 방적사: 심사(중심이 되는 합성 섬유실)와 조사(심사를 감싸는 면사)
④ 피복사: 심사(스판덱스)와 조사(나일론 또는 폴리에스테르)

46. 천연 섬유 중 유일한 필라멘트 섬유인 것은?

① 면
② 마
③ 양모
④ 견

해설 실의 구분
① 방적사: 단섬유(스테이플)로 만든 실
② 필라멘트사: 장섬유(필라멘트)로 만든 실
③ 필라멘트실 중 천연 섬유는 견(실크)

47. 면이나 인조 섬유로 된 직물 위에 염화비닐 수지나 폴리우레탄 수지를 코팅한 것은?

---

① 인조 피혁　　　② 천연 모피
③ 천연 피혁　　　④ 합성 피혁

해설 인조 피혁: 직물(면, 인조 섬유 등)에 염화 비닐 수지 또는 폴리우레탄 수지를 코팅한 것

48. 면섬유의 특성 중 틀린 것은?

① 현미경으로 보면 측면은 리본 모양이다.
② 수분을 흡수하면 강도가 증가한다.
③ 염색성은 양호하다.
④ 산에는 강하고 알칼리에는 약하다.

해설 면섬유는 알칼리에 강하나 산에는 약하다.

49. 다음 중 장식적인 부속품에 해당하는 것은?

① 단추　　　　　② 지퍼
③ 비즈　　　　　④ 스냅

해설 ① 단추류: 단추, 지퍼, 스냅(똑딱단추)
② 장식적 부속품: 비즈(구멍 뚫린 구슬), 스팽글(반짝이는 작고 둥근 조각)

50. 다음 섬유의 물세탁 방법에 관한 표시 기호에 대한 설명으로 틀린 것은?

① 물의 온도는 30℃를 표준으로 한다.
② 약하게 손세탁할 수 있다.
③ 세탁기로 세탁할 수 있다.
④ 세제는 중성 세제를 사용한다.

해설 세탁기 그림이 있는 경우 세탁기로 세탁할 수 있다.

51. 마섬유 중 결정성과 분자의 배향이 가장 발달된 것은?

① 대마　　　　　② 아마
③ 저마　　　　　④ 황마

해설 ① 마섬유 종류: 아마, 대마(삼베), 저마(모시), 황마 등
② 저마는 결정성과 분자 배향이 가장 좋아 강도가 가장 크다.

52. 다음 중 인조 섬유가 아닌 것은?

① 비스코스 레이온　　② 아세테이트
③ 나일론　　　　　④ 석면

해설 석면은 광물성 섬유로서 천연 섬유이다.

53. 아세테이트 섬유의 염색에 가장 적합한 염료는?

① 반응성 염료　　　② 분산 염료
③ 직접 염료　　　　④ 황화 염료

해설 분산 염료는 아세테이트 섬유 · 폴리에스테르 섬유의 염료로 이용된다.

54. 다음 기호의 설명으로 틀린 것은?

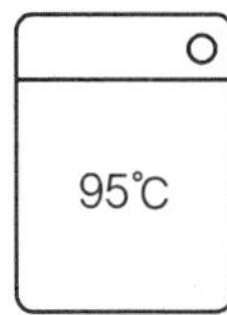

① 물의 온도 95℃를 표준으로 세탁할 수 있다.
② 세탁기로 세탁할 수 있다.
③ 손세탁이 가능하다.
④ 세제 종류에 제한을 받는다.

해설 세탁기 그림 안에 세제의 종류가 없으므로

정답　48. ④　49. ③　50. ③　51. ③　52. ④　53. ②　54. ④

세제의 종류에 제한을 받지 않는다.

55. 다음 중 합성 섬유로 만들어진 실이 아닌 것은?

① 나일론사　　　　② 레이온사
③ 아크릴사　　　　④ 폴리에스터사

해설 레이온사는 재생 섬유이다.

56. 다음 중 공중위생 영업의 종류별 시설 및 설비 기준을 규정한 공중위생관리법령은?

① 시행령　　　　② 시행규칙
③ 법률　　　　④ 훈령

해설 공중위생업의 종류별 시설 및 설비 기준은 시행 규칙으로 규정하고 있다.

57. 세탁업의 경우 신고를 하지 아니하고 영업소의 소재지를 변경한 때 1차 위반의 경우에 대한 행정처분 기준은?

① 개선 명령　　　　② 영업정지 15일
③ 영업정지 2월　　　　④ 영업장 폐쇄 명령

해설 신고하지 않고 영업소의 소재지를 변경한 경우와 영업정지 처분을 받고 그 영업정지 기간 중 영업을 한 경우 1차 위반 시 영업장 폐쇄 명령이다.

58. 보건복지부령으로 정하는 위생 교육을 받지 않은 자의 과태료는?

① 100만 원 이하　　　　② 200만 원 이하
③ 300만 원 이하　　　　④ 500만 원 이하

해설 위생 교육을 받지 않은 자의 과태료는 200만 원 이하이다.

59. 다음 소속 공무원 중 공중위생 감시원의 자격이 되지 않는 자는?

① 위생사 또는 환경기사 2급 이상의 자격증이 있는 자
② 3년 이상 공중위생 행정에 종사한 경력이 있는 자
③ 「고등교육법」에 의한 대학에서 환경공학 또는 위생학 분야를 전공하고 졸업한 자
④ 외국에서 공중위생 업무에 종사한 경력이 있는 자

해설 외국에서 위생사 또는 환경기사의 면허를 받은 자는 공중위생 감시원의 자격이 있다.

60. 공중위생 영업을 하고자 하는 자는 시장·군수·구청장에게 변경 신고하지 않아도 되는 것은?

① 영업소의 명칭 또는 상호
② 영업소의 소재지
③ 신고한 영업장 면적의 3분의 1 이상의 증감
④ 연평균 수입의 3분의 1 이상의 증감

해설 공중위생 영업자의 변경 신고
　① 영업소의 명칭 또는 상호
　② 영업소의 소재지
　③ 영업장 면적의 3분의 1 이상의 증감
　④ 대표자의 성명 또는 생년월일

앞짜북

세탁기능사

2017년 2월 20일 인쇄
2017년 2월 25일 발행

저자 : 세탁기능사시험연구회
펴낸이 : 이정일

펴낸곳 : 도서출판 **일진사**
www.iljinsa.com

04317 서울시 용산구 효창원로 64길 6
대표전화 : 704-1616, 팩스 : 715-3536
등록번호 : 제1979-000009호(1979.4.2)

값 **18,000원**

ISBN : 978-89-429-1512-5